非参数与半参数统计

孙志华 尹俊平 陈菲菲 叶雪 著

清華大學出版社
北京

内容简介

本书介绍了现代非参数和半参数统计的基于局部核方法的基本方法和基本理论，主要内容为密度函数以及相关函数的核估计、非参数局部回归方法、生存时间函数的非参数估计以及几类常见的半参数模型的估计和检验. 本书特点是力求把方法的直观背景以及来龙去脉介绍清楚，因而即使内容相对比较复杂，但仍然比较直观易懂.

本书可以作为高等院校数理统计专业、计量经济专业以及相关专业高年级本科生及研究生的教学用书，本书对高等院校和科研机构的研究人员、工程技术人员也具有参考价值.

图书在版编目(CIP)数据

非参数与半参数统计/孙志华等著.—北京：清华大学出版社，2016(2024.11重印)

ISBN 978-7-302-43343-9

Ⅰ.①非…　Ⅱ.①孙…　Ⅲ.①非参数统计　Ⅳ.①O212.7

中国版本图书馆 CIP 数据核字(2016)第 062868 号

责任编辑：汪　操　赵从棉
封面设计：常雪影
责任校对：赵丽敏
责任印制：沈　露

出版发行：清华大学出版社
　　网　　址：https://www.tup.com.cn, https://www.wqxuetang.com
　　地　　址：北京清华大学学研大厦 A 座　　**邮　　编**：100084
　　社 总 机：010-83470000　　**邮　　购**：010-62786544
　　投稿与读者服务：010-62776969, c-service@tup.tsinghua.edu.cn
　　质量反馈：010-62772015, zhiliang@tup.tsinghua.edu.cn
印 装 者：三河市君旺印务有限公司
经　　销：全国新华书店
开　　本：185mm×230mm　　**印　张**：10.75　　**字　数**：241 千字
版　　次：2016 年 6 月第 1 版　　**印　次**：2024 年11月第 7 次印刷
定　　价：39.00 元

产品编号：056541-02

前　言

非参数统计与半参数统计方法在最近的 30~40 年来得到非常迅猛的发展，这和其自身的特点有密切的关系. 非参数方法因为其不需要模型的假定，具有稳健的特点. 半参数模型综合了参数模型和非参数模型的特点，具有灵活、容易解释的特点. 非参数统计方法和半参数统计方法不仅是目前统计研究的热点，同时，这些方法在很多实际应用领域也得到了广泛的应用. 本书介绍非参数与半参数模型的基于局部核的估计和检验方法，以及生存分析中常用的非参数方法和半参数模型.

本书第 1 章给出必要的一些概率论知识；第 2 章介绍用核方法估计密度函数及其相关函数；第 3 章介绍与密度函数有关的检验；第 4 章介绍非参数回归；第 5 章介绍生存时间的函数的非参数估计；第 6~8 章介绍部分线性回归模型、单指标模型和 Cox 模型. 本书第 1 章可以自学；第 2~4 章以及第 6、7 章可以作为一门 40 或者 56 学时的课程；也可以将第 2~8 章作为一个 72 或者 56 学时的课程. 鉴于本书所考虑的变量大部分都是随机向量，因而大部分记号均为向量或者矩阵. 因此，本书没有特别用黑体字标出向量或者矩阵.

我从 2007 年秋季开始在中科院研究生院讲授这门课程，其后基本每年都会讲一次. 刚开始讲课时，想找好一点的英文教材或者中文教材，但是都没有找到. 后来我就想基于讲义资料自己写一本书. 写书的另一个动因是想做电子课件，后来证明用电子课件的教学效果并不好，我又回到了板书加讲授的授课模式.

于是大约从 2008 年底开始写这本书，一直断断续续在写，在修改. 可以说这几年来一直在琢磨，一直在查找资料，如何使书的结构更为合理，如何使书的内容更加自然易懂. 写书实在是很耗费时间和精力的事情，中间也想放弃，幸运的是终于写完了.

从 2014 年开始，北京应用物理与计算数学研究所的尹俊平副研究员加入帮助我完成书稿，我的两个学生陈菲菲和叶雪也加入到书的撰写之中，从而使书的完成速度大大加快. 本书的完成，尹俊平副研究员、陈菲菲与叶雪付出了很多心血. 我的另一个学生刘智凡帮助完成了部分图的编写以及部分内容的编写. 我的师弟胡大海、刘小惠，上这门课的学生王苗苗、华奕州等同学提供了很多修改意见. 我的博士生导师王启华研究员给我提供了很多有用的资料. 本书生存分析的很多地方借鉴了王启华老师的文章和专著的内容. 我最开始接触这个内容是我读博士时在北大光华管理学院旁听苏良军老师的课，受益很多. 再次对上述老师、朋友和学生表示真诚的感谢!

也感谢选修这门课的学生，这门课开课以后，收到很多来自学生的鼓励和肯定的意见，很多学生也提了很多很好的建议.

本书得到了国家自然科学基金（11571340，U1430103，10901162）、中国科学院大学校长基金和中国科学院大数据挖掘与知识管理重点试验室开放课题以及安徽省振兴计划团队项目（统计学前沿问题及应用）的资助.

由于时间仓促，作者的水平有限，书中的错误和缺点在所难免，希望广大读者给予批评指正.

孙志华

2016 年 3 月

目　录

第 1 章　预备知识 1

1.1　背景介绍 1

1.2　收敛方式和极限分布 2

1.2.1　依概率收敛 2

1.2.2　几乎必然收敛 3

1.2.3　r 阶收敛 4

1.2.4　依分布收敛 4

1.2.5　收敛方式间的关系 4

1.3　中心极限定理和几个常用的定理 5

1.3.1　中心极限定理 5

1.3.2　几个常用的定理 5

1.3.3　Delta 方法 6

1.4　记号 $o_p(1)$ 和 $O_p(1)$ 6

第 2 章　非参数核密度估计 9

2.1　介绍 9

2.2　单元密度函数的估计 9

2.2.1　核密度估计的提出 9

2.2.2　常用的核函数及其性质 11

2.2.3　以 $\hat{f}_n(x)$ 作为密度函数的随机变量的一阶矩和二阶矩 12

2.2.4　$\hat{f}_n(x)$ 的均值、方差和均方误差 13

2.3　单元核密度估计的带宽选择 15

2.3.1　最优带宽 15

2.3.2　拇指法则 16

2.3.3　最小二乘交叉验证法则 17

2.3.4　似然交叉验证法则 18

2.3.5　小结 19

2.4 核函数的选取 19
2.4.1 等价核函数 19
2.4.2 典型带宽 20
2.4.3 最优核函数 20
2.5 高阶核函数和偏差减少 21
2.5.1 定义 21
2.5.2 高阶核函数可以减少估计的偏差 22
2.5.3 构建高阶核函数 23
2.6 单元密度函数导数的核估计 25
2.6.1 估计的提出 25
2.6.2 均值、方差和均方误差 26
2.6.3 最优带宽 28
2.7 单元累积分布函数的估计 28
2.7.1 估计的提出 28
2.7.2 均值、方差和均方误差 29
2.7.3 带宽选择以及对均方误差的分析 30
2.8 多元密度函数的估计 31
2.8.1 估计的提出 31
2.8.2 多元核函数的两种构造方法 32
2.8.3 多元核密度估计的一种推广形式 33
2.8.4 均值、方差和均方误差 34
2.9 多元核密度估计的渐近性质 36
2.9.1 渐近正态性 36
2.9.2 一致收敛性 37
2.9.3 边界效应 38
2.10 多元核密度估计的带宽选择 38
2.10.1 拇指法则 38
2.10.2 最小二乘交叉验证方法 39
2.11 条件密度函数的估计 40
2.11.1 估计的提出 40
2.11.2 带宽选择 41

第 3 章 与密度函数有关的检验 43
3.1 预备知识 43
3.1.1 几个基本概念 43

3.1.2 检验的一般步骤 44
3.2 与参数密度函数的比较 45
3.3 检验密度函数是否对称 47
3.4 检验两个未知密度函数是否相等 48
3.5 检验两个随机向量是否独立 49
3.6 自助法检验 50

第 4 章 非参数回归 53
4.1 局部常数核回归 54
4.1.1 一种直观的推导方法 54
4.1.2 另一种推导 55
4.1.3 与参数回归模型的比较 56
4.1.4 渐近性质 56
4.2 局部常数核方法的带宽选择 61
4.2.1 带宽选择的重要性 61
4.2.2 最优带宽 62
4.2.3 拇指法则 62
4.2.4 Plug-in 方法 63
4.2.5 最小二乘交叉验证方法 63
4.3 局部线性核回归 64
4.3.1 估计的提出 64
4.3.2 渐近性质 65
4.3.3 带宽选择 68
4.4 局部多项式回归 69
4.4.1 单元变量情形 69
4.4.2 多元情形 72
4.5 变系数模型 72
4.5.1 模型介绍 72
4.5.2 局部常数核估计方法 74
4.5.3 局部线性核估计方法 76
4.6 条件分布函数的估计 77
4.6.1 一个直接的估计方法 77
4.6.2 另一个估计方法 78
4.7 非参数分位回归模型 79
4.7.1 背景 79

4.7.2 分位函数和 check 函数 79
4.7.3 局部线性分位回归方法 81
4.7.4 参数分位回归方法简介 81
4.7.5 两种其他的非参数分位回归方法 82
4.8 与非参数回归模型有关的几个检验问题 83
4.8.1 参数回归模型的检验 83
4.8.2 某些协变量是否可以去掉的非参数检验 87

第 5 章 非参数生存分析 89
5.1 基本概念 89
5.2 生存函数的估计 93
5.2.1 估计的定义和计算 94
5.2.2 估计的渐近性质 98
5.3 概率密度函数的估计 100
5.3.1 核密度估计 101
5.3.2 近邻估计 106
5.3.3 直方估计 106
5.4 危险率函数的估计 107
5.4.1 核估计方法 108
5.4.2 直方估计 110
5.4.3 近邻估计 111
5.5 平均剩余寿命函数的估计 111

第 6 章 部分线性模型 115
6.1 部分线性模型可估的识别性条件 115
6.2 部分线性模型参数部分的估计 116
6.2.1 Robinson 的方法 116
6.2.2 Li 的方法 117
6.3 非参数部分的估计 118
6.4 偏似然估计方法 119
6.5 半参有效估计 121
6.5.1 半参数效率界 121
6.5.2 半参有效估计的推导 121
6.5.3 一个可行的半参有效估计 122
6.6 响应变量有缺失时部分线性模型的估计 123
6.6.1 背景 123

6.6.2 插补估计方法 124
6.6.3 半参回归替代估计方法 125
6.6.4 逆概率加权估计方法 126
6.6.5 带宽选择 127
6.7 部分线性模型的检验 128
6.8 响应变量随机缺失时部分线性模型的检验 130
6.8.1 零假设模型的估计 130
6.8.2 检验统计量及其渐近性质 131

第 7 章 单指标模型 135
7.1 单指标模型简介 135
7.1.1 单指标模型的介绍 135
7.1.2 单指标模型的识别性问题 136
7.2 平均导数法 137
7.3 非线性最小二乘法 139
7.4 联系函数的估计 141
7.5 精确外积导数方法 (ROPG) 142
7.6 最小平均条件方差估计法 143
7.7 单指标模型的检验问题研究 144

第 8 章 Cox 回归模型 149
8.1 模型介绍 149
8.2 偏似然估计方法和检验 150
8.2.1 回归系数的估计 150
8.2.2 回归系数的检验 151
8.2.3 基准危险率函数的估计 152
8.3 Cox 回归模型的检验 153

参考文献 157

第 1 章　预 备 知 识

1.1　背 景 介 绍

统计推断的一个基本任务是由样本观察值去了解总体. 若根据经验或某些理论，能在进行统计推断之前对总体作一些假设，然后基于这些假定进行统计推断，这种统计方法称为参数统计方法. 如果所知甚少，在进行统计推断之前不能对总体作任何假设，或仅能作一些非常一般性 (例如分布是连续的、是对称的等) 的假设，这时如果仍然使用参数统计方法，其统计推断的结果显然是不可信的，甚至有可能是错的. 在对总体的分布不作假设或仅作非常一般性的假设的条件下发展的统计方法称为非参数统计方法.

非参数统计方法是 19 世纪 40 年代以后兴起的. 1942 年，J.Wolfowitz 首先使用非参数统计一词，早期的非参数统计主要是扩充参数检验的内容，以使得传统的检验过程可以应用于小样本以及不同分布类型的数据. 比如常用的非参数检验有符号秩检验、双样本 Wilcoxon 检验、多样本 Kruskal-Wallis 检验等.

近年来，由于统计理论的进一步发展与计算机收集和处理数据能力的提高，使得发展随数据结构不同而灵活变化的模型的统计推断方法成为可能. 非参数密度估计、非参数回归等内容也成为新的研究和应用主题. 统计研究人员利用统计渐近理论突破了参数回归和模型估计的原有理论框架，利用各种算法改进模型的计算过程，通过调整预测偏差和方差的比例来发展适应性更强、解释更为精练、拟合优度更适中和计算更为有效的模型.

本书的主要内容之一是介绍这种研究数据结构的非参数方法，包括非参数密度估计、非参数回归及其相关问题，比如分布函数的估计、密度函数的导数的估计、条件密度函数的估计以及和密度函数有关的检验，等等. 鉴于生存数据普遍存在于很多研究领域，本书也给出了随机右删失模型下，几种生存时间的函数的非参数估计方法.

非参数统计方法对总体分布的假定所要求的条件很宽. 因而针对这种问题而构造的非参数统计方法，不致因为对总体分布的假定不当而导致重大错误，所以它往往有较好的稳健性. 这是非参数统计方法的一个非常重要的特点. 但它也有以下缺点：首先因为非参数方法基于更少的信息作出推断，在模型假定正确的前提下，非参数统计方法就会比参数统计方法的效果差一些. 例如，在处理估计问题时，估计的方差要大一些，收敛速度要慢一些

(参数估计的速度一般为 $n^{-1/2}$，但非参数方法的收敛速度比 $n^{-1/2}$ 慢). 又例如，在给定的显著性水平下进行检验时，基于非参数估计方法构建的检验方法的第 II 类错误相比基于参数估计方法构建的检验方法要大些. 其次，非参数方法受数据维数的影响，存在维数祸根的问题. 具体表现为随着模型变量的维数增加，所需样本量成指数级增加. 这就导致数据的维数高于三维时，很多非参数方法的效果并不好. 发展克服或者部分克服维数问题的非参数和半参数方法是当前研究的热点之一.

为了克服非参数方法的缺陷而发展起来的是所谓的半参数统计方法. 半参数统计方法是 20 世纪 70 年代以后发展起来的重要的统计方法. 它在参数模型的基础上引入非参数分量，从而使这种模型既含有参数分量又含有非参数分量，兼顾了参数模型的准确和非参数模型的稳健的优点，相比单纯的参数模型或非参数模型有更大的适应性，具有更强的解释能力，并且部分地克服了维数祸根的问题. 半参数模型吸引了很多理论研究领域和应用领域的关注. 本书的主要内容之一是介绍非常典型的并且应用非常广泛的几类半参数模型，包括部分线性模型、单指标模型等，以及研究生存数据时使用非常广泛的 Cox 模型.

1.2 收敛方式和极限分布

在介绍非参数和半参数方法之前，我们给出在后面的内容中经常需要用到的概率论基础知识，主要包括随机序列的几种收敛方式以及包括弱大数定律、强大数定律和中心极限定理在内的一些统计渐近理论.

1.2.1 依概率收敛

依概率收敛是用概率的方法刻画随机变量的极限.

定义 1.2.1 (依概率收敛) 对随机变量序列 $\{X_n, n=1,2,\cdots\}$ 和随机变量 X，若满足: $\forall\varepsilon>0, \lim_{n\to\infty} P(|X_n-X|\geqslant\varepsilon)=0$，则称随机变量序列 $\{X_n, n=1,2,\cdots\}$ 依概率收敛于随机变量 X，记为 $X_n \xrightarrow{P} X$.

举例：假设 $X_1, X_2, \cdots, X_n$ 是均值为 μ、方差为 σ^2 的独立同分布序列. $\bar{X}_n$ 为样本均值. 显然 $E(\bar{X}_n)=\mu$ 和 $\operatorname{var}(\bar{X}_n)=\sigma^2/n$. 由切比雪夫不等式，对于 $\forall\varepsilon>0$,

$$P(|\bar{X}_n-\mu|\geqslant\varepsilon)\leqslant\frac{\sigma^2}{n\varepsilon^2}.$$

所以 $\lim_{n\to\infty} P(|\bar{X}_n-\mu|\geqslant\varepsilon)\}\leqslant\lim_{n\to\infty}\dfrac{\sigma^2}{n\varepsilon^2}=0$, 即 $\bar{X}_n\xrightarrow{P}\mu$.

定理 1.2.1 (弱大数定律) 假设 $X_1, X_2, \cdots, X_n$ 是独立同分布随机变量，且 $E|X_1|<\infty$，则当 $n\to\infty$ 时有

$$\bar{X}_n=\frac{1}{n}\sum_{i=1}^{n}X_i\xrightarrow{P}E(X_1).$$

注：(1) 更一般的情况下，$\{X_n, n=1,2,\cdots\}$ 是独立随机变量序列，并且 $E(X_i)=\mu_i$，有

$$\frac{1}{n}\sum_{i=1}^{n}X_i-\frac{1}{n}\sum_{i=1}^{n}\mu_i\xrightarrow{P}0.$$

(2) 设 a_n 是 a 的估计，若 $a_n\xrightarrow{P}a$, 则称 a_n 是 a 的弱相合估计.

因此，定理 1.2.1 中，$\bar{X}_n$ 是 $E(X_1)$ 的弱相合估计.

(3) 大数定律 (law of large numbers，LLN) 说明当样本量足够大时，样本均值的随机性消失. 也就是说，从更多的数据，可以得到更多样本空间的信息.

下面给出需要经常使用的一个定理. 注意 $\{X_n, n=1,2,\cdots\}$ 和 $\{Y_n, n=1,2,\cdots\}$ 为随机变量序列.

定理 1.2.2 若 $X_n\xrightarrow{P}X$，$Y_n\xrightarrow{P}Y$，则有：

(1) $cX_n\xrightarrow{P}cX$，其中 c 为常数；

(2) $X_n+Y_n\xrightarrow{P}X+Y$；

(3) $X_nY_n\xrightarrow{P}XY$；

(4) 若 $Y\neq\mathbf{0}$，则有 $X_n/Y_n\xrightarrow{P}X/Y$.

定理 1.2.3 若 $X_n\xrightarrow{P}X$，且 $f(\cdot)$ 是连续函数，则有 $f(X_n)\xrightarrow{P}f(X)$.

定理 1.2.3 经常被称为 Slutsky 定理.

1.2.2 几乎必然收敛

几乎必然收敛又称为以概率 1 收敛.

定义 1.2.2 (几乎必然收敛) 随机变量序列 $\{X_n, n=1,2,\cdots\}$, 当 $P(\lim_{n\to\infty}X_n=X)=1$ 时，说它几乎必然 (以概率为 1) 收敛于一个随机变量 X，记为：$X_n\xrightarrow{\text{a.s.}}X$.

注：等价地，若对 $\forall\epsilon>0$，有 $P(\lim_{n\to\infty}|X_n-X|<\epsilon)=1$，则 $X_n\xrightarrow{\text{a.s.}}X$.

下面介绍另一个 a.s. 收敛的定义.

定理 1.2.4 $X_n\xrightarrow{\text{a.s.}}X$ 当且仅当对 $\forall\epsilon>0$，$\lim_{m\to\infty}P(\sup_{n\geqslant m}|X_n-X|\leqslant\epsilon)=1$.

注：若 $\forall\ \epsilon>0$，$\lim_{n\to\infty}P(|X_n-X|\leqslant\epsilon)=1$，则 $X_n\xrightarrow{P}X$. 由上面定理知几乎必然收敛强于依概率收敛.

定理 1.2.5 (强大数定律) 假设 $X_1,X_2,\cdots,X_n$ 是独立同分布的随机变量序列，且有 $E|X_1|<\infty$, 则当 $n\to\infty$ 时，有

$$\bar{X}_n=\frac{1}{n}\sum_{i=1}^{n}X_i\xrightarrow{\text{a.s.}}E(X_1).$$

注：设 a_n 是 a 的估计，若 $a_n\xrightarrow{\text{a.s.}}a$，则称 a_n 是 a 的强相合估计.

因此，定理 1.2.5 中，$\bar{X}_n$ 是 $E(X_1)$ 的强相合估计.

1.2.3 r 阶收敛

定义 1.2.3 (r 阶中心矩收敛) 对随机变量序列 $\{X_n, n=1,2,\cdots\}$，存在 $r>0$ 有 $E|X_n|^r<\infty$. 若存在一个随机变量 X，使得 $\lim_{n\to\infty} E(|X_n-X|^r)=0$，则称 X_n 依 r 阶中心矩收敛于 (在 L^r 空间)X，记为 $X_n \xrightarrow{\text{r.m.}} X$ 或 $X_n \xrightarrow{L^r} X$.

注: 一般在 $r=2$ 情况下讨论. 此时称其为均方收敛.

定义 1.2.4 (r 阶矩收敛) 对随机变量序列 $\{X_n, n=1,2,\cdots\}$，存在 $r>0$ 有 $E|X_n|^r<\infty$. 若 $\lim_{n\to\infty} E|X_n|^r=E|X|^r$，则 X_n 依 r 阶矩收敛于 X.

1.2.4 依分布收敛

定义 1.2.5 (依分布收敛) 设 $F_n(x)$ 和 $F(x)$ 分别是随机变量序列 X_n 和随机变量 X 的分布函数. 若 $\lim_{n\to\infty} F_n(x)=F(x)$ 对 $F(\cdot)$ 的定义域中的任意连续点都成立，则称随机变量序列 $\{X_n, n=1,2,\cdots\}$ 依分布收敛于分布函数为 $F(x)$ 的随机变量 X，记为 $X_n \xrightarrow{d} X$.

注：(1) 对于依分布收敛，$\{X_n, n=1,2,\cdots\}$ 不需要定义在相同的概率空间. 它不是 $\{X_i\}$ 的收敛，而是由 $\{X_n, n=1,2,\cdots\}$ 导出的概率分布 $\{F_n, n=1,2,\cdots\}$ 的收敛. 可以将其视为在一些概率测度下的弱拓扑的集合的收敛. 因此，文献中经常称依分布收敛为弱收敛. 它“弱”是因为它是可以由其他的一些收敛得到，例如依概率收敛和几乎必然收敛.

(2) 此外，$X_n \xrightarrow{d} X$ 当且仅当对任意在紧集上有界连续的函数 f 有 $Ef(X_n)\to Ef(X)$. 进一步，φ_n 和 φ 分别为 X_n 和 X 的特征函数. $X_n \xrightarrow{d} X$ 当且仅当 $\varphi_n(t)\to\varphi(t)$. 这些结论的证明以及更多的弱收敛的等价定义可以参考文献 (Pollard，1984).

1.2.5 收敛方式间的关系

下面讨论随机变量序列的几种收敛方式之间的关系.

定理 1.2.6 (1) 若 $X_n \xrightarrow{\text{a.s.}} X$，则 $X_n \xrightarrow{P} X$.

(2) 若 $X_n \xrightarrow{r.m.} X$，则 $X_n \xrightarrow{P} X$.

(3) 若 $X_n \xrightarrow{P} X$, 则 $X_n \xrightarrow{d} X$.

证明： (1) 注意到 $\lim_{n\to\infty} P\{|X_n-X|>\epsilon\}\leqslant \lim_{n\to\infty} P\{\bigcup_{k\geqslant n}\{|X_k-X|>\epsilon\}\}=P\{\bigcap_{n=1}^{\infty}\bigcup_{k\geqslant n}\{|X_k-X|>\epsilon\}\}=0$.

(2) 因为对于充分大的 n 有 $\lim_{n\to\infty} E(|X_n-X|^r)=0$，$E(|X_n-X|^r)<\infty$，则由切比雪夫不等式得，对任意 $\epsilon>0$，有 $P(|X_n-X|\geqslant\epsilon)\leqslant E(|X_n-X|^r)/\epsilon^r\to 0, n\to\infty$. 因此 $\lim_{n\to\infty} P(|X_n-X|<\epsilon)=1$.

(3) f 是任意有界且一致连续的函数. 令 $M=\sup_x|f(x)|$. 对任意 $\epsilon>0$，选择 δ 使得 $|X_n-X|\leqslant\delta$，有 $|f(X_n)-f(X)|\leqslant\epsilon$. 可以得到 $E|f(X_n)-f(X)|\leqslant\epsilon+2M\times P\{|X_n-X|>$

$\delta\}$. 这样就有 $|Ef(X_n) - Ef(X)| \leqslant E|f(X_n) - f(X)| \leqslant \epsilon + 2MP\{|X_n - X| > \delta\}$. 因为 $X_n \xrightarrow{P} X$，因此可证得 $Ef(X_n) \to Ef(X)$. 从而定理 (c) 结论得证.

1.3　中心极限定理和几个常用的定理

1.3.1　中心极限定理

下面介绍几个关于中心极限定理的著名结果.

定理 1.3.1 (Lindeberg-Levy 中心极限定理)　设 $\{X_i\}_{i=1}^n$ 是均值向量为有限向量 μ、协方差阵为正定阵 Σ 的独立同分布随机向量，则

$$Z_n \equiv \sqrt{n}(\bar{X}_n - \mu) \xrightarrow{d} N(\mathbf{0}, \Sigma),$$

其中 $\bar{X}_n = \dfrac{1}{n}\sum_{i=1}^n X_i$.

下面给出另一个常用的中心极限定理.

定理 1.3.2 (Liapounov 中心极限定理)　设 $\{X_{n,i}\}_{i=1}^n$ 是独立随机变量序列，$E(X_{n,i}) = \mu_{n,i}$ 且 $\mathrm{var}(X_{n,i}) = \sigma_{n,i}^2$. 假设存在 $\delta > 0$，有 $E|X_{n,i}|^{2+\delta} < \infty$. 令 $S_n = \sum_{i=1}^n (X_{n,i} - \mu_{n,i})$，$L_{n,i} = (X_{n,i} - \mu_{n,i})/\sigma_n$，其中 $\sigma_n^2 = \sum_{i=1}^n \sigma_{n,i}^2$. 若存在 $\delta > 0$，使得 $\lim_{n\to\infty} \sum_{i=1}^n E|L_{n,i}|^{2+\delta} = 0$，则有

$$\frac{S_n}{\sigma_n} = \sum_{i=1}^n L_{n,i} \xrightarrow{d} N(0,1).$$

注：上述定理的一个特殊情况是当 $\mu_{n,i} = \mathbf{0}$ 且 $\sigma_{n,i}^2$ 满足 $\lim_{n\to\infty} \dfrac{\sigma_n^2}{n} = \sigma^2$. 若存在 $\delta > 0$，使得 $\lim_{n\to\infty} \sum_{i=1}^n E\left|\dfrac{L_{n,i}}{\sqrt{n}}\right|^{2+\delta} = 0$，则有

$$\frac{S_n}{\sqrt{n}\sigma} \xrightarrow{d} N(0,1).$$

实际上，对非参数和半参数模型的估计和检验问题，统计量经常表现为双求和的形式，这时经常要用到 U 统计量的中心极限定理，更多的关于 U 统计量的中心极限定理的内容可以参考文献 (Lee，1990).

1.3.2　几个常用的定理

下面列举一些在渐近分析中常用的定理. 下面定理中 $\{X_i\}_{i=1}^n, \{Y_i\}_{i=1}^n$ 为独立同分布随机变量序列.

定理 1.3.3　设 f 是一个连续函数，则有：

(1) 若 $X_n \xrightarrow{a.s} X$，则 $f(X_n) \xrightarrow{a.s} f(X)$.

(2) 若 $X_n \xrightarrow{P} X$，则 $f(X_n) \xrightarrow{P} f(X)$.

(3) 若 $X_n \xrightarrow{d} X$，则 $f(X_n) \xrightarrow{d} f(X)$.

特别地，(3) 被称为连续映射定理 (CMT).

定理 1.3.4 若 $X_n \xrightarrow{d} X$ 且 $Y_n \xrightarrow{P} a$，a 是常数，则

(1) $Y_n X_n \xrightarrow{d} aX$；

(2) $X_n + Y_n \xrightarrow{d} X + a$.

1.3.3 Delta 方法

下面介绍 Delta 方法.

定理 1.3.5 (Delta *方法*) 映射 $\phi : \mathbf{R}^k \to \mathbf{R}$ 关于 θ 连续可微并且 $\phi'(\theta) \neq 0$. 若 $\sqrt{n}(\hat{\theta}_n - \theta) \xrightarrow{d} N(0, \Sigma)$，则 $\sqrt{n}(\phi(\hat{\theta}_n) - \phi(\theta)) \xrightarrow{d} N(0, [\phi'(\theta)]^{\mathrm{T}} \Sigma \phi'(\theta))$.

证明：由泰勒展开，

$$\phi(\hat{\theta}_n) = \phi(\theta) + [\phi'(\theta)]^{\mathrm{T}}(\hat{\theta}_n - \theta) + o(\|\hat{\theta}_n - \theta\|) = \phi(\theta) + [\phi'(\theta)]^{\mathrm{T}}(\hat{\theta}_n - \theta) + o_p(n^{-\frac{1}{2}}),$$

由此得到：

$$\sqrt{n}(\phi(\hat{\theta}_n) - \phi(\theta)) = [\phi'(\theta)]^{\mathrm{T}} \sqrt{n}(\hat{\theta}_n - \theta) + o_p(1) \xrightarrow{d} N(0, [\phi'(\theta)]^{\mathrm{T}} \Sigma \phi'(\theta)).$$

1.4 记号 $o_p(1)$ 和 $O_p(1)$

在这一节，介绍以后章节中经常要用到的两个十分重要的记号：$o_p(1)$ 和 $O_p(1)$. 这两个记号与数学分析中的 $o(1)$ 和 $O(1)$ 十分相似，它们的运算规律也十分相似. 需要注意的是 $o_p(1)$ 或 $O_p(1)$ 是具有某种大样本性质的随机变量序列.

令 ξ_n 为一个随机变量序列，又设 $n \to \infty$ 表示一个过程. 说 $\xi_n = o_p(1)$ 是指在 n 趋于无穷时 $\xi_n \xrightarrow{P} 0$，或对任意 $\varepsilon > 0$，当 $n \to \infty$ 时，$P\{|\xi_n| \geqslant \varepsilon\} \to 0$.

同时用 $\xi_n = O_p(1)$ 表示 ξ_n 是依概率有界的量，即对任意 $\varepsilon > 0$，存在 $M > 0$，使得

$$P\{|\xi_n| \geqslant M\} < \varepsilon.$$

例：设 $\{X_i\}_{i=1}^n$ 为均值为 μ、方差为 σ^2 的独立随机变量，则：

(1) 若 $\mu = 0$，则 $\sum_{i=1}^n X_i$ 是 $O_p(n^{1/2})$；若 $\mu \neq 0$，则 $\sum_{i=1}^n X_i$ 是 $O_p(n)$.

(2) 若 $\mu = \sigma^2 = 0$ 不成立，则 $\sum_{i=1}^n X_i^2$ 是 $O_p(n)$.

注意: (1) 经常出现在渐近理论中. 若 $\mu = 0$，则由 $\sum_{i=1}^n X_i$ 的均值为 0 且方差为 $n\sigma^2$ 可以得到 $\sum_{i=1}^n \dfrac{X_i}{n^{1/2}}$ 的均值为 0 且方差为 σ^2. 所以若 $\mu = 0$，则 $\sum_{i=1}^n X_i$ 是 $O_p(n^{1/2})$. 然而，若 $\mu \neq 0$，则由 $\sum_{i=1}^n X_i$ 的均值为 $n\mu$，可以得到 $\sum_{i=1}^n X_i$ 是 $O_p(n)$，而不是 $O_p(n^{1/2})$.

另外，(2) 由以下事实得到：X_i^2 均值 $m_1 = \mu^2 + \sigma^2$ 有限且不为 0，由强大数定理可得结论.

注：文献中经常出现“$\sqrt{n}$ 相合”的概念，其定义为：若 $\hat{\theta} - \theta = O_p(n^{-1/2})$，则称 $\hat{\theta}$ 为 θ 的 $\sqrt{n}$ 相合估计. 若 $\hat{\theta}$ 有分解：$\hat{\theta} = \theta + n^{-1/2}\sum_{i=1}^{n}\xi_i + o_p(n^{-1/2})$，其中 $\xi_i, i = 1, 2, \cdots, n$ 独立同分布且 $E(\xi_1) = 0$. 上式第二个部分是 $O_p(n^{-1/2})$. 因此有 $\hat{\theta} - \theta = O_p(n^{-1/2})$，这时 $\hat{\theta}$ 为 θ 的 $\sqrt{n}$ 相合估计.

关于 $o_p(1)$ 和 $O_p(1)$，它们具有下列性质：

$$o_p(1) + o_p(1) = o_p(1),$$

$$o_p(1) + O_p(1) = O_p(1),$$

$$o_p(1) \cdot o_p(1) = o_p(1),$$

$$o_p(1) \cdot O_p(1) = o_p(1),$$

$$o_p(1) + c = O_p(1)\ (c \neq 0).$$

另外，有两个类似的符号 $o(1)$ 和 $O(1)$. 其中 $o(1)$ 表示一个关于 1 的高阶无穷小量，也就是说表示一个极限为 0 的量；$O(1)$ 表示一个有界量.

举例：

(1) -4 是 $O(1)$.

(2) $6n^3$ 是 $O(n^3)$，$o(n^4)$，$o(n^5)$.

(3) $\dfrac{7}{n}$ 是 $O(n^{-1})$，同时也是 $o(1)$.

(4) $\dfrac{5}{n} - \dfrac{3}{n^{3/2}}$ 是 $O(n^{-1})$.

在运算中，$o_p(1)$ 和 $O_p(1)$ 与通常的 $o(1)$ 和 $O(1)$ 一起使用，具有下面的一些结果：

$$o_p(1) + o(1) = o_p(1),$$

$$o_p(1) + O(1) = O_p(1),$$

$$O_p(1) + o(1) = O_p(1),$$

等等. 但注意

$$o_p(1) + o(1) \neq o(1).$$

上面的等式之所以不成立，其原因是左边为随机变量序列，而右边为数列，两者性质不同.

$o_p(1)$ 和 $O_p(1)$ 还有下面的性质：

设 $\xi_n \xrightarrow{d} F$，则 $\xi_n = O_p(1)$，$\xi_n + o_p(1) \xrightarrow{d} F$，$\xi_n \cdot o_p(1) = o_p(1)$.

除了 $o_p(1)$ 和 $O_p(1)$ 外，有时还用记号 $o_p(\xi_n)$ 和 $O_p(\xi_n)$. $o_p(\xi_n)$ 表示随机变量序列 $\xi_n o_p(1)$，$O_p(\xi_n)$ 表示随机变量序列 $\xi_n O_p(1)$.

第 2 章　非参数核密度估计

2.1　介　　绍

当分析样本数据时，经常希望通过密度函数或分布函数来了解数据的特点. 而一般情况下，数据样本对应的总体的密度函数和分布函数是不知道的，这时就有必要对它们进行估计从而获取总体的信息. 对密度函数，当已有的经验给出足够信息说明数据所在总体的密度函数形式是已知的，就可以运用参数方法，比如极大似然估计方法. 如果密度函数的形式的假定是错误的，那么运用参数推断方法就会得出错误的结论. 这种情况下，发展不依赖于密度函数的形式的方法就非常有必要了. 非参数密度估计方法正是这样不依赖于密度函数形式的假定而对密度函数进行估计的方法.

因为非参数方法不需要假定密度函数的形式，因此适合很多类型的数据，比如非正态数据、重尾数据等. 估计密度函数的非参数方法有核密度估计方法、近邻估计方法、序列估计方法、罚似然估计方法以及局部似然估计方法等，其中使用最广、理论最完善的方法是核密度估计方法.

本章除考虑密度函数的核估计及其渐近性质和带宽选择之外，还考虑了分布函数、密度函数的导数、条件密度函数基于核方法的估计及其渐近性质.

2.2　单元密度函数的估计

2.2.1　核密度估计的提出

这一节，我们考虑一维随机变量的密度函数的非参数估计. 假设总体为 X，其密度函数为 $f(x)$，分布函数为 $F(x)$. 有来自总体 X 的独立同分布的样本 $\{X_i, i=1,2,\cdots,n\}$. 如果没有关于 $f(x)$ 和 $F(x)$ 的函数形式的信息，参数估计方法就不再可用. 下面发展不需要假定密度函数或分布函数的函数形式的非参数方法来估计密度函数 $f(x)$.

注意到密度函数是分布函数的导数，即有

$$f(x)=F'(x)=\lim_{h\to 0}\frac{F(x+h)-F(x-h)}{2h}.$$

另外注意到分布函数的一个常用的估计是经验分布函数，其定义为 $F_n(x) = \frac{1}{n}\sum_{i=1}^{n} I(X_i \leqslant x)$，这里 $I(\cdot)$ 是示性函数. 因此将分布函数的估计，经验分布函数 $F_n(x)$，代入上式，可以给出密度函数的估计：

$$f_n(x) = \frac{F_n(x+h) - F_n(x-h)}{2h}, \tag{2.2.1}$$

这里 h 为比较小的数. 注意到 $2nhf_n(x) = \sum_{i=1}^{n} I(x-h < X_i \leqslant x+h)$. 易见其服从二项分布 $B(n, F(x+h) - F(x-h))$.

下面计算 $f_n(x)$ 的均值和方差. 当 $h \to 0$ 时，有

$$E[f_n(x)] = \frac{1}{2h}[F(x+h) - F(x-h)] \to f(x).$$

又因为

$$\mathrm{var}[2nhf_n(x)] = n[1 - (F(x+h) - F(x-h))][F(x+h) - F(x-h)],$$

故当 $h \to 0$ 且 $nh \to \infty$ 时，有

$$\mathrm{var}[f_n(x)] = \frac{1}{4nh^2}[1 - (F(x+h) - F(x-h))][F(x+h) - F(x-h)] \to 0.$$

从上可以看到，估计量 $f_n(x)$ 是 $f(x)$ 的渐近无偏估计，并且方差趋于 0. 这样看来 $f_n(x)$ 是 $f(x)$ 的一个比较好的估计.

设 $k(u) = \frac{1}{2}I(|u| \leqslant 1)$. 利用经验分布函数的定义，对式 (2.2.1) 做适当变形后，可得到：

$$\begin{aligned} f_n(x) &= \frac{1}{n}\sum_{i=1}^{n}\frac{1}{h}\frac{1}{2}I\Big(-1 \leqslant \frac{X_i - x}{h} \leqslant 1\Big) \\ &= \frac{1}{n}\sum_{i=1}^{n}\frac{1}{h}k\Big(\frac{X_i - x}{h}\Big). \end{aligned} \tag{2.2.2}$$

从上面可见，密度函数的估计 $f_n(x)$ 实际上是一个加权和，并且在进行加权求和时，对处于区间 $[x-h, x+h]$ 的样本点赋予同样的权值，也即是同等对待的. 这样的处理实际上是不太合理的. 因为直观来说，估计 X 在 x 点处的密度 $f(x)$，离 x 较近的样本点应该能提供更多的关于 $f(x)$ 的信息. 因此在定义 $f(x)$ 的估计时，就要对离 x 较近的样本点赋比较大的权，距离 x 较远的点赋比较小的权或者赋权为 0. 这可通过选取不同于恒等函数 $k(u) = \frac{1}{2}I(|u| \leqslant 1)$ 的权函数来实现. 这样的权函数就称为核函数. 前面所用的权函数 $k(u) = \frac{1}{2}I(|u| \leqslant 1)$ 也是核函数，称为均匀核函数，易见它是 $[-1, 1]$ 上均匀分布的密度函数. 上面定义的 $f_n(x)$ 又称为均匀核密度估计或者朴素 (Naive) 估计.

2.2.2　常用的核函数及其性质

除均匀核函数外，常用的核函数有：

Triangle 核函数: $k(u) = (1 - |u|)I(|u| \leqslant 1)$；

Epanechnikov 核函数: $k(u) = \dfrac{3}{4}(1 - u^2)I(|u| \leqslant 1)$；

Quartic 核函数: $k(u) = \dfrac{15}{16}(1 - u^2)^2 I(|u| \leqslant 1)$；

Triweight 核函数: $k(u) = \dfrac{35}{32}(1 - u^2)^3 I(|u| \leqslant 1)$；

Gaussian 核函数: $k(u) = \dfrac{1}{\sqrt{2\pi}} \exp\left(-\dfrac{1}{2}u^2\right)$；

Cosine 核函数: $k(u) = \dfrac{\pi}{4}\cos\left(\dfrac{\pi u}{2}\right)I(|u| \leqslant 1)$，等等.

其中均匀核函数、Epanechnikov 核函数、Quartic 核函数和 Triweight 核函数可以看做对称 Beta 族 $K_r(u) = 1/\mathrm{Beta}(0.5, r+1)(1 - u^2)^r I(|u| \leqslant 1)$ 对应 $r = 0, 1, 2, 3$ 的情形.

图 2.2.1 画出了常用的核函数的图像，可以看到上面的核函数在零点取最大值. 然后两边递减. 这与之前考虑估计 $f(x)$ 时，需要对距离 x 较近的点赋予比较大的权的考虑是一致的. 因为对给定的带宽 h, 距离 x 较近的点也就是使得 $\dfrac{X_i - x}{h}$ 的绝对值比较小的点.

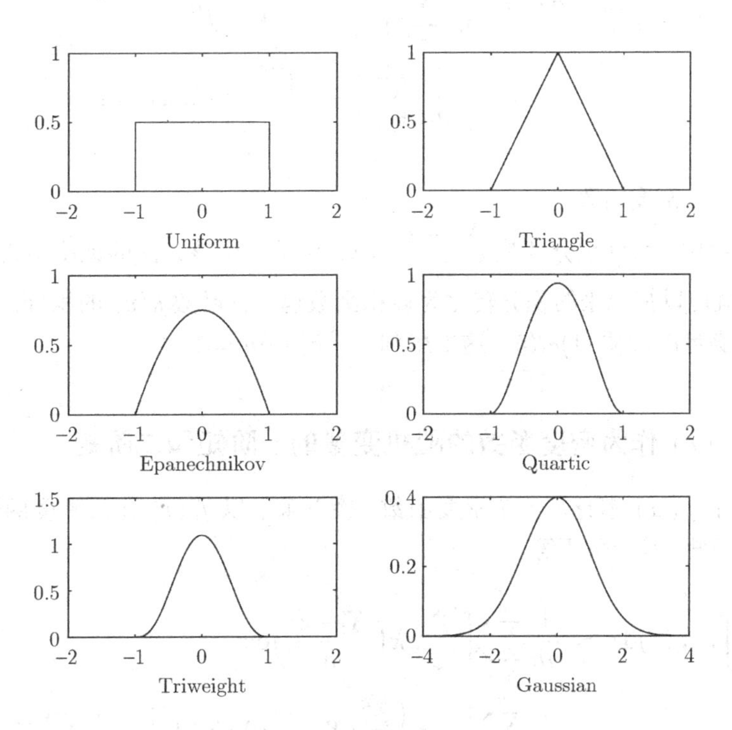

图 2.2.1　常用的核函数

核密度估计 $f_n(x)=\frac{1}{n}\sum_{i=1}^{n}\frac{1}{h}k\Big(\frac{X_i-x}{h}\Big)$ 作为密度函数 $f(x)$ 的估计，希望它本身也是密度函数. 同时为了使核密度估计具有比较好的性质，要求核函数满足一定条件. 通常，核函数需要满足如下的条件：

(1) $k(u)\geqslant 0$，$k(u)=k(-u)$；

(2) $\int k(u)\mathrm{d}u=1$；

(3) $\int uk(u)\mathrm{d}u=0$；

(4) $0<\int u^2k(u)\mathrm{d}u=\kappa_{21}<\infty$；

(5) $\int k^2(u)\mathrm{d}u<\infty$.

在下文中，核函数指满足上面条件 (1)~(5) 的函数.

令 $\hat{f}_n(x)=\frac{1}{n}\sum_{i=1}^{n}\frac{1}{h}k\Big(\frac{X_i-x}{h}\Big)$, 其中核函数满足上面的条件 (1)~(5)，为密度函数 $f(x)$ 的核估计. 下面研究其性质.

定理 2.2.1 当核函数满足上面的条件 (1)~(5) 时，$\hat{f}_n(x)=\frac{1}{n}\sum_{i=1}^{n}\frac{1}{h}k\Big(\frac{X_i-x}{h}\Big)$ 本身为密度函数.

证明 首先由条件 (1) 易见 $\hat{f}_n(x)\geqslant 0$；其次

$$\begin{aligned}\int\hat{f}_n(x)\mathrm{d}x &= \frac{1}{nh}\sum_{i=1}^{n}\int_{-\infty}^{+\infty}k\Big(\frac{X_i-x}{h}\Big)\mathrm{d}x\\ &=\frac{1}{nh}\sum_{i=1}^{n}\Big[-h\int_{+\infty}^{-\infty}k(u)\mathrm{d}u\Big]=1.\end{aligned}$$

因此 $\hat{f}_n(x)$ 是一个密度函数. □

上面的证明中，用到积分变换 $\frac{X_i-x}{h}=u$. 这是一个核方法的证明中常用的技巧. 通过这个操作，就可以把原来的积分转化为被积函数包含核函数 $k(u)$ 的积分，从而可以进一步利用核函数满足的性质 (1)~(5), 这里用到了 $\int k(u)\mathrm{d}u=1$.

2.2.3 以 $\hat{f}_n(x)$ 作为密度函数的随机变量的一阶矩和二阶矩

上面说明了 $\hat{f}_n(x)$ 本身是一个密度函数. 接下来求以 $\hat{f}_n(x)$ 作为密度函数的随机变量的一阶矩和二阶矩. 其一阶矩等于

$$\begin{aligned}\int x\hat{f}_n(x)\mathrm{d}x &= \frac{1}{nh}\sum_{i=1}^{n}\int_{-\infty}^{+\infty}xk\Big(\frac{X_i-x}{h}\Big)\mathrm{d}x\\ &=\frac{1}{nh}\sum_{i=1}^{n}\Big[-h\int_{+\infty}^{-\infty}(X_i-hu)k(u)\mathrm{d}u\Big]=\frac{1}{n}\sum_{i=1}^{n}X_i.\end{aligned}$$

上面的推算中，用到积分变换 $\dfrac{X_i-x}{h}=u$，也用到了核函数的性质 (iii) $\int uk(u)\mathrm{d}u=0$.

可见以 $\hat{f}_n(x)$ 作为密度函数的随机变量的一阶矩是原总体 X 的一阶样本矩. 由大数定理，以 $\hat{f}_n(x)$ 作为密度函数的随机变量的一阶矩趋向于总体 X 的一阶矩.

接下来计算以 $\hat{f}_n(x)$ 作为密度函数的随机变量的二阶矩. 若 $h\to 0$，则有

$$
\begin{aligned}
\int x^2\hat{f}_n(x)\mathrm{d}x &= \frac{1}{nh}\sum_{i=1}^{n}\int_{-\infty}^{+\infty}x^2k\Big(\frac{X_i-x}{h}\Big)\mathrm{d}x=\frac{1}{nh}\sum_{i=1}^{n}\Big[-h\int_{+\infty}^{-\infty}(X_i-hu)^2k(u)\mathrm{d}u\Big]\\
&=\frac{1}{n}\sum_{i=1}^{n}X_i^2+\kappa_{21}h^2\to\frac{1}{n}\sum_{i=1}^{n}X_i^2. \qquad (2.2.3)
\end{aligned}
$$

这里 $\kappa_{21}=\int u^2k(u)\mathrm{d}u$. 以后记：$\kappa_{ij}=\int u^ik^j(u)\mathrm{d}u$. 易见当 $h\to 0$ 时，以 $\hat{f}_n(x)$ 作为密度函数的随机变量的二阶矩收敛于以 $f(x)$ 为密度函数的随机变量的样本二阶矩.

2.2.4　$\hat{f}_n(x)$ 的均值、方差和均方误差

如果 $f(x)$ 有连续二阶导数，则可计算 $\hat{f}_n(x)$ 的均值 $E[\hat{f}_n(x)]$ 和方差 $\mathrm{var}[\hat{f}_n(x)]$.

首先计算 $\hat{f}_n(x)$ 的均值：

$$
\begin{aligned}
E[\hat{f}_n(x)] &= E\Big[\frac{1}{n}\sum_{i=1}^{n}\frac{1}{h}k\Big(\frac{X_i-x}{h}\Big)\Big]=\frac{1}{n}\sum_{i=1}^{n}\frac{1}{h}E\Big[k\Big(\frac{X_i-x}{h}\Big)\Big]\\
&=\frac{1}{h}E\Big[k\Big(\frac{X_1-x}{h}\Big)\Big]=\frac{1}{h}\int_{-\infty}^{+\infty}k(\frac{z-x}{h})f(z)\mathrm{d}z\\
&=\int_{-\infty}^{+\infty}k(u)f(x+uh)\mathrm{d}u\\
&=\int_{-\infty}^{+\infty}k(u)\Big[f(x)+f'(x)uh+\frac{1}{2}f^{(2)}(x)u^2h^2+o(h^2)\Big]\mathrm{d}u\\
&=f(x)+\frac{1}{2}f^{(2)}(x)\kappa_{21}h^2+o(h^2). \qquad (2.2.4)
\end{aligned}
$$

上面的计算中用到了 $k\Big(\dfrac{X_i-x}{h}\Big),i=1,2,\cdots,n$ 是独立同分布的，积分变换 $\dfrac{z-x}{h}=u$，也用到了核函数的性质以及 $f(x+uh)$ 在 x 处的泰勒展式. 因为 $\{X_i,i=1,2,\cdots,n\}$ 是独立同分布的，因此 $k\Big(\dfrac{X_i-x}{h}\Big),i=1,2,\cdots,n$ 是独立同分布的这个结论是显然的.

从上面的计算结果可得 $\hat{f}_n(x)$ 的偏差：

$$
\mathrm{bias}(\hat{f}_n(x))=\frac{1}{2}f^{(2)}(x)\kappa_{21}h^2+o(h^2).
$$

注意到在计算偏差的过程中，显然 $f(x+uh)$ 在 x 处的泰勒展开到平方项即可，这时偏差项包含主项 $\dfrac{1}{2}f^{(2)}(x)\kappa_{21}h^2$，其他相对高阶的项就包含在 $o(h^2)$ 中了. 注意到，带宽满

足条件：当 $n\to\infty$ 时，$h\to 0$, 因此 $\frac{1}{2}f^{(2)}(x)\kappa_{21}h^2\to 0$. 也即 $\hat{f}_n(x)$ 是 $f(x)$ 的一个渐近无偏估计.

接下来计算 $\hat{f}_n(x)$ 的方差：

$$
\begin{aligned}
\operatorname{var}[\hat{f}_n(x)] &= \operatorname{var}\Big[\frac{1}{n}\sum_{i=1}^{n}\frac{1}{h}k\Big(\frac{X_i-x}{h}\Big)\Big] = \frac{1}{n^2}\sum_{i=1}^{n}\operatorname{var}\Big[\frac{1}{h}k\Big(\frac{X_i-x}{h}\Big)\Big] \\
&= \frac{1}{n}E\Big[\frac{1}{h}k\Big(\frac{X_1-x}{h}\Big)\Big]^2 - \frac{1}{n}\Big[E\Big\{\frac{1}{h}k\Big(\frac{X_1-x}{h}\Big)\Big\}\Big]^2 \\
&= \frac{1}{n}\int_{-\infty}^{+\infty}\frac{1}{h^2}k^2\Big(\frac{z-x}{h}\Big)f(z)\mathrm{d}z - \frac{1}{n}\Big[\frac{1}{h}\int_{-\infty}^{+\infty}k\Big(\frac{z-x}{h}\Big)f(z)\mathrm{d}z\Big]^2 \\
&= \frac{1}{n}\int_{-\infty}^{+\infty}\frac{1}{h}k^2(u)f(x+hu)\mathrm{d}u - \frac{1}{n}\Big[f(x)+\frac{1}{2}f^{(2)}(x)\kappa_{21}h^2+o(h^2)\Big]^2 \\
&= \frac{f(x)}{nh}\kappa_{02}+o\Big(\frac{1}{nh}\Big).
\end{aligned} \tag{2.2.5}
$$

上面计算中第二个等式用到 $k\Big(\frac{X_i-x}{h}\Big), i=1,2,\cdots,n$ 是独立同分布的. 倒数第二个等式用到前面求均值时的结论 $\frac{1}{h}\int_{-\infty}^{+\infty}k\Big(\frac{z-x}{h}\Big)f(z)\mathrm{d}z = f(x)+\frac{1}{2}f^{(2)}(x)\kappa_{21}h^2+o(h^2)$. 一般假定 $n\to\infty, nh\to\infty$. 因此当 $n\to\infty$，$\hat{f}_n(x)$ 的渐近方差是趋向于 0 的.

接下来计算 $\hat{f}_n(x)$ 的均方误差 $\mathrm{MSE}(\hat{f}_n(x))=E[\hat{f}_n(x)-f(x)]^2$. 均方误差有分解公式 $\mathrm{MSE}(\hat{f}_n(x))=\operatorname{var}[\hat{f}_n(x)]+[\operatorname{bias}(\hat{f}_n(x))]^2$. 这样可得到

$$
\mathrm{MSE}[\hat{f}_n(x)] = \frac{f(x)}{nh}\kappa_{02}+\frac{1}{4}[f^{(2)}(x)]^2\kappa_{21}^2h^4+o\Big(\frac{1}{nh}\Big)+o(h^4). \tag{2.2.6}
$$

从 $\hat{f}_n(x)$ 的均方误差的表达式可以看出，当带宽增大时，方差会变小，同时偏差会变大，反之，当带宽减小时，方差会变大，同时偏差会变小. 这就是方差和偏差的一个平衡. 当带宽取得过大，会出现过平滑 (oversmoothing) 现象，而当带宽取得过小，会出现欠平滑 (undersmoothing) 现象. 对核密度估计来说，带宽的选择是非常重要的.

注意：可以发现，在后面用核方法估计一个量 (比如密度函数的导数、分布函数、条件密度函数) 时，通常会计算估计量的均值、方差和均方误差，这样就可得到积分均方误差，即 MISE. 然后使得积分均方误差的主项 (AMISE) 达到最小，就可以给出最优带宽的表达式. 根据最优带宽的表达式可以进一步考虑选择带宽的拇指法则. 当然也可根据其他准则选择带宽. 同时，估计量的均值、方差和均方误差的计算可以让我们对构建的估计量有一个初步的认识：估计是否渐近无偏；方差和偏差跟带宽的关系. 均值和方差的计算也有利于渐近正态性的证明.

很显然，要得到核密度估计，必须得选择核函数和带宽. 稍后将说明，相对来说，核函数的选择对核估计的影响要小，而带宽的不同取值会对密度函数的核估计影响很大. 下面首先介绍如何选择合适的带宽，然后介绍核函数的选择.

2.3　单元核密度估计的带宽选择

2.3.1　最优带宽

从上面的计算可以看到，带宽对偏差和方差的影响是不一样的. 当带宽变小时，偏差会减小，方差会变大，反之当带宽变大时，偏差会变大，方差会变小. 在选择带宽时，必须同时兼顾偏差和方差，因此考虑使得估计 $\hat{f}_n(x)$ 的均方误差达到最小的带宽是合适的.

为简单起见，选择带宽时，考虑所选带宽与具体的 X 的取值无关，也即对定义域上不同的 x，都取同样的带宽. 为消除 X 的不同取值的影响，对估计 $\hat{f}_n(x)$ 的均方误差关于 x 进行积分，即选择使得积分均方误差 (MISE) 达到最小的带宽. 注意到

$$\begin{aligned}\mathrm{MISE}_h &= \int_{-\infty}^{+\infty}\mathrm{MSE}(\hat{f}_n(x))\mathrm{d}x\\ &= \frac{\kappa_{02}}{nh}+\frac{1}{4}\int[f^{(2)}(x)]^2\mathrm{d}x\kappa_{21}^2h^4+o\left(\frac{1}{nh}\right)+o(h^4).\end{aligned}\tag{2.3.1}$$

考虑带宽选择时，忽略掉 $\hat{f}_n(x)$ 的积分均方误差的高阶项，只取其主项，也即只考虑前两项是合理的. 所取的主项称为渐近积分均方误差 (AMISE_h). 相比积分均方误差，渐近积分均方误差忽略了积分均方误差的高阶项，从而使得形式更简单.

下面考虑选取使得渐近积分均方误差达到最小的带宽，即最优带宽，记为 h_0：

$$h_0 = \mathrm{argmin}_h\mathrm{AMISE}_h.\tag{2.3.2}$$

因为 $\mathrm{AMISE}_h = \dfrac{\kappa_{02}}{nh}+\dfrac{1}{4}\int[f^{(2)}(x)]^2\mathrm{d}x\kappa_{21}^2h^4$, 关于 h 求导并令导数为 0，可得方程

$$-\frac{\kappa_{02}}{nh^2}+\int[f^{(2)}(x)]^2\mathrm{d}x\kappa_{21}^2h^3 = 0.\tag{2.3.3}$$

求解可得最优带宽的表达式

$$h_0=\left[\frac{\kappa_{02}}{\int[f^{(2)}(x)]^2\mathrm{d}x\kappa_{21}^2}\right]^{\frac{1}{5}}n^{-\frac{1}{5}}.\tag{2.3.4}$$

这时 AMISE_h 可达到最小值 $\dfrac{5}{4}\left[\int[f^{(2)}(x)]^2\mathrm{d}x\kappa_{21}^2\right]^{\frac{1}{5}}\kappa_{02}^{\frac{4}{5}}n^{-\frac{4}{5}}$.

因为 $f(x)$ 是未知的需要估计的密度函数，显然 $\int[f^{(2)}(x)]^2\mathrm{d}x$ 也是未知的. 因此上式中的 h_0 并不是一个实际可行的带宽. 下面提供几种切实可行的选择带宽的方法.

2.3.2 拇指法则

拇指法则 (rule of thumb) 选择带宽的思路是假定 $f(x)$ 属于某一个参数族，这样就可以估计或者算出 $\int[f^{(2)}(x)]^2\mathrm{d}x$. 同时，根据核函数的表达式可以算出 κ_{02} 和 κ_{21}，就可以得出带宽的表达式.

例：假定 $f(x)$ 属于方差为 σ^2 的正态分布族，且取核函数为高斯核函数，则

$$\int[f^{(2)}(x)]^2\mathrm{d}x=\sigma^{-5}\int[\varphi^{(2)}(x)]^2\mathrm{d}x=\sigma^{-5}\frac{3}{8\sqrt{\pi}};$$

$$\kappa_{02}=\int k^2(x)\mathrm{d}x=\frac{1}{2\pi}\int \mathrm{e}^{-u^2}\mathrm{d}u=\frac{1}{2\sqrt{\pi}};$$

$$\kappa_{21}=\int u^2k(x)\mathrm{d}x=\frac{1}{\sqrt{2\pi}}\int u^2\mathrm{e}^{-\frac{u^2}{2}}\mathrm{d}u=1.$$

这里 $\varphi^{(2)}(x)$ 是标准正态分布的密度函数的二阶导数. 将上面的值代入式 (2.3.4) 可得

$$h_{\text{pilot}}=\left[\frac{\dfrac{1}{2\sqrt{\pi}}}{\sigma^{-5}\dfrac{3}{8\sqrt{\pi}}}\right]^{\frac{1}{5}}n^{-\frac{1}{5}}\approx 1.06\hat{\sigma}_x n^{-\frac{1}{5}},$$

这里 $\hat{\sigma}_x=\sqrt{\dfrac{1}{n-1}\sum_{i=1}^{n}(X_i-\overline{X})^2}$，其中 $\overline{X}$ 是样本均值.

$\hat{\sigma}_x$ 的另一种更加稳健的选择是取 $\hat{\sigma}_x=\dfrac{R}{1.34}$，其中 R 为四分位数间距. 因此

$$h_{\text{rot}}=1.06\frac{R}{1.34}n^{-\frac{1}{5}}\approx 0.79\hat{R}n^{-\frac{1}{5}},$$

其中 $\hat{R}$ 为样本四分位间距. 一个更好的选择是

$$h_{\text{rot}}=1.06\min\left\{\hat{\sigma}_x,\frac{\hat{R}}{1.34}\right\}n^{-\frac{1}{5}}.$$

对上面的拇指法则，存在一个明显的问题，那就是采用非参数方法估计密度函数时，前提条件是没有关于密度函数的形式的信息，而拇指法则必须假定密度函数属于一个参数族. 这个问题体现为带宽选择的效果与总体的密度函数的形式有关. 如果总体服从正态分布，h_{rot} 给出最优带宽；如果总体 X 的分布与正态分布相差不远，h_{rot} 离最优带宽也不远. 实际上，对单峰、比较对称、尾部概率不是很大的分布，上面拇指法则给出的结果都比较合理. 但是如果 X 的密度函数与正态分布有相当大的差距，h_{rot} 给出的结果可能会产生误导作用.

注意总体的密度函数的形式是不知道的，因此对拇指法则选择的带宽的效果进行客观评判是困难的. 因此拇指法则给出的带宽经常作为一个初始带宽，在此基础上，寻找更为接近最优带宽的带宽. 或者在比较复杂的带宽选择问题中，利用拇指法则选择对推断效果影响比较小的带宽，从而简化带宽选择的问题，使得带宽的选择简单可行.

如果不取高斯核函数，而取其他核函数，则可以用类似的方法确定拇指法则下的带宽.

2.3.3 最小二乘交叉验证法则

在考虑选择带宽时，除了可以选择使 MISE 或 AMISE 达到最小的带宽，还可以选用使得积分二次误差 (ISE) 达到最小的带宽. 积分二次误差定义为

$$\begin{aligned} I_n &= \int[\hat{f}_n(x)-f(x)]^2\mathrm{d}x=\int[\hat{f}_n(x)]^2\mathrm{d}x-2\int\hat{f}_n(x)f(x)\mathrm{d}x+\int[f(x)]^2\mathrm{d}x \\ &\overset{\text{def}}{=} I_{1n}-2I_{2n}+\int[f(x)]^2\mathrm{d}x. \end{aligned} \tag{2.3.5}$$

显然 I_n 也可度量 $\hat{f}_n(x)$ 与 $f(x)$ 的距离. I_n 的分解式中，第三项 $\int[f(x)]^2\mathrm{d}x$ 与带宽的选择无关可以不加考虑.

下面来计算或估计 I_{1n} 和 I_{2n}. 易见，

$$\begin{aligned} I_{1n} &= \int[\hat{f}_n(x)]^2\mathrm{d}x=\int\frac{1}{nh}\sum_{i=1}^{n}k\Big(\frac{X_i-x}{h}\Big)\frac{1}{nh}\sum_{j=1}^{n}k\Big(\frac{X_j-x}{h}\Big)\mathrm{d}x \\ &= \frac{1}{n^2h^2}\sum_{i=1}^{n}\sum_{j=1}^{n}\int k\Big(\frac{X_i-x}{h}\Big)k\Big(\frac{X_j-x}{h}\Big)\mathrm{d}x \\ &= \frac{1}{n^2h}\sum_{i=1}^{n}\sum_{j=1}^{n}\int k(u)k\Big(u-\frac{X_i-X_j}{h}\Big)\mathrm{d}u \\ &= \frac{1}{n^2h}\sum_{i=1}^{n}\sum_{j=1}^{n}\overline{k}\Big(\frac{X_i-X_j}{h}\Big), \end{aligned} \tag{2.3.6}$$

这里 $\overline{k}(v)=\int k(u)k(v-u)\mathrm{d}u$ 是核函数 $k(\cdot)$ 的卷积.

若核函数 $k(\cdot)$ 的形式已知，可以算出该核函数的卷积.

例如如果取高斯正态核，则有

$$\begin{aligned} \overline{k}(v) &= \int k(u)k(v-u)\mathrm{d}u=\frac{1}{2\pi}\int\mathrm{e}^{-\frac{u^2}{2}}\mathrm{e}^{-\frac{(v-u)^2}{2}}\mathrm{d}u \\ &= \frac{1}{2\pi}\int\mathrm{e}^{-u^2+uv-\frac{v^2}{2}}\mathrm{d}u \\ &= \frac{1}{\sqrt{4\pi}}\mathrm{e}^{-\frac{v^2}{4}}. \end{aligned} \tag{2.3.7}$$

注意：如随机变量 Y_1 和 Y_2 均服从标准正态分布，则 Y_1+Y_2 服从均值为零、方差为 2 的正态分布. 由随机变量和的密度函数的计算公式，Y_1+Y_2 的密度函数是上面的卷积 $\overline{k}(v)=\dfrac{1}{\sqrt{4\pi}}\mathrm{e}^{-\frac{v^2}{4}}$. 易见 $\dfrac{1}{\sqrt{4\pi}}\mathrm{e}^{-\frac{v^2}{4}}$ 是均值为零、方差为 2 的正态分布的密度函数.

对 I_{2n}，有

$$I_{2n}=\int\hat{f}_n(x)f(x)\mathrm{d}x=E_f[\hat{f}_n(X)]. \tag{2.3.8}$$

这里的 E_f 表明上面的期望中，X 的分布密度为 $f(x)$. 因此可以估计 I_{2n} 如下：

$$\hat{I}_{2n}=\frac{1}{n}\sum_{i=1}^{n}\hat{f}_n^{-i}(X_i)=\frac{1}{n(n-1)h}\sum_{i=1}^{n}\sum_{j=1,j\neq i}^{n}k\Big(\frac{X_i-X_j}{h}\Big) \tag{2.3.9}$$

这里，$\hat{f}_n^{-i}(X_i)=\dfrac{1}{(n-1)h}\sum_{j=1,j\neq i}^{n}k\Big(\dfrac{X_i-X_j}{h}\Big)$ 是删一估计.

因此可以选择使得下式达到最小的带宽：

$$\hat{h}=\mathrm{argmin}_h\{I_{1n}-2\hat{I}_{2n}\}. \tag{2.3.10}$$

Härdle 等 (1988) 表明由上面方法取得的带宽满足 $\dfrac{\hat{h}-h_0}{h_0}=O_p\big(n^{-\frac{1}{10}}\big)$，这里 h_0 是最优带宽. 因此当样本量比较大时，由最小二乘交叉验证法则选出的带宽和最优带宽是非常接近的.

2.3.4 似然交叉验证法则

首先引进密度函数 $g(x)$ 和 $m(x)$ 之间的 Kullback-Leibler 距离，其定义为

$$D(g,m)=E_g\ln\left[\frac{g(x)}{m(x)}\right]=\int\ln\left[\frac{g(x)}{m(x)}\right]g(x)\mathrm{d}x=\int\ln(g(x))g(x)\mathrm{d}x-\int\ln(m(x))g(x)\mathrm{d}x.$$

容易看到，$g(\cdot)$ 和 $m(\cdot)$ 之间的 Kullback-Leibler 距离 $D(g,m)$ 即为 $E_g[\ln(g(X))-\ln(m(X))]$，它并不是真正的距离. 取 $g(\cdot)=f(\cdot),\ m(\cdot)=\hat{f}_n(\cdot)$，则有

$$D(f,\hat{f}_n)=E_g\ln\left[\frac{f(X)}{\hat{f}_n(X)}\right]=\int\ln(f(x))f(x)\mathrm{d}x-\int\ln(\hat{f}_n(x))f(x)\mathrm{d}x.$$

其中第一项与带宽的选择无关. 注意第二项为 $-E_X[\ln(\hat{f}(X))]$，可以用 $-\dfrac{1}{n}\sum_{i=1}^{n}\ln\hat{f}_n^{-i}(X_i)$ 来估计. 因此可以选择带宽 h 使得下式达到最大：

$$\mathrm{LL}(f,\hat{f}_n)=\frac{1}{n}\sum_{i=1}^{n}\ln\hat{f}_n^{-i}(X_i),$$

这里 $\text{LL}(f, \hat{f}_n)$ 可以理解为删一的对数似然函数. 因此上面的选择法则实际上是选择使得删一的对数似然函数达到最大的带宽.

2.3.5　小结

上面关于单元核密度估计的内容已经结束. 在下面的介绍中，比如介绍密度函数的导数等的核估计时，依然按照下面的思路进行：首先提出估计方法；再计算估计的均值、方差和均方误差；然后根据均方误差考虑最优带宽，最后提出实用可行的带宽选择方法. 对有些问题，会给出其渐近正态性.

需要注意的是，一般来说，第一部分虽然是新的估计的提出，仍然可以看到新的估计是已有知识的自然延伸. 第二步估计的均值、方差和均方误差的计算，让我们对估计有个直观的认识，并有利于最优带宽的提出. 第三步会结合均方误差和最优带宽的表达式，给出估计的积分均方误差的收敛速度，并根据最优带宽的阶以及积分均方误差的收敛速度对估计做出比较直观的评价.

建议通过对比和总结来学习这些内容，这样可以发现内容之间的区别和联系，进而对这些不同的统计方法有个总体的认识.

2.4　核函数的选取

这一节介绍核函数的选取，通过介绍核函数和渐近积分均方误差的关系，解释为什么核函数的选取对密度函数的估计不是很重要.

2.4.1　等价核函数

我们首先给出等价核函数的定义. 如果两个核函数给出相同的密度函数，那么说这两个核函数是等价的. 所有等价的核函数组成的集合称为等价类. 例如，对核函数 $k(\cdot)$，考虑它的一种变式：$k_\delta(\cdot) = \dfrac{1}{\delta}k\Big(\dfrac{\cdot}{\delta}\Big)$. 显然 $k_\delta(\cdot)$ 也满足核函数所需满足的条件. 那么由 $k(\cdot)$ 和 $k_\delta(\cdot)$ 得出的核密度估计为

$$\hat{f}_n(x) = \frac{1}{n}\sum_{i=1}^{n}\frac{1}{h}k\Big(\frac{X_i - x}{h}\Big)$$

和

$$\hat{f}_n^\delta(x) = \frac{1}{n}\sum_{i=1}^{n}\frac{1}{\tilde{h}}k_\delta\Big(\frac{X_i - x}{\tilde{h}}\Big) = \frac{1}{n}\sum_{i=1}^{n}\frac{1}{\tilde{h}\delta}k\Big(\frac{X_i - x}{\tilde{h}\delta}\Big).$$

如果 $h = \tilde{h}\delta$ 成立，则由上面两个核函数导出的核密度估计是相同的. 可见，对任意 $\delta > 0$，核函数 $k(\cdot)$ 的变式 $k_\delta(\cdot)$ 构成一个等价类.

2.4.2 典型带宽

对于前面给出的常用核函数 $k(\cdot)$，可以算出核密度估计的积分均方误差的主要部分，即渐近积分均方误差为

$$\frac{\kappa_{02}}{nh}+\frac{1}{4}\int[f^{(2)}(x)]^2\mathrm{d}x\kappa_{21}^2h^4.$$

对核函数 $k_\delta(\cdot)$，同样可算得渐近积分均方误差为

$$\frac{\kappa_{02}^{[\delta]}}{nh}+\frac{1}{4}\int[f^{(2)}(x)]^2\mathrm{d}x(\kappa_{21}^{[\delta]})^2h^4,$$

这里 $\kappa_{ij}^{[\delta]}=\int u^ik_\delta^j(u)\mathrm{d}u, i=0,1,2; j=1,2.$

易见，积分均方误差既受带宽选择的影响，又受核函数的选取的影响. 为了把来自这两方面的影响分开考虑，可以利用等价核函数的概念，选择合适的 δ 来达到这个目的. 如果选择 δ 使得渐近积分均方误差中与核函数有关的部分取为相等，那么渐近积分均方误差就可分成两个部分的乘积，一部分是和带宽有关的，另一部分是和核函数有关的. 也即，选择 δ 使得

$$\kappa_{02}^{[\delta]}=\left(\kappa_{21}^{[\delta]}\right)^2.$$

可以算得满足上面条件的 δ_0 为

$$\delta_0=\left[\frac{\kappa_{02}}{\kappa_{21}^2}\right]^{1/5}.$$

δ_0 称为典型带宽. 这样，渐近积分均方误差为

$$\begin{aligned}\mathrm{AMISE}(h) &= \left[\frac{1}{nh}+\frac{1}{4}\int[f^{(2)}(x)]^2\mathrm{d}xh^4\right]\cdot\kappa_{02}^{[\delta]}=\left[\frac{1}{nh}+\frac{1}{4}\int[f^{(2)}(x)]^2\mathrm{d}xh^4\right]\cdot\frac{\kappa_{02}}{\delta_0}\\ &\overset{\text{def}}{=} \left[\frac{1}{nh}+\frac{1}{4}\int[f^{(2)}(x)]^2\mathrm{d}xh^4\right]\cdot T(k), \qquad (2.4.1)\end{aligned}$$

其中 $T(k)=\dfrac{\kappa_{02}}{\delta_0}=[\kappa_{02}^4\kappa_{21}^2]^{\frac{1}{5}}$. 对均匀核函数、Epanechnikov 核函数、Quartic 核函数、Triweight 核函数和 Gaussian 核函数，可以算得典型带宽 δ_0 大约分别为 1.3510，1.7188，2.0362，2.3122 和 0.7764.

2.4.3 最优核函数

利用等价核和典型带宽，得到核函数只和渐近积分均方误差的一个乘积因子 $T(k)$ 有关. 因此最优核函数定义为使得 $T(k)$ 达到最小的核函数.

Epanechnikov 1969 年证明了在具有紧支撑的非负核函数中，使得 $T(k)$ 达到最小的核函数为

$$k(u)=\frac{3}{4}\frac{1}{15^{1/5}}\left(1-\left[\frac{u}{15^{1/5}}\right]^2\right)I(|u|\leqslant 15^{1/5}).$$

显然，上面的核函数就是典型的 Epanechnikov 核函数.

对常用的几种核函数，计算 $T(k)$ 和相对效率 $T(k)/T(k_{Epn})$，结果列于表 2.4.1. 这里 $T(k_{Epn})$ 是由 Epanechnikov 核函数算得的 $T(k)$ 的值.

表 2.4.1　$T(k)$ 以及相对效率 $T(k)/T(k_{Epn})$

kernel	$T(k)$	$T(k)/T(k_{Epn})$
均匀核函数	0.3701	1.0602
三角核函数	0.3531	1.0114
Epanechnikov 核函数	0.3491	1.0000
Quartic 核函数	0.3507	1.0049
Triweight 核函数	0.3699	1.0595
Gaussian 核函数	0.3633	1.0408
Cosine 核函数	0.3494	1.0004

从表 2.4.1 可以看出，由不同的核函数得到的 $T(k)$ 的值差异很小. 比如，Quartic 核函数和 Epanechnikov 核函数相比，$T(k)$ 的值会增大 0.5%. 可见核函数的影响是很小的. 因此在实际应用中，一般选择上面列出的常用的核函数就可以.

2.5　高阶核函数和偏差减少

2.5.1　定义

前面给出了关于核函数的假定条件为：

(1) $k(u)=k(-u)$;

(2) $\int k(u)\mathrm{d}u=1$;

(3) $0<\int u^2k(u)\mathrm{d}u=\kappa_{21}<\infty$;

(4) $0<\int k^2(u)\mathrm{d}u<\infty$.

下面给出一个新的概念: v 阶核函数. 设 v 为正整数，如果核函数 $k(u)$ 满足下面的条件:

(3)$'$ $\int u^sk(u)\mathrm{d}u=0, s=1,2,\cdots,v-1$;

(4)$'$ $\int u^vk(u)\mathrm{d}u=\kappa(v)<\infty$;

则称核函数 $k(\cdot)$ 为 v 阶核函数. 对 $v>2$，我们称之为高阶核函数.

注意高阶核函数没有 $k(u)\geqslant 0$ 这个条件. 实际上，从后面可以看到，高阶核函数经常会出现小于 0 的情况.

这一节还是以单变量密度函数的核估计为例说明高阶核函数的相关性质.

2.5.2 高阶核函数可以减少估计的偏差

应用高阶核函数来估计密度函数的一个显著优点是可以减少估计的偏差，从而进一步可减少估计的积分均方误差.

前面已经提到过如果采用二阶核函数，那么核密度估计的偏差为 $\frac{1}{2}f^{(2)}(x)\kappa_{21}h^2 + o(h^2)$，其均方误差为 $\frac{f(x)}{nh}\kappa_{02} + \frac{1}{4}[f^{(2)}(x)]^2\kappa_{21}^2h^4 + o\left(\frac{1}{nh}\right) + o(h^4)$. 当取最优带宽时，其积分均方误差的阶为 $O_p(n^{-\frac{4}{5}})$.

当应用四阶核函数时，有

$$
\begin{aligned}
E[\hat{f}_n(x)] &= \frac{1}{h}\int_{-\infty}^{+\infty} k\left(\frac{z-x}{h}\right)f(z)\mathrm{d}z = \int_{-\infty}^{+\infty} k(u)f(x+uh)\mathrm{d}u \\
&= \int_{-\infty}^{+\infty} k(u)\Big[f(x) + f'(x)uh + \frac{1}{2}f^{(2)}(x)u^2h^2 + \frac{1}{3!}f^{(3)}(x)u^3h^3 \\
&\quad + \frac{1}{4!}f^{(4)}(x)u^4h^4 + o(h^4)\Big]\mathrm{d}u \\
&= f(x) + \frac{1}{4!}f^{(4)}(x)\kappa_{41}h^4 + o(h^4).
\end{aligned} \tag{2.5.1}
$$

因此 $\hat{f}_n(x)$ 的偏差为 $\frac{1}{4!}f^{(4)}(x)\kappa_{41}h^4 + o(h^4)$.

在上面的运算中，因为 $k(u)$ 为四阶核函数，$f(x+uh)$ 需要展开到含 u^4 的项. 根据四阶核函数的定义，积分的第二项到第四项含有 u，u^2 和 u^3 的项经计算为 0. 从而得到偏差的主项 $\frac{1}{4!}f^{(4)}(x)\kappa_{41}h^4$.

若采用二阶核函数，则只需展开到含 u^2 的项. 若采用六阶核函数，则需展开到含 u^6 的项，依此类推.

由上节内容可知 $\mathrm{var}[\hat{f}_n(x)] = \frac{f(x)}{nh}\kappa_{02} + o\left(\frac{1}{nh}\right)$. 经计算，采用四阶核函数时，$\mathrm{var}[\hat{f}_n(x)]$ 的表达式仍然不变. 因此，应用四阶核函数时，积分均方误差 (MISE) 为

$$
\mathrm{MISE}_h = \frac{\kappa_{02}}{nh} + \frac{1}{(4!)^2}\int[f^{(4)}(x)]^2\mathrm{d}x\kappa_{41}^2h^8 + o\left(\frac{1}{nh}\right) + o(h^8). \tag{2.5.2}
$$

这样使得 MISE_h 达到最小的带宽为

$$
h_0 = \left[\frac{72\kappa_{02}}{\int[f^{(4)}(x)]^2\mathrm{d}x\kappa_{41}^2}\right]^{\frac{1}{9}} n^{-\frac{1}{9}}. \tag{2.5.3}
$$

将上面的最优带宽代入式 (2.5.2)，可得采用四阶核函数时，核密度估计的积分均方误差的

阶为 $O(n^{-\frac{8}{9}})$. 这时核密度估计的积分均方误差收敛到 0 的速度比取二阶核函数时更快. 注意采用二阶核函数时，核密度估计的积分均方误差的阶为 $O\left(n^{-\frac{4}{5}}\right)$.

2.5.3　构建高阶核函数

前面给出的核函数均为二阶核函数. 下面给出构建高阶核函数的方法：待定系数法. 待定系数法的思路是从二阶核函数出发，构造二阶核函数的多项式，利用 v 阶核函数的条件确定多项式的系数.

例：考虑高斯核函数 $\phi(u)=\dfrac{1}{\sqrt{2\pi}}\mathrm{e}^{-\frac{u^2}{2}}$. 假设一个 v 阶核函数具有形式 $k(u)=\sum_{s=0}^{\frac{v}{2}-1}\alpha_s u^{2s}\phi(u)$, 其中 α_s 为需要确定的常数.

我们以 $v=6$ 为例来说明 α_s 如何来确定. 这时，$k(u)=\alpha_0\phi(u)+\alpha_1u^2\phi(u)+\alpha_2u^4\phi(u)$. 令 $\varphi_{ij}=\int u^i\phi^j(u)\mathrm{d}u$，这里 $i,j=1,2,4$. 注意 $\varphi_{ij}=\int u^i\phi^j(u)\mathrm{d}u$ 是可以计算出来的具体的值. 由 v 阶核函数的条件，可得

$$\int k(u)\mathrm{d}u=1\Rightarrow\alpha_0+\alpha_1\varphi_{21}+\alpha_2\varphi_{41}=1;$$

$$\int uk(u)\mathrm{d}u=0\Rightarrow 0=0;$$

$$\int u^2k(u)\mathrm{d}u=0\Rightarrow\alpha_0\varphi_{21}+\alpha_1\varphi_{41}+\alpha_2\varphi_{61}=0;$$

$$\int u^3k(u)\mathrm{d}u=0\Rightarrow 0=0;$$

$$\int u^4k(u)\mathrm{d}u=0\Rightarrow\alpha_0\varphi_{41}+\alpha_1\varphi_{61}+\alpha_2\varphi_{81}=0;$$

$$\int u^5k(u)\mathrm{d}u=0\Rightarrow 0=0.$$

由上面的第 1,3,5 个方程组成方程组：

$$\alpha_0+\alpha_1\varphi_{21}+\alpha_2\varphi_{41}=1;$$

$$\alpha_0\varphi_{21}+\alpha_1\varphi_{41}+\alpha_2\varphi_{61}=0;$$

$$\alpha_0\varphi_{41}+\alpha_1\varphi_{61}+\alpha_2\varphi_{81}=0;$$

求解可得 $\alpha_0=\dfrac{15}{8}$, $\alpha_1=-\dfrac{5}{4}$, $\alpha_2=\dfrac{1}{8}$. 这样 $k_6(u)=\dfrac{15}{8}\phi(u)-\dfrac{5}{4}u^2\phi(u)+\dfrac{1}{8}u^4\phi(u)$ 为六阶高斯核函数 (图 2.5.1).

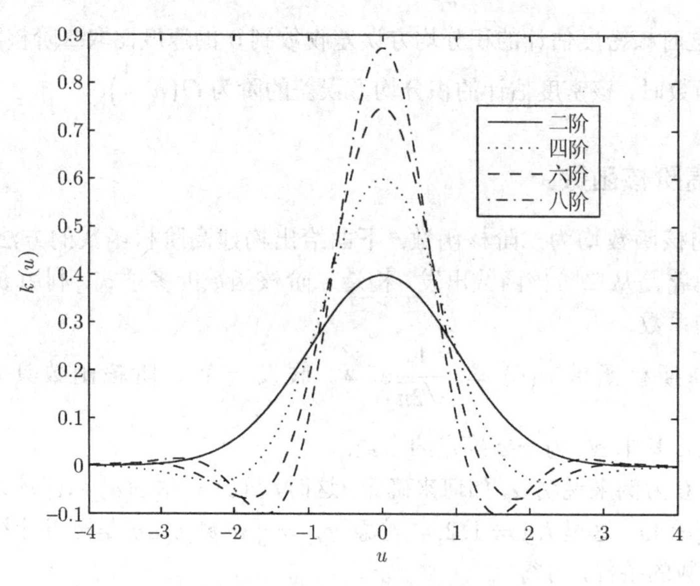

图 2.5.1 高阶高斯核函数

类似可构造四阶核函数，八阶核函数如下：

$$k_4(u)=\left\{\frac{3}{2}-\frac{1}{2}u^2\right\}\phi(u),\quad k_8(u)=\left\{\frac{35}{16}-\frac{35}{16}u^2+\frac{7}{16}u^4-\frac{1}{48}u^6\right\}\phi(u).$$

类似地，可从 Epanechnikov 核函数出发构建高阶核函数，其相应的二阶、四阶、六阶和八阶核函数的表达式分别如下：

$$k_2(u)=\frac{3}{4\sqrt{5}}\left(1-\frac{1}{5}u^2\right)I(|u|\leqslant\sqrt{5});$$

$$k_4(u)=\left(\frac{15}{8}-\frac{7}{8}u^2\right)k_2(u);$$

$$k_6(u)=\left(\frac{175}{64}-\frac{105}{32}u^2+\frac{231}{320}u^4\right)k_2(u);$$

$$k_8(u)=\left(\frac{3675}{1024}-\frac{8085}{1024}u^2+\frac{21021}{5120}u^4-\frac{3003}{5120}u^6\right)k_2(u).$$

注意上面的 Epanechnikov 核函数 $k_2(u)$ 为之前给出的 Epanechnikov 核函数 $k(u)=\frac{3}{4}(1-u^2)I(|u|\leqslant 1)$ 经变换 $u=\frac{x}{\sqrt{5}}$ 得到. 以 $k_2(u)$ 为密度函数的随机变量的方差为 1. 图 2.5.2 画出了高阶 Epanechnikov 核函数的图像.

上面图 2.5.1 和图 2.5.2 分别给出了高阶高斯核函数和高阶 Epanechnikov 核函数的图像.

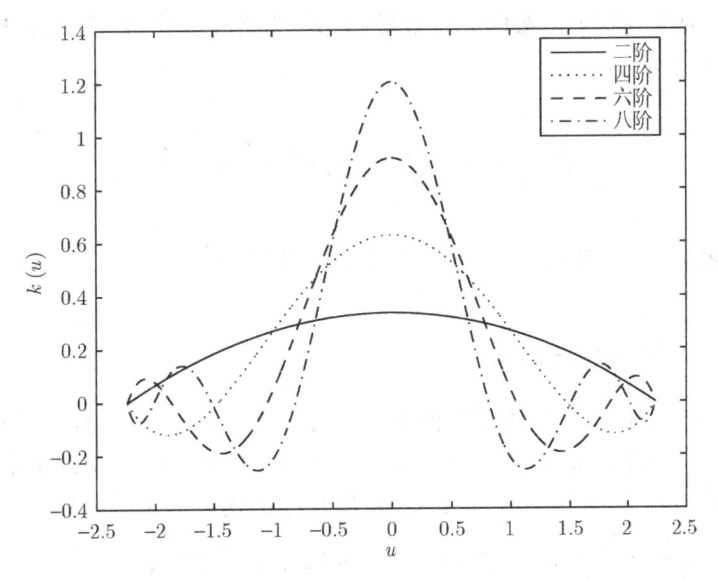

图 2.5.2　高阶 Epanechnikov 核函数

高阶核函数的优点是能减小偏差进而减小均方误差，其一个不可忽视的缺点是不能保证 $k_v(u) \geqslant 0$，因而不能保证所得估计 $\hat{f}_n(x) \geqslant 0$. 从上面两个图可以清晰看出这点. 这显然不是很合理的，因此在实际中，高阶核函数的应用并不多.

2.6　单元密度函数导数的核估计

2.6.1　估计的提出

密度函数的导数包含密度函数的一些信息，比如密度函数的一阶和二阶导数分别刻画密度函数的斜率和曲率. 并且在统计应用和理论研究中，经常要用到密度函数的导数，比如说用 plug-in 方法选择带宽以及以后研究半参数模型时，经常要用到密度函数的导数的估计.

当没有足够的先验信息可以确定密度函数服从某个参数分布族时，对密度函数的导数的估计就无法使用参数方法. 这一节考虑使用非参数方法估计单元变量密度函数的导数.

假设单元随机变量 X 的密度函数为 $f(x)$，记 $f^{(r)}(x)$ 为 $f(x)$ 的 r 阶导数，r 为大于或等于 0 的整数. 显然当 $r=0$ 时，$f^{(r)}(x)$ 为 $f(x)$ 本身. 假定密度函数 $f(x)$ 有 $r+2$ 阶导数. 考虑到 $f(x)$ 有核密度估计：

$$\hat{f}_n(x) = \frac{1}{n}\sum_{i=1}^{n}\frac{1}{h}k\Big(\frac{x-X_i}{h}\Big). \tag{2.6.1}$$

一个自然的想法是定义密度函数的 r 阶导数的估计为密度函数的估计的 r 阶导数. 即定义 $f^{(r)}(x)$ 的一个估计为

$$\hat{f}_n^{(r)}(x) = \frac{1}{n}\sum_{i=1}^{n}\frac{1}{h^{r+1}}k^{(r)}\Big(\frac{x-X_i}{h}\Big), \tag{2.6.2}$$

这里 $k(\cdot)$ 是核函数，h 是带宽，$k^{(r)}(\cdot)$ 是 $k(\cdot)$ 的 r 阶导数.

2.6.2 均值、方差和均方误差

假设所取的核函数 $k(\cdot)$ 除满足前面 2.2 节给出的核函数应该满足的条件之外还满足 $k^{(s)}(\infty)=0$, $k^{(s)}(-\infty)=0$, 这里 $s=0,1,2,\cdots,r$. 对常用的核函数，这个条件是满足的.

下面计算 $\hat{f}_n^{(r)}(x)$ 的均方误差. 首先计算 $\hat{f}_n^{(r)}(x)$ 的均值 $E[\hat{f}_n^{(r)}(x)]$.

注意到，$k^{(r)}\Big(\dfrac{x-X_i}{h}\Big)$, $i=1,2,\cdots,n$ 独立同分布，可算得

$$\begin{aligned}
E[\hat{f}_n^{(r)}(x)] &= E\Big[\frac{1}{n}\sum_{i=1}^{n}\frac{1}{h^{r+1}}k^{(r)}\Big(\frac{x-X_i}{h}\Big)\Big] = \frac{1}{h^{r+1}}E\Big[k^{(r)}\Big(\frac{x-X_1}{h}\Big)\Big]\\
&= \frac{1}{h^{r+1}}\int_{-\infty}^{+\infty}k^{(r)}\Big(\frac{x-z}{h}\Big)f(z)\mathrm{d}z = \frac{1}{h^r}\int_{-\infty}^{+\infty}k^{(r)}(u)f(x-uh)\mathrm{d}u\\
&= \frac{1}{h^r}\int_{-\infty}^{+\infty}f(x-uh)\mathrm{d}k^{(r-1)}(u)\\
&= \frac{1}{h^r}f(x-uh)k^{(r-1)}(u)|_{-\infty}^{+\infty} - \frac{1}{h^{r-1}}\int_{-\infty}^{+\infty}k^{(r-1)}(u)\mathrm{d}f(x-uh)\\
&= \frac{1}{h^{r-1}}\int_{-\infty}^{+\infty}k^{(r-1)}(u)f'(x-uh)\mathrm{d}u\\
&= \frac{1}{h^r}\int_{-\infty}^{+\infty}k^{(r-1)}\Big(\frac{x-z}{h}\Big)f'(z)\mathrm{d}z.
\end{aligned} \tag{2.6.3}$$

上面的计算使用了两次积分变换. 将上述过程重复 r 次，可以得到

$$\begin{aligned}
E[\hat{f}_n^{(r)}(x)] &= \frac{1}{h}\int_{-\infty}^{+\infty}k\Big(\frac{x-z}{h}\Big)f^{(r)}(z)\mathrm{d}z = \int_{-\infty}^{+\infty}k(u)f^{(r)}(x-uh)\mathrm{d}u\\
&= \int_{-\infty}^{+\infty}k(u)\Big[f^{(r)}(x)-f^{(r+1)}(x)uh+\frac{1}{2}f^{(r+2)}(x)u^2h^2+o(h^2)\Big]\mathrm{d}u\\
&= f^{(r)}(x)+\frac{1}{2}f^{(r+2)}(x)\kappa_{21}h^2+o(h^2).
\end{aligned} \tag{2.6.4}$$

上面计算用到了函数 $f^{(r)}(x)$ 的泰勒展开.

因此可以得到 $\hat{f}_n^{(r)}(x)$ 的偏差为

$$\mathrm{bias}(\hat{f}_n^{(r)}(x))=\frac{1}{2}f^{(r+2)}(x)\kappa_{21}h^2+o(h^2).$$

接下来计算 $\hat{f}_n^{(r)}(x)$ 的方差. 因为 $k^{(r)}\Big(\frac{X_i-x}{h}\Big),i=1,2,\cdots,n$ 独立同分布，因此

$$\begin{aligned}\mathrm{var}[\hat{f}_n^{(r)}(x)] &= \mathrm{var}\Big[\frac{1}{n}\sum_{i=1}^{n}\frac{1}{h^{r+1}}k^{(r)}\Big(\frac{x-X_i}{h}\Big)\Big]=\frac{1}{n}\mathrm{var}\Big[\frac{1}{h^{r+1}}k^{(r)}\Big(\frac{x-X_1}{h}\Big)\Big]\\ &= \frac{1}{n}E\Big[\frac{1}{h^{r+1}}k^{(r)}\Big(\frac{x-X_1}{h}\Big)\Big]^2-\frac{1}{n}\Big\{E\Big[\frac{1}{h^{r+1}}k^{(r)}\Big(\frac{x-X_1}{h}\Big)\Big]\Big\}^2.\end{aligned}\tag{2.6.5}$$

对第一项，有

$$\begin{aligned}\frac{1}{n}E\Big[\frac{1}{h^{r+1}}k^{(r)}\Big(\frac{x-X_1}{h}\Big)\Big]^2 &= \frac{1}{nh^{2(r+1)}}\int_{-\infty}^{+\infty}\Big[k^{(r)}\Big(\frac{x-z}{h}\Big)\Big]^2f(z)\mathrm{d}z\\ &= \frac{1}{nh^{2r+1}}\int_{-\infty}^{+\infty}[k^{(r)}(u)]^2f(x-hu)\mathrm{d}u\\ &= \frac{f(x)}{nh^{2r+1}}\int_{-\infty}^{+\infty}[k^{(r)}(u)]^2\mathrm{d}u+o\Big(\frac{1}{nh^{2r+1}}\Big).\end{aligned}\tag{2.6.6}$$

又注意到

$$\begin{aligned}\frac{1}{n}\Big\{E\Big[\frac{1}{h^{r+1}}k^{(r)}\Big(\frac{x-X_1}{h}\Big)\Big]\Big\}^2 &= \frac{1}{n}\Big[f^{(r)}(x)+\frac{1}{2}f^{(r+2)}(x)\kappa_{21}h^2+o(h^2)\Big]^2\\ &= o\Big(\frac{1}{nh^{2r+1}}\Big),\end{aligned}\tag{2.6.7}$$

因此，有

$$\mathrm{var}[\hat{f}_n^{(r)}(x)]=\frac{f(x)}{nh^{2r+1}}\int_{-\infty}^{+\infty}[k^{(r)}(u)]^2\mathrm{d}u+o\Big(\frac{1}{nh^{2r+1}}\Big).\tag{2.6.8}$$

由均方误差的均值方差分解可得

$$\begin{aligned}\mathrm{MSE}[\hat{f}_n^{(r)}(x)] &= \frac{f(x)}{nh^{2r+1}}\int_{-\infty}^{+\infty}[k^{(r)}(u)]^2\mathrm{d}u+\frac{1}{4}[f^{(r+2)}(x)]^2\kappa_{21}^2h^4\\ &\quad+o\Big(\frac{1}{nh^{2r+1}}\Big)+o(h^4).\end{aligned}\tag{2.6.9}$$

这样算得 $\hat{f}_n^{(r)}(x)$ 的积分均方误差为

$$\begin{aligned}\mathrm{MISE}(h) &= \frac{1}{nh^{2r+1}}\int_{-\infty}^{+\infty}[k^{(r)}(u)]^2\mathrm{d}u+\frac{1}{4}\int_{-\infty}^{+\infty}[f^{(r+2)}(x)]^2\mathrm{d}x\kappa_{21}^2h^4\\ &\quad+o\Big(\frac{1}{nh^{2r+1}}\Big)+o(h^4).\end{aligned}\tag{2.6.10}$$

下面可以根据上面的积分均方误差计算最优带宽.

2.6.3 最优带宽

令渐近积分均方误差 $\mathrm{AMISE}(h)=\dfrac{1}{nh^{2r+1}}\int_{-\infty}^{+\infty}[k^{(r)}(u)]^2\mathrm{d}u+\dfrac{1}{4}\int_{-\infty}^{+\infty}[f^{(r+2)}(x)]^2\mathrm{d}x\kappa_{21}^2h^4$，那么，使得 AMISE$(h)$ 达到最小的带宽，即最优带宽，为

$$h_0=\left[\frac{(2r+1)\displaystyle\int_{-\infty}^{+\infty}[k^{(r)}(u)]^2\mathrm{d}u}{\int_{-\infty}^{+\infty}[f^{(r+2)}(x)]^2\mathrm{d}x\kappa_{21}^2}\right]^{\frac{1}{2r+5}}n^{-\frac{1}{2r+5}}.$$

当带宽取为最优带宽时，易见 $\hat{f}_n^{(r)}(x)$ 的积分均方误差为 $O\left(n^{-\frac{4}{2r+5}}\right)$.

当 $r=0$ 时，$\hat{f}_n^{(r)}(x)$ 的积分均方误差的阶为 $O(n^{-\frac{4}{5}})$，这和前面 2.3 节算得的密度函数的核估计的结果是一致的；

当 $r=1$ 时，$\hat{f}_n^{(1)}(x)$ 的积分均方误差的阶为 $O(n^{-\frac{4}{7}})$；当 $r=2$ 时，$\hat{f}_n^{(2)}(x)$ 的积分均方误差的阶为 $O(n^{-\frac{4}{9}})$.

这表明当样本量一定时，随着 r 的增大，$f^{(r)}(x)$ 的核估计变得越来越困难，精度会变得越来越差；或者说，要达到一定的精度，随着 r 的增大，所需的样本量会越来越大.

2.7 单元累积分布函数的估计

2.7.1 估计的提出

设 X 为随机变量，其分布函数为 $F(x)$. 这一节的目标是给出 $F(x)$ 的一个光滑的估计.

我们知道经验分布函数是累积分布函数的一个使用很广的估计. 但是经验分布函数是阶梯函数，不是光滑的. 本节考虑用核方法估计累积分布函数，得到累积分布函数的一个光滑的估计.

从 $F(x)=\int f(x)\mathrm{d}x$ 和 $f(x)$ 可用核密度估计 $\hat{f}(x)=\dfrac{1}{n}\sum_{i=1}^n\dfrac{1}{h}k\left(\dfrac{X_i-x}{h}\right)$ 来估计出发，可以提出累积分布函数 $F(x)$ 的一个自然的估计为

$$\hat{F}(x)=\int_{-\infty}^{x}\hat{f}(u)\mathrm{d}u=\int_{-\infty}^{x}\frac{1}{n}\sum_{i=1}^{n}\frac{1}{h}k\left(\frac{u-X_i}{h}\right)\mathrm{d}u=\frac{1}{n}\sum_{i=1}^{n}G\left(\frac{x-X_i}{h}\right),$$

其中 $G(x)=\int_{-\infty}^{x}k(z)\mathrm{d}z$.

从常用核函数满足的条件可以看出，核函数本身是密度函数，因此 $G(x)=\int_{-\infty}^{x}k(u)\mathrm{d}u$ 是对应的分布函数. 因此，有时直接定义 $\hat{F}(x)=\dfrac{1}{n}\sum_{i=1}^{n}G\left(\dfrac{x-X_i}{h}\right)$，其中 $G(x)$ 为某个分布函数.

2.7.2 均值、方差和均方误差

下面计算 $\hat{F}(x)$ 的均值、方差和均方误差. 首先计算 $\hat{F}(x)$ 的均值. 根据 $\hat{F}(x)$ 的定义，有

$$\begin{aligned}
E[\hat{F}(x)] &= E\Big[\frac{1}{n}\sum_{i=1}^{n} G\Big(\frac{x-X_i}{h}\Big)\Big] = E\Big[G\Big(\frac{x-X_1}{h}\Big)\Big] \\
&= \int_{-\infty}^{\infty} G\Big(\frac{x-z}{h}\Big) f(z)\mathrm{d}z = h\int_{-\infty}^{\infty} G(u)f(x-hu)\mathrm{d}u \\
&= -\int_{-\infty}^{\infty} G(u)\mathrm{d}F(x-hu) = -G(u)F(x-hu)|_{u=-\infty}^{\infty} + \int_{-\infty}^{\infty} F(x-hu)k(u)\mathrm{d}u \\
&= \int_{-\infty}^{\infty} \Big[F(x) - huf(x) + \frac{1}{2}h^2u^2F^{(2)}(x)\Big]k(u)\mathrm{d}u + o(h^2) \\
&= F(x) + \frac{1}{2}h^2\kappa_{21}F^{(2)}(x) + o(h^2).
\end{aligned}$$

因此，$\hat{F}(x)$ 的渐近偏差为 $\frac{1}{2}h^2\kappa_{21}F^{(2)}(x)$. 下面计算 $\hat{F}(x)$ 的方差:

$$\begin{aligned}
\mathrm{var}(\hat{F}(x)) &= \mathrm{var}\Big[\frac{1}{n}\sum_{i=1}^{n} G\Big(\frac{x-X_i}{h}\Big)\Big] = \frac{1}{n}\mathrm{var}\Big[G\Big(\frac{x-X_1}{h}\Big)\Big] \\
&= \frac{1}{n}E\Big[G\Big(\frac{x-X_1}{h}\Big)\Big]^2 - \frac{1}{n}\Big\{E\Big[G\Big(\frac{x-X_1}{h}\Big)\Big]\Big\}^2.
\end{aligned}$$

注意到

$$\begin{aligned}
E\Big[G\Big(\frac{x-X_1}{h}\Big)\Big]^2 &= \int_{-\infty}^{\infty} G^2\Big(\frac{x-u}{h}\Big)f(u)\mathrm{d}u = h\int_{-\infty}^{\infty} G^2(z)f(x-hz)\mathrm{d}z \\
&= -\int_{-\infty}^{\infty} G^2(z)\mathrm{d}F(x-hz) \\
&= -G^2(z)F(x-hz)|_{z=-\infty}^{\infty} + 2\int_{-\infty}^{\infty} F(x-hz)G(z)k(z)\mathrm{d}z \\
&= 2\int_{-\infty}^{\infty} [F(x) - hzf(x)]G(z)k(z)\mathrm{d}z + o(h) \\
&= F(x) - 2hf(x)D_1 + o(h),
\end{aligned}$$

其中 $D_1 = \int_{-\infty}^{\infty} zG(z)k(z)\mathrm{d}z$. 上式中用到 $\int_{-\infty}^{\infty} G(z)k(z)\mathrm{d}z = 0.5$. 因此有

$$\begin{aligned}
\mathrm{var}(\hat{F}(x)) &= \frac{1}{n}[F(x) - 2hf(x)D_1] - \frac{1}{n}\Big[F(x) + \frac{1}{2}h^2\kappa_{21}F^{(2)}(x)\Big]^2 + o\Big(\frac{h}{n}\Big) \\
&= \frac{1}{n}F(x)(1-F(x)) - \frac{2h}{n}f(x)D_1 + o\Big(\frac{h}{n}\Big).
\end{aligned}$$

这样就有

$$\mathrm{MSE}(\hat{F}(x)) = \frac{1}{n}F(x)(1-F(x)) + h^4C_1(x) + \frac{h}{n}C_2(x) + o\Big(\frac{h}{n}+h^4\Big),$$

其中 $C_1(x) = \frac{1}{4}\kappa_{21}^2[F^{(2)}(x)]^2$, $C_2(x) = -2f(x)D_1$.

这样就得到 $\hat{F}(x)$ 的积分均方误差 (MISE):

$$\begin{aligned}\mathrm{MISE}(h) = &\frac{1}{n}\int_{-\infty}^{\infty} F(x)(1-F(x))\mathrm{d}x + h^4\int_{-\infty}^{\infty} C_1(x)\mathrm{d}x + \frac{h}{n}\int_{-\infty}^{\infty} C_2(x)\mathrm{d}x \\ &+o(h^4) + o\Big(\frac{h}{n}\Big).\end{aligned}$$

根据前面的计算以及中心极限定理，可以得到

$$\sqrt{n}(\hat{F}(x) - F(x)) \xrightarrow{d} N(0, F(x)(1-F(x))).$$

因此分布函数的核密度估计与分布函数的经验分布函数具有相同的渐近分布.

2.7.3 带宽选择以及对均方误差的分析

根据前面算得的 MISE(h) 的表达式，可以选择使得 MISE(h) 达到最小的带宽 h. 因为第一项与带宽的选择无关，因此选择使得 MISE(h) 达到最小的带宽 h，也就是等价于使得 $h^4\int_{-\infty}^{\infty} C_1(x)\mathrm{d}x - \frac{h}{n}\int_{-\infty}^{\infty} C_2(x)\mathrm{d}x$ 达到最小的带宽. 对此式求导并令之为零，可得: $4h^3\int_{-\infty}^{\infty} C_1(x)\mathrm{d}x - \frac{1}{n}\int_{-\infty}^{\infty} C_2(x)\mathrm{d}x = 0$. 这样就得到最优带宽的表达式:

$$h_0 = \left[\frac{\displaystyle\int_{-\infty}^{\infty} C_2(x)\mathrm{d}x}{4\displaystyle\int_{-\infty}^{\infty} C_1(x)\mathrm{d}x}\right]^{\frac{1}{3}} \cdot n^{-\frac{1}{3}}.$$

最优带宽 h_0 的表达式中 $C_1(x)$ 和 $C_2(x)$ 的表达式非常复杂，前面所述的拇指法则操作比较麻烦.

因此考虑下面的带宽选择准则: 选择使得下面的交叉验证函数达到最小的带宽:

$$\mathrm{CV}_F(h) = \frac{1}{n}\sum_{i=1}^{n}\int [I(X_i \leqslant x) - \hat{F}^{-i}(x)]^2\mathrm{d}x,$$

这里 $\hat{F}^{-i}(X_i) = \frac{1}{n-1}\sum_{j=1,j\neq i}^{n} G\Big(\frac{X_i - X_j}{h}\Big)$ 为 $F(X_i)$ 的删一估计.

根据累积分布函数的核估计 $\hat{F}(x)$ 的积分均方误差的表达式得到：受带宽影响的部分 $h^4\int_{-\infty}^{\infty}C_1(x)\mathrm{d}x-\dfrac{h}{n}\int_{-\infty}^{\infty}C_2(x)\mathrm{d}x$ 的阶为 $O(n^{-4/3})$. 这个部分不是积分均方误差的主项，可以看出累积分布函数的核估计 $\hat{F}(x)$ 的积分均方误差的阶为 $O(n^{-1})$. 这实际上说明不同于密度函数和密度函数的导数的核估计方法，对累积分布函数，带宽的选择对估计的积分均方误差的影响是可以忽略的. 也就是说，累积分布函数的核估计受带宽的影响非常小. 在选择带宽时，找到一个合适的带宽，所得的累积分布函数的核估计的变化都不大.

回忆一维随机变量的密度函数的核估计的积分均方误差的阶为 $O(n^{-4/5})$. 显然，累积分布函数的核密度估计的收敛速度比密度函数的核估计的收敛速度要快. 可以直观地认为用核方法估计累积分布函数要比密度函数的核估计精度更高一些.

2.8　多元密度函数的估计

2.8.1　估计的提出

本节考虑用非参数方法估计多元随机向量的密度函数. 在用非参数方法估计多元密度函数时，非参数方法由单元变量推广到多元时会产生如下问题：第一，需要确定更多的光滑参数；第二，将产生维数祸根的问题. 维数在 5 维以上的随机向量，若样本量不是很大，用非参数方法估计其密度就会非常困难. 然而一般对于二维随机向量，非参数方法估计密度函数还是非常有效的.

1. 维数祸根

维数祸根这个术语最早是由 Richard Bellman(1961) 提出来的，其意思大体上指，随着变量维数的增加，相应的估计问题变得越来越困难，估计的精度迅速变差. Richard Bellman 曾提出一个例子，100 个平均分布的点能把一个单位区间以每个点距离不超过 0.01 采样；而当维度增加到 10 后，如果以相邻点距离不超过 0.01 小方格采样一单位超正方体，则需要 10^{20} 个采样点.

从另一个方面来说，维数祸根问题的意思是为达到相同的精度，所需的样本是随着维数呈指数增长的. 从接下来的推导可以发现，多元密度函数的核估计的均方误差一般有下面的形式：$\mathrm{MSE}\approx cn^{-\frac{4}{4+d}}$，这里 c 为某个常数，$\approx$ 表明忽略了高阶项. 为了达到一定的精度，比如需要 $\mathrm{MSE}\leqslant\varepsilon$，那么由 $\dfrac{c}{n^{\frac{4}{4+d}}}\leqslant\varepsilon$ 得到 $n\geqslant a\left(\dfrac{c}{\varepsilon}\right)^{\frac{d}{4}}$. 可见在一定的精度要求下，所需的样本数是随维数 d 呈指数增长的.

2. 多元核密度估计的提出

设有 d 维随机向量 $X=(X_1,X_2,\cdots,X_d)^{\mathrm{T}}$，其中分量 $X_1,X_2,\cdots,X_d$ 均是一维随机变量. 我们的目标是要用非参数方法估计 X 的密度函数，即 $X_1,X_2,\cdots,X_d$ 的联合密度函

数：$f(x)=f(x_1,x_2,\cdots,x_d)$.

假设有样本：$(X_1,X_2,\cdots,X_n)$，其中 $X_i=(X_{i1},X_{i2},\cdots,X_{id})^{\mathrm{T}}$. 从单元密度函数的核估计表达式，核密度估计是一个平均加权和的思想以及密度函数的估计也是一个密度函数的要求可以提出 d-维密度函数的估计：

$$\begin{aligned}\hat{f}_n(x)&=\frac{1}{n}\sum_{i=1}^{n}\frac{1}{h^d}K\Big(\frac{X_i-x}{h}\Big)\\&=\frac{1}{n}\sum_{i=1}^{n}\frac{1}{h^d}K\Big(\frac{X_{i1}-x_1}{h},\frac{X_{i2}-x_2}{h},\cdots,\frac{X_{id}-x_d}{h}\Big)\end{aligned}\tag{2.8.1}$$

其中 $K(\cdot)$ 是多元核函数.

上式给出的多元核密度估计的定义中，对 X 的每一个分量，所取的带宽都是一样的，这可以改进为在各个分量的方向上所取的带宽不一样，即可定义 X 的密度函数为

$$\begin{aligned}\hat{f}_n(x)&=\frac{1}{n}\sum_{i=1}^{n}\frac{1}{h_1h_2\cdots h_d}K\Big(\frac{X_{i1}-x_1}{h_1},\frac{X_{i2}-x_2}{h_2},\cdots,\frac{X_{id}-x_d}{h_d}\Big)\\&\stackrel{\mathrm{def}}{=}\frac{1}{n}\sum_{i=1}^{n}K_h(X_i-x),\end{aligned}\tag{2.8.2}$$

这里 $h=(h_1,h_2,\cdots,h_d)^{\mathrm{T}}$, $K_h(X_i-x)=\dfrac{1}{h_1h_2\cdots h_d}K\Big(\dfrac{X_{i1}-x_1}{h_1},\dfrac{X_{i2}-x_2}{h_2},\cdots,\dfrac{X_{id}-x_d}{h_d}\Big)$.

2.8.2 多元核函数的两种构造方法

从多元核密度估计的定义可知，多元核密度估计需要用到多元核函数. 下面基于前面给出的单元核函数构建多元核函数. 一般有两种方法：构造乘积核函数的方法和构造具有球对称或辐射对称形式的核函数的方法.

构造乘积核函数： 这种方法构建的多元核函数即为单元核函数的乘积，即：$K(u)=k_1(u_1)k_2(u_2)\cdots k_d(u_d)$, 其中 $k_1(\cdot),k_2(\cdot),\cdots,k_d(\cdot)$ 为单元核函数.

例：考察二维核密度估计. 设有来自 $X=(X_1,X_2)$ 的样本 $\{(X_{i1},X_{i2})\}_{i=1}^n$, X 的核密度估计定义为

$$\begin{aligned}\hat{f}_n(x)&=\frac{1}{n}\sum_{i=1}^{n}\frac{1}{h_1h_2}K\Big(\frac{X_{i1}-x_1}{h_1},\frac{X_{i2}-x_2}{h_2}\Big)\\&=\frac{1}{n}\sum_{i=1}^{n}\frac{1}{h_1h_2}K_1\Big(\frac{X_{i1}-x_1}{h_1}\Big)K_2\Big(\frac{X_{i2}-x_2}{h_2}\Big).\end{aligned}\tag{2.8.3}$$

如果核函数 $K_1(\cdot)$ 和 $K_2(\cdot)$ 均取为 Epanechnikov 核函数，则有

$$\begin{aligned}\hat{f}_n(x) \;=\; & \frac{1}{n}\sum_{i=1}^{n}\frac{1}{h_1h_2}\Big[\frac{3}{4}\Big(1-\frac{X_{i1}-x_1}{h_1}\Big)^2 I\Big(\Big|\frac{X_{i1}-x_1}{h_1}\Big|\leqslant 1\Big)\Big] \\ & \cdot\Big[\frac{3}{4}\Big(1-\frac{X_{i2}-x_2}{h_2}\Big)^2 I\Big(\Big|\frac{X_{i2}-x_2}{h_2}\Big|\leqslant 1\Big)\Big].\end{aligned}$$

显然可以验证这样构造的密度函数的核估计仍然是密度函数.

构造具有球对称或辐射对称形式的核函数： 从单元核函数出发，将单元核函数中的单个变元，例如 $k(u)$ 中的 u，替换为 $(v^{\mathrm{T}}v)^{\frac{1}{2}}$，这里 v 是 d 维向量，这样就构造出了 d 维函数 $K(v)=k((v^{\mathrm{T}}v)^{\frac{1}{2}})$. 同时，为了使得 $K(v)$ 的积分为 1，令 $K(v)=\dfrac{k((v^{\mathrm{T}}v)^{\frac{1}{2}})}{\int k((v^{\mathrm{T}}v)^{\frac{1}{2}})dv}$. 这样就构造出了 d 维密度函数.

例: 从正态核函数出发，可以构造 d 维正态核密度函数: $K(v)=\dfrac{1}{(2\pi)^{d/2}}\exp\Big(-\dfrac{1}{2}v^{\mathrm{T}}v\Big)$，其中 v 为 d 维向量.

2.8.3　多元核密度估计的一种推广形式

除了考虑核密度估计在各个分量的方向上所取的带宽不一样外，还可以考虑变量之间的相关性，从而提出最一般形式的密度函数的估计：

$$\hat{f}_H(x)=\frac{1}{n}\sum_{i=1}^{n}\frac{1}{\det(H)}K(H^{-1}(X_i-x))\stackrel{\text{def}}{=\!=}\frac{1}{n}\sum_{i=1}^{n}K_H(X_i-x)$$

这里 $K_H(\cdot)=\dfrac{1}{\det(H)}K(H^{-1}(\cdot))$, $\det(H)$ 是 H 的行列式.

若取 $H=hI_d$, 则有

$$\hat{f}_H(x)=\frac{1}{n}\sum_{i=1}^{n}\frac{1}{h^d}K\Big(\frac{X_i-x}{h}\Big)=\frac{1}{n}\sum_{i=1}^{n}\frac{1}{h^d}K\Big(\frac{X_{i1}-x_1}{h},\frac{X_{i2}-x_2}{h},\cdots,\frac{X_{id}-x_d}{h}\Big).$$

若 $H=\mathrm{diag}(h_1,h_2,\cdots,h_d)$，则 $\det(H)=h_1h_2\cdots h_d$, 这时有

$$\hat{f}_H(x)=\frac{1}{n}\sum_{i=1}^{n}\frac{1}{h_1h_2\cdots h_d}K\Big(\frac{X_{i1}-x_1}{h_1},\frac{X_{i2}-x_2}{h_2},\cdots,\frac{X_{id}-x_d}{h_d}\Big).$$

这就是上面定义的估计.

2.8.4 均值、方差和均方误差

对多元核密度估计

$$\begin{aligned}\hat{f}_n(x) &= \frac{1}{n}\sum_{i=1}^{n}\frac{1}{h_1h_2\cdots h_d}K\Big(\frac{X_{i1}-x_1}{h_1},\frac{X_{i2}-x_2}{h_2},\cdots,\frac{X_{id}-x_d}{h_d}\Big)\\ &= \frac{1}{n}\sum_{i=1}^{n}\frac{1}{h_1h_2\cdots h_d}\prod_{s=1}^{d}k\Big(\frac{X_{is}-x_s}{h_s}\Big),\end{aligned}$$

我们发现它形式简单，考虑了各个分量之间的差异. 其中多元核函数取为单元核函数的乘积，这有利于利用前面用到的单元核函数的性质. 我们以这个估计为代表来研究多元核密度估计的各种性质.

下面计算其均值、方差和均方误差.

首先计算期望 $E[\hat{f}_n(x)]$. 注意到 $\prod_{s=1}^{d}k\Big(\frac{X_{is}-x_s}{h_s}\Big), i=1,2,\cdots,n$ 是相互独立的，这样就有

$$\begin{aligned}E[\hat{f}_n(x)] &= E\Big[\frac{1}{n}\sum_{i=1}^{n}\frac{1}{h_1h_2\cdots h_d}\prod_{s=1}^{d}k\Big(\frac{X_{is}-x_s}{h_s}\Big)\Big] = \frac{1}{h_1h_2\cdots h_d}E\Big[\prod_{s=1}^{d}k\Big(\frac{X_{1s}-x_s}{h_s}\Big)\Big]\\ &= \frac{1}{h_1h_2\cdots h_d}\int\cdots\int\prod_{s=1}^{d}k\Big(\frac{z_s-x_s}{h_s}\Big)f(z_1,z_2,\cdots,z_d)\mathrm{d}z_1\mathrm{d}z_2\cdots\mathrm{d}z_d\\ &= \int\cdots\int\prod_{s=1}^{d}k(u_s)f(x_1+u_1h_1,x_2+u_2h_2,\cdots,x_d+u_dh_d)\mathrm{d}u_1\mathrm{d}u_2\cdots\mathrm{d}u_d\\ &= \int\cdots\int\prod_{s=1}^{d}k(u_s)\Big[f(x_1,x_2,\cdots,x_d)+\sum_{t=1}^{d}u_th_tf_t(x)\\ &\quad+\frac{1}{2}\sum_{s_1=1}^{d}\sum_{s_2=1}^{d}f_{s_1s_2}(x)u_{s_1}h_{s_1}u_{s_2}h_{s_2}+o\Big(\sum_{s=1}^{d}h_s^2\Big)\Big]\mathrm{d}u_1\mathrm{d}u_2\cdots\mathrm{d}u_d\\ &= f(x_1,x_2,\cdots,x_d)+\frac{1}{2}\sum_{s=1}^{d}f_{ss}(x)h_s^2\kappa_{21}+o\Big(\sum_{s=1}^{d}h_s^2\Big).\end{aligned}$$

故 $\hat{f}_n(x)$ 的偏差为 $\frac{1}{2}\sum_{s=1}^{d}f_{ss}(x)h_s^2\kappa_{21}+o\Big(\sum_{s=1}^{d}h_s^2\Big)$.

上面的计算用到多元函数的泰勒展开，对每个分量作积分变换，也用到了单元核函数的性质. 下面的计算也同样要用到这些技巧.

接下来计算 $\hat{f}_n(x)$ 的方差.

$$\mathrm{var}[\hat{f}_n(x)] = \mathrm{var}\Big[\frac{1}{n}\sum_{i=1}^{n}\frac{1}{h_1h_2\cdots h_d}\prod_{s=1}^{d}k\Big(\frac{X_{is}-x_s}{h_s}\Big)\Big] = \frac{1}{nh_1^2h_2^2\cdots h_d^2}\mathrm{var}\Big[\prod_{s=1}^{d}k\Big(\frac{X_{1s}-x_s}{h_s}\Big)\Big]$$

$$= \frac{1}{nh_1^2h_2^2\cdots h_d^2}\Big\{E\Big[\prod_{s=1}^{d}k\Big(\frac{X_{1s}-x_s}{h_s}\Big)\Big]^2 - \Big(E\Big[\prod_{s=1}^{d}k\Big(\frac{X_{1s}-x_s}{h_s}\Big)\Big]\Big)^2\Big\}.$$

对第一项有

$$\begin{aligned}
&\frac{1}{nh_1^2h_2^2\cdots h_d^2}E\Big[\prod_{s=1}^{d}k\Big(\frac{X_{1s}-x_s}{h_s}\Big)\Big]^2\\
=&\frac{1}{nh_1^2h_2^2\cdots h_d^2}\int\cdots\int\prod_{s=1}^{d}k^2\Big(\frac{z_s-x_s}{h_s}\Big)f(z_1,z_2,\cdots,z_d)\mathrm{d}z_1\mathrm{d}z_2\cdots\mathrm{d}z_d\\
=&\frac{1}{nh_1h_2\cdots h_d}\int\cdots\int\prod_{s=1}^{d}k^2(u_s)f(x_1+u_1h_1,x_2+u_2h_2,\cdots,x_d+u_dh_d)\mathrm{d}u_1\mathrm{d}u_2\cdots\mathrm{d}u_d\\
=&\frac{1}{nh_1h_2\cdots h_d}\int\cdots\int\prod_{s=1}^{d}k^2(u_s)\Big[f(x_1,x_2,\cdots,x_d)+\sum_{t=1}^{d}u_th_tf_t(x)\\
&+\frac{1}{2}\sum_{s_1=1}^{d}\sum_{s_2=1}^{d}f_{s_1s_2}(x)u_{s_1}h_{s_1}u_{s_2}h_{s_2}+o\Big(\sum_{s=1}^{d}h_s^2\Big)\Big]\mathrm{d}u_1\mathrm{d}u_2\cdots\mathrm{d}u_d\\
=&\frac{1}{nh_1h_2\cdots h_d}\kappa_{02}^df(x)+o\Big(\frac{1}{nh_1h_2\cdots h_d}\Big).
\end{aligned}$$

注意到 $\frac{1}{nh_1^2h_2^2\cdots h_d^2}\Big\{E\Big[\prod_{s=1}^{d}k\Big(\frac{X_{1s}-x_s}{h_s}\Big)\Big]\Big\}^2=o\Big(\frac{1}{nh_1h_2\cdots h_d}\Big)$. 这样就有

$$\mathrm{var}[\hat{f}_n(x)] = \frac{1}{nh_1h_2\cdots h_d}\kappa_{02}^df(x)+o\Big(\frac{1}{nh_1h_2\cdots h_d}\Big).$$

因此可以算得 $\hat{f}_n(x)$ 的均方误差为

$$\begin{aligned}
\mathrm{MSE}[\hat{f}_n(x)] =& \frac{1}{nh_1h_2\cdots h_d}\kappa_{02}^df(x)+\Big[\frac{1}{2}\sum_{s=1}^{d}f_{ss}(x)h_s^2\kappa_{21}\Big]^2\\
&+o\Big(\frac{1}{nh_1h_2\cdots h_d}\Big)+o\Big(\Big[\sum_{s=1}^{d}h_s^2\Big]^2\Big).
\end{aligned}$$

当 $h_1=h_2=\cdots=h_d=h$ 时有

$$\mathrm{MISE}(h) = \frac{1}{nh^d}\kappa_{02}^d+\frac{1}{4}\int\Big[\sum_{s=1}^{d}f_{ss}(x)\Big]^2\mathrm{d}xh^4\kappa_{21}^2+o\Big(\frac{1}{nh^d}\Big)+o(h^4).$$

可得最优带宽为：$h_0=O(n^{-\frac{1}{4+d}})$. 这时积分均方误差为 $\mathrm{MISE}(h)=O(n^{-\frac{4}{4+d}})$. 当 $d=1$ 时，与前面单元变量密度函数估计的结果相符合. 当 $d=2$ 时，$h_0=O(n^{-\frac{1}{6}})$, $\mathrm{MISE}(h)=O(n^{-\frac{2}{3}})$. 直观来看，多元密度函数的核估计相比单元变量密度函数的核估计精度要差一些.

2.9 多元核密度估计的渐近性质

2.9.1 渐近正态性

对于多元核密度估计 $\hat{f}_n(x)$，可证得下面的渐近正态性. 首先给出一些证明定理所需要的条件：

A1：$X_1, X_2, \cdots, X_n$ 为来自 $f(x)$ 的独立同分布样本；

A2：$f(x)$ 为三阶连续可微函数；

A3：$K(\cdot)$ 是单元核函数 $k(\cdot)$ 的乘积，$k(\cdot)$ 为偶函数，且满足：

(1) $\int k(u)\mathrm{d}u = 1$;

(2) $\int u^2 k(u)\mathrm{d}u < \infty$;

(3) $\int k^2(u)\mathrm{d}u < \infty$;

A4：当 $n \to \infty$ 时，$nh_1h_2\cdots h_d \to \infty, h_s \to 0, s = 1, 2, \cdots, d$.

下面证明 $\hat{f}_n(x)$ 的渐近正态性.

定理 2.9.1 假定 A1~A4 成立，且 $nh_1h_2\cdots h_d(\sum_{s=1}^d h_s^4)^2 \to 0$ 时，有下面结论成立：

$$\sqrt{nh_1h_2\cdots h_d}\Big\{\hat{f}_n(x) - f(x) - \frac{\kappa_{21}}{2}\sum_{s=1}^d f_{ss}(x)h_s^2\Big\} \xrightarrow{d} N(0, \kappa_{02}^d f(x)).$$

证明: 由上节的计算可以得到：

$$\begin{aligned}\sqrt{nh_1h_2\cdots h_d}\{E[\hat{f}_n(x) - f(x)]\} &= \sqrt{nh_1h_2\cdots h_d}\frac{1}{2}\sum_{s=1}^d f_{ss}(x)h_s^2\kappa_{21} \\ &\quad + \sqrt{nh_1h_2\cdots h_d}\cdot o\Big(\sum_{s=1}^d h_s^2\Big),\end{aligned}$$

$$\begin{aligned}\mathrm{var}\{\sqrt{nh_1h_2\cdots h_d}\{\hat{f}_n(x) - E[\hat{f}_n(x)]\}\} &= nh_1h_2\cdots h_d\Big[\frac{1}{nh_1h_2\cdots h_d}\kappa_{02}^d f(x) \\ &\quad + o\Big(\frac{1}{nh_1h_2\cdots h_d}\Big)\Big] = \kappa_{02}^d f(x) + o(1).\end{aligned}$$

注意到

$$\begin{aligned}\sqrt{nh_1h_2\cdots h_d}\{\hat{f}_n(x) - f(x)\} &= \sqrt{nh_1h_2\cdots h_d}\{\hat{f}_n(x) \\ &\quad - E[\hat{f}_n(x)] + E[\hat{f}_n(x)] - f(x)\},\end{aligned}$$

因此

$$\sqrt{nh_1h_2\cdots h_d}\{\hat{f}_n(x) - f(x) - \{E[\hat{f}_n(x)] - f(x)\}\} = \sqrt{nh_1h_2\cdots h_d}\{\hat{f}_n(x) - E[\hat{f}_n(x)]\}.$$

即有

$$
\begin{aligned}
&\sqrt{nh_1h_2\cdots h_d}\Big\{\hat{f}_n(x)-f(x)-\frac{\kappa_{21}}{2}\sum_{s=1}^{d}f_{ss}(x)h_s^2\Big\}\\
=&\sqrt{nh_1h_2\cdots h_d}\Big\{\frac{1}{n}\sum_{i=1}^{n}\frac{1}{h_1h_2\cdots h_d}\prod_{s=1}^{d}k\Big(\frac{X_{is}-x_s}{h_s}\Big)\\
&-E\Big[\frac{1}{n}\sum_{i=1}^{n}\frac{1}{h_1h_2\cdots h_d}\prod_{s=1}^{d}k\Big(\frac{X_{is}-x_s}{h_s}\Big)\Big]\Big\}+\sqrt{nh_1h_2\cdots h_d}\,o\Big(\sum_{s=1}^{d}h_s^2\Big)\\
=&\sum_{i=1}^{n}\frac{1}{\sqrt{nh_1h_2\cdots h_d}}\Big\{\prod_{s=1}^{d}k\Big(\frac{X_{is}-x_s}{h_s}\Big)-E\Big[\prod_{s=1}^{d}k\Big(\frac{X_{is}-x_s}{h_s}\Big)\Big]\Big\}\\
&+\sqrt{nh_1h_2\cdots h_d}\,o\Big(\sum_{s=1}^{d}h_s^2\Big).
\end{aligned}
$$

令 $\dfrac{1}{\sqrt{nh_1h_2\cdots h_d}}\Big\{\prod_{s=1}^{d}k\Big(\dfrac{X_{is}-x_s}{h_s}\Big)-E\Big[\prod_{s=1}^{d}k\Big(\dfrac{X_{is}-x_s}{h_s}\Big)\Big]\Big\}=Z_i$, 易见 $E(Z_i)=0$. 又因为

$$
E\Big[\prod_{s=1}^{d}k\Big(\frac{X_{is}-x_s}{h_s}\Big)-E\Big[\prod_{s=1}^{d}k\Big(\frac{X_{is}-x_s}{h_s}\Big)\Big]^2=h_1h_2\cdots h_d\kappa_{02}^{d}f(x)+o(h_1h_2\cdots h_d),
$$

可得

$$
\operatorname{var}(Z_i)=\frac{1}{n}\kappa_{02}^{d}f(x)+o\Big(\frac{1}{n}\Big),
$$

因此

$$
\sum_{i=1}^{n}Z_i\xrightarrow{d}N(0,\kappa_{02}^{d}f(x)).
$$

又因为 $\sqrt{nh_1h_2\cdots h_d}\,o(\sum_{s=1}^{d}h_s^2)=o_p(1)$, 所以

$$
\sqrt{nh_1h_2\cdots h_d}\Big\{\hat{f}_n(x)-f(x)-\frac{\kappa_{21}}{2}\sum_{s=1}^{d}f_{ss}(x)h_s^2\Big\}\xrightarrow{d}N(0,\kappa_{02}^{d}f(x)).
$$

□

注意上面的正态性和参数模型的估计的渐近正态性不同. 并且也可直观看到，非参数估计的收敛速度比参数估计的收敛速度要慢一些.

2.9.2　一致收敛性

对多元核密度估计，有下面的一致收敛性质.

定理 2.9.2 在一定的正则条件下，有下面结论成立：

$$\text{(i)}\ \sup_{x\in S}|\hat{f}_n(x)-f(x)|=o\Big(\frac{1}{\sqrt{nh_1h_2\cdots h_d}}\sqrt{\ln n}\Big)+o\Big(\sum_{s=1}^{d}h_s^2\Big)\quad \text{a.s.}\tag{2.9.1}$$

$$\text{(ii)}\ \sup_{x\in S}E|\hat{f}_n(x)-f(x)|^2=o\Big(\frac{1}{nh_1h_2\cdots h_d}\Big)+o\Big(\sum_{s=1}^{d}h_s^4\Big)\tag{2.9.2}$$

其中 S 是 $f(x)$ 的支撑内部的一个紧集.

注意上面的一致收敛性仅仅在定义域的内点成立，在边界点是不一定成立的.

2.9.3 边界效应

上面定理 2.9.2 仅仅在 $f(x)$ 的支撑内部成立，实际上，若 x 在 $f(x)$ 的支撑的边界，上述定理不再成立，这时 $\text{MSE}(\hat{f}_n(x))\neq o(1)$. 下面举例说明.

假设 $f(x)$ 有紧支撑 $[0,1]$，且 $f(0)>0$. 用核估计方法估计 $f(0)$，即定义 $\hat{f}(0)=\dfrac{1}{nh}\sum_{i=1}^{n}K\Big(\dfrac{X_i-0}{h}\Big)$. 这样，若 $h\to 0+$，就有

$$\begin{aligned}E[\hat{f}(0)]&=\frac{1}{h}E\Big[K\Big(\frac{X_i}{h}\Big)\Big]=\frac{1}{h}\int_0^1K\Big(\frac{x}{h}\Big)f(x)\mathrm{d}x\\&=\int_0^{\frac{1}{h}}K(u)f(hu)\mathrm{d}u\to\int_0^{\infty}K(u)f(0)\mathrm{d}u=\frac{f(0)}{2}\neq f(0).\end{aligned}\tag{2.9.3}$$

也即在边界点核密度估计不是相合的. 这就是所谓的边界效应.

2.10 多元核密度估计的带宽选择

同单变量核密度估计一样，带宽的选择对核密度估计是非常重要的. 下面给出一些多元核密度估计的带宽选择准则.

2.10.1 拇指法则

由前面均值和方差的计算可以算得多元核密度估计 $\hat{f}_n(x)$ 的均方误差为

$$\text{MSE}(\hat{f}_n(x))=\frac{1}{nh_1h_2\cdots h_d}\kappa_{02}^2f(x)+\frac{1}{4}\kappa_{21}^2\Big[\sum_{s=1}^{d}f_{ss}(x)h_s^2\Big]^2+o\Big(\frac{1}{nh_1h_2\cdots h_d}\Big)+o\Big(\sum_{s=1}^{d}h_s^4\Big).$$

两边关于 x 积分，则可算得积分均方误差为

$$\mathrm{MISE}(h)=\frac{1}{nh_1h_2\cdots h_d}\kappa_{02}^2+\frac{1}{4}\kappa_{21}^2\int\Big[\sum_{s=1}^{d}f_{ss}(x)h_s^2\Big]^2\mathrm{d}x+o\Big(\frac{1}{nh_1h_2\cdots h_d}\Big)+o\Big(\sum_{s=1}^{d}h_s^4\Big).$$

假定 $f(x)$ 服从多元正态分布 $N(\mu,\Sigma)$. 考虑简单的情形，$\Sigma=\mathrm{diag}(\sigma_1^2,\sigma_2^2,\cdots,\sigma_d^2)$. 经计算可得到使得渐近积分均方误差达到最小的最优带宽为

$$h_j\approx\Big(\frac{4}{d+2}\Big)^{\frac{1}{d+4}}n^{-\frac{1}{d+4}}\sigma_j.$$

将 σ_j 用样本根方差 $\hat{\sigma}_j=\sqrt{\frac{1}{n-1}\sum_{i=1}^{n}(X_{ij}-\bar{X}_j)^2}$ 代替，可得

$$\hat{h}_j=\Big(\frac{4}{d+2}\Big)^{\frac{1}{d+4}}n^{-\frac{1}{d+4}}\hat{\sigma}_j,\quad j=1,2,\cdots,d.$$

2.10.2　最小二乘交叉验证方法

拇指法则选择带宽有其局限性，下面介绍选择带宽的最小二乘交叉验证方法. 最小二乘交叉验证方法选择使得积分二次误差达到最小的带宽. 积分二次误差的定义为

$$\begin{aligned}\mathrm{ISE}(h)&=\int[\hat{f}_n(x)-f(x)]^2\mathrm{d}x=\int[\hat{f}_n(x)]^2\mathrm{d}x-2\int\hat{f}_n(x)f(x)\mathrm{d}x+\int[f(x)]^2\mathrm{d}x\\&=I_{1n}-2I_{2n}+\int[f(x)]^2\mathrm{d}x.\end{aligned}\tag{2.10.1}$$

因为 $\int[f(x)]^2\mathrm{d}x$ 与带宽选择无关，因此使得 $\mathrm{ISE}(h)$ 达到最小的带宽等价于使得 $I_{1n}-2I_{2n}$ 达到最小的带宽. 注意到 I_{1n} 可以直接计算. I_{2n} 可以用如下方式估计：

$$\hat{I}_{2n}=\frac{1}{n}\sum_{i=1}^{n}\hat{f}_n^{-i}(X_i)\tag{2.10.2}$$

其中 $\hat{f}_n^{-i}(X_i)$ 是 $f(X_i)$ 的删一估计：

$$\hat{f}_n^{-i}(X_i)=\frac{1}{(n-1)h_1h_2\cdots h_d}\sum_{j=1,j\neq i}^{n}K\Big(\frac{X_{i1}-X_{j1}}{h_1},\frac{X_{i2}-X_{j2}}{h_2},\cdots,\frac{X_{id}-X_{jd}}{h_d}\Big).$$

下面举例说明 I_{1n} 可以直接计算. 考察二维的情况：

$$\hat{f}_n(x)=\frac{1}{n}\sum_{i=1}^{n}\frac{1}{h_1h_2}K_1\Big(\frac{X_{i1}-x_1}{h_1}\Big)K_2\Big(\frac{X_{i2}-x_2}{h_2}\Big),\tag{2.10.3}$$

则有

$$
\begin{aligned}
&\int[\hat{f}_n(x)]^2\mathrm{d}x\\
=&\iint\frac{1}{n}\sum_{i=1}^{n}\frac{1}{h_1h_2}K_1\Big(\frac{X_{i1}-x_1}{h_1}\Big)K_2\Big(\frac{X_{i2}-x_2}{h_2}\Big)\frac{1}{n}\sum_{j=1}^{n}\frac{1}{h_1h_2}K_1\Big(\frac{X_{j1}-x_1}{h_1}\Big)\\
&\cdot K_2\Big(\frac{X_{j2}-x_2}{h_2}\Big)\mathrm{d}x_1\mathrm{d}x_2\\
=&\ \frac{1}{n^2}\frac{1}{h_1^2h_2^2}\sum_{i=1}^{n}\sum_{j=1}^{n}\iint K_1\Big(\frac{X_{i1}-x_1}{h_1}\Big)K_1\Big(\frac{X_{j1}-x_1}{h_1}\Big)K_2\Big(\frac{X_{i2}-x_2}{h_2}\Big)K_2\Big(\frac{X_{j2}-x_2}{h_2}\Big)\mathrm{d}x_1\mathrm{d}x_2\\
=&\ \frac{1}{n^2}\frac{1}{h_1^2h_2^2}\sum_{i=1}^{n}\sum_{j=1}^{n}\int K_1\Big(\frac{X_{i1}-x_1}{h_1}\Big)K_1\Big(\frac{X_{j1}-x_1}{h_1}\Big)\mathrm{d}x_1\int K_2\Big(\frac{X_{i2}-x_2}{h_2}\Big)K_2\Big(\frac{X_{j2}-x_2}{h_2}\Big)\mathrm{d}x_2\\
=&\ \frac{1}{n^2}\frac{1}{h_1h_2}\sum_{i=1}^{n}\sum_{j=1}^{n}\bar{K}_1\Big(\frac{X_{i1}-X_{j1}}{h_1}\Big)\bar{K}_2\Big(\frac{X_{i2}-X_{j2}}{h_2}\Big),
\end{aligned}\tag{2.10.4}
$$

这里 $\bar{K}_l(\cdot),l=1,2$ 表示卷积.

选择带宽 $h=(h_1,h_2,\cdots,h_d)$ 使得下式达到最小:

$$\mathrm{CV}_f(h)=I_{1n}-2\hat{I}_{2n}.$$

若用 $h=(h_{10},h_{20},\cdots,h_{d0})$ 表示使得 $\hat{f}_n(x)$ 的 AMISE 达到最小的最优带宽，而 $\hat{h}=(\hat{h}_1,\hat{h}_2,\cdots,\hat{h}_d)$ 为使 $\mathrm{CV}_f(h)$ 达到最小的带宽，则有

$$\frac{\hat{h}_s}{h_{s0}}\xrightarrow{P}1,\quad s=1,2,\cdots,d.$$

2.11 条件密度函数的估计

2.11.1 估计的提出

假设 Y 为一维随机变量，X 是 d 维随机向量. 这一节给出给定 $X=x$ 时 Y 的条件密度函数 $f(y|x)=f(y|X=x)$ 的估计方法. 设 (X,Y) 的联合密度函数为 $f(x,y)$, X 和 Y 的边际密度函数分别为 $f_x(x)$ 和 $g_y(y)$. 这样，我们有 $f(y|x)=\dfrac{f(x,y)}{f_x(x)}$. 将 $f(x,y)$ 和 $f_x(x)$ 分别用其核密度估计代入，得到条件密度函数的核估计为

$$\hat{f}_n(y|x)=\frac{\hat{f}_n(x,y)}{\hat{f}_n(x)}=\frac{\sum_{i=1}^{n}K_{h_x}(X_i-x)K_{h_y}(Y_i-y)}{\sum_{i=1}^{n}K_{h_x}(X_i-x)},\tag{2.11.1}$$

这里 $K_{h_x}(x)=\prod_{i=1}^d \frac{1}{h_{x_i}}k_x\left(\frac{x_i}{h_{x_i}}\right), K_{h_y}(y)=\frac{1}{h_y}k_y(\frac{y}{h_y}), h_{x_1}, h_{x_2}, \cdots, h_{x_d}$ 和 h_y 是带宽，$k_x(\cdot)$ 和 $k_y(\cdot)$ 是单元核函数.

2.11.2　带宽选择

鉴于带宽选择的重要性，下面对条件密度函数的估计给出一个可行的选择带宽的方法. 考虑如下的加权积分二次误差：

$$\mathrm{ISE}(\hat{f}_n(y|x)) = \int\int[\hat{f}_n(y|x)-f(y|x)]^2 f_x(x)w(x)\mathrm{d}x\mathrm{d}y. \tag{2.11.2}$$

这里 $w(x)$ 为权函数. 对 $\mathrm{ISE}(\hat{f}_n(y|x))$，易见

$$\begin{aligned}\mathrm{ISE}(\hat{f}_n(y|x)) &= \int\int[\hat{f}_n(y|x)]^2 f_x(x)w(x)\mathrm{d}x\mathrm{d}y - 2\int\int \hat{f}_n(y|x)f(y|x)f_x(x)w(x)\mathrm{d}x\mathrm{d}y \\ &\quad + \int\int[f(y|x)]^2 f_x(x)w(x)\mathrm{d}x\mathrm{d}y \\ &\stackrel{\mathrm{def}}{=} I_{1n}-2I_{2n}+\int\int[f(y|x)]^2 f_x(x)w(x)\mathrm{d}x\mathrm{d}y.\end{aligned} \tag{2.11.3}$$

因为 $\int\int[f(y|x)]^2 f_x(x)w(x)\mathrm{d}x\mathrm{d}y$ 的值与带宽的选择无关，故使得 $\mathrm{ISE}(\hat{f}_n(y|x))$ 达到最小的带宽也即是使得 $I_{1n}-2I_{2n}$ 达到最小的带宽. 对 I_{1n}, 有

$$\begin{aligned}I_{1n} &= \int[\hat{f}_n(y|x)]^2 f_x(x)w(x)\mathrm{d}x\mathrm{d}y \\ &= \int\int \frac{\hat{f}_n^2(x,y)}{\hat{f}_n^2(x)} f_x(x)w(x)\mathrm{d}x\mathrm{d}y \\ &= \int \frac{f_x(x)w(x)}{\hat{f}_n^2(x)}\left[\int \hat{f}_n^2(x,y)\mathrm{d}y\right]\mathrm{d}x.\end{aligned} \tag{2.11.4}$$

令 $G(x)=\int \hat{f}_n^2(x,y)\mathrm{d}y$，显然

$$\begin{aligned}G(x) &= \int \hat{f}_n^2(x,y)\mathrm{d}y \\ &= \int\left[\frac{1}{n}\sum_{i=1}^n K_{h_x}(X_i-x)K_{h_y}(Y_i-y)\right]\left[\frac{1}{n}\sum_{j=1}^n K_{h_x}(X_j-x)K_{h_y}(Y_j-y)\right]\mathrm{d}y \\ &= \frac{1}{n^2}\sum_{i=1}^n\sum_{j=1}^n K_{h_x}(X_i-x)K_{h_x}(X_j-x)\int K_{h_y}(Y_j-y)K_{h_y}(Y_i-y)\mathrm{d}y,\end{aligned} \tag{2.11.5}$$

这样，就可以估计 I_{1n} 如下：

$$\hat{I}_{1n}=\frac{1}{n}\sum_{i=1}^{n}\frac{G^{-i}(X_i)w(X_i)}{(\hat{f}_n^{-i}(X_i))^2}, \tag{2.11.6}$$

这里的上标 $-i$ 表示删一估计. 我们给出 $G^{-i}(X_i)$ 的具体表达式：

$$G^{-i}(X_i)=\frac{1}{(n-1)^2}\sum_{j=1,j\neq i}^{n}\sum_{l=1,l\neq i}^{n}K_{h_x}(X_i-X_j)K_{h_x}(X_i-X_l)\bar{k}_{h_y}(Y_j-Y_l),$$

其中 $\bar{k}_{h_y}(Y_j-Y_l)=\frac{1}{h_y}\bar{k}\Big(\frac{Y_j-Y_l}{h_y}\Big)$, $\bar{k}(\cdot)$ 是核函数 $K_y(\cdot)$ 的卷积.

另外，注意到 $I_{2n}=\int\int\hat{f}_n(y|x)f(y|x)f_x(x)w(x)\mathrm{d}x\mathrm{d}y=\int\int\hat{f}_n(y|x)f(x,y)w(x)\mathrm{d}x\mathrm{d}y=E_{X,Y}[\hat{f}_n(Y|X)w(X)]$，因此 I_{2n} 可用下式估计：

$$\hat{I}_{2n}=\frac{1}{n}\sum_{i=1}^{n}\frac{\hat{f}_n^{-i}(X_i,Y_i)w(X_i)}{\hat{f}_n^{-i}(X_i)}. \tag{2.11.7}$$

这样就可以选择使下面的交叉验证函数达到最小的带宽：

$$\mathrm{CV}_f(h_{x_1},h_{x_2},\cdots,h_{x_d},h_y)=\hat{I}_{1n}-2\hat{I}_{2n}.$$

类似于上一节的内容，若用 $h=(h_{10},h_{20},\cdots,h_{d0},h_{y0})$ 表示使得 AMISE 达到最小的最优带宽，而 $\hat{h}=(\hat{h}_{x1},\hat{h}_{x2},\cdots,\hat{h}_{xd},\hat{h}_y)$ 为使上面 $\mathrm{CV}_f(h_{x_1},h_{x_2},\cdots,h_{x_d},h_y)$ 达到最小的带宽，则有

$$\frac{\hat{h}_{xs}}{h_{s0}}\xrightarrow{P}1,\quad s=1,2,\cdots,d$$

和

$$\frac{\hat{h}_y}{h_{y0}}\xrightarrow{P}1.$$

第 3 章　与密度函数有关的检验

本章考虑与密度函数有关的检验问题. 具体来说，本章考虑了四个与密度函数有关的检验问题：(1) 密度函数是否具有参数形式的检验；(2) 密度函数对称性的检验；(3) 两个未知密度函数是否相等的检验；(4) 两个随机变量是否独立的检验. 对这些检验问题，本章提出了检验统计量，并给出了检验统计量的渐近分布以及基于重抽样方法的检验程序. 本章对检验统计量在原假设下的渐近分布直接给出结论，详细的证明可参考文献 (Li 和 Racine，2007).

3.1　预 备 知 识

3.1.1　几个基本概念

假设检验的基本思想　假设检验又称统计假设检验，是一种基本的统计推断形式，也是数理统计学的一个重要的分支. 假设检验的基本思想是小概率反证法思想. 小概率思想是指小概率事件 ($P < 0.01$ 或 $P < 0.05$) 在一次试验中基本上不会发生. 反证法思想是先提出假设 (检验假设 H_0)，再用适当的统计方法确定假设成立的可能性大小，若可能性小，则认为假设不成立，若可能性大，则不能认为假设不成立.

检验的两类错误　假设检验中的两类错误是指在假设检验中，由于样本信息和检验方法的局限性而产生的错误，错误有两种情况，一般称为第一类错误和第二类错误. 第一类错误 (Ⅰ类错误) 也称为 α 错误，是指当原假设 (H_0) 正确时，拒绝 H_0 所犯的错误. 第二类错误 (Ⅱ类错误) 也称为 β 错误，是指原假设错误时，反而接受原假设的情况. 犯两类错误的概率的关系：(1) 和不一定等于 1；(2) 在样本容量确定的情况下，不能同时增加或减少.

假设检验中有个常用的概念，检验的功效，定义为 $1-\beta$，其中 β 为犯第二类错误的概率.

一致最大功效 (UMP) 准则　欲检验某个原假设 H_0，对检验水平 α，在所有第一类错误小于或等于 α 的检验中，若存在某个检验的功效一致最大，则称此检验为一致最大功效检验，简称 UMP 检验.

P 值 (P-Value) P 值是最常用的一个统计学指标，几乎所有统计软件输出结果都有 P 值. 了解 P 值的由来、计算和意义很有必要. R. A. Fisher(1890—1962) 作为假设检验理论的创立者，在假设检验中首先提出 P 值的概念.

下面以均值检验为例来说明 P 值的计算. 对其他的统计问题，P 值的计算可以类似推广得到. 为理解 P 值的计算过程，用 Z 表示检验的统计量 (常用的 Z 检验统计量或 t 检验统计量)，Z_C 表示根据样本数据计算得到的检验统计量值.

对左侧检验问题：$H_0: \mu \geqslant \mu_0$ v.s. $H_1: \mu < \mu_0$，P 值是当原假设成立时，检验统计量小于或等于根据实际观测样本数据计算得到的检验统计量的概率，即 P 值 $= P(Z \leqslant Z_C|H_0)$.

对右侧检验问题：$H_0: \mu \leqslant \mu_0$ v.s. $H_1: \mu > \mu_0$，P 值是当原假设成立时，检验统计量大于或等于根据实际观测样本数据计算得到的检验统计量的概率，即 P 值 $= P(Z \geqslant Z_C|H_0)$.

对双侧检验问题：$H_0: \mu = \mu_0$ v.s. $H_1: \mu \neq \mu_0$，P 值是当原假设成立时，检验统计量大于或等于根据实际观测样本数据计算得到的检验统计量的绝对值的概率的 2 倍，即 P 值 $= 2P(Z \geqslant |Z_C|\,|H_0)$.

P 值就是当原假设为真时得到的样本观察结果或更极端结果出现的概率. 如果 P 值很小，说明这种情况发生的概率很小，而如果出现了，根据小概率原理，就有理由拒绝原假设，P 值越小，拒绝原假设的理由越充分. 实际上，也可以将 P 值理解成假设原假设为真时拒绝原假设需要取的最小显著性水平.

3.1.2 检验的一般步骤

对各种不同的假设检验问题，检验方法的基本步骤可以归纳如下：

1. 建立原假设和备择假设

原假设又称为零假设或虚无假设 (null hypothesis)，记为 H_0. 备择假设 (alternative hypothesis)，有时称为对立假设，记为 H_1. 二者都是根据推断的目的提出的对总体特征的假设，需根据研究目的和专业知识而定.

2. 确定适当的检验统计量

用于假设检验问题的统计量称为检验统计量. 检验统计量首先是一个统计量，因此其值必须可以利用样本数据计算得到. 在具体问题里，选择什么检验统计量是非常重要的问题. 构建检验统计量时一般基于下面的考虑：首先统计量必须是可以根据样本计算得到的，因此是不能包含未知参数等未知的量. 如果需要用到未知量，一般用其估计量代替. 第二，构建的检验统计量需要能够区分零假设和备择假设，也即，检验统计量在零假设和备择假设下表现是不一样的. 这样才能确定否定域的大致形状 (比如是右侧区间、左侧区间还是双侧区间). 第三，对构建的检验统计量，要便于根据检验的水平确定临界值，或者计算 P 值. 这就要用到零假设下检验统计量的分布. 因此一般要求检验统计量在零假设下的分布或者渐近分布是可以得到的.

3. 指定检验中的显著性水平

假设检验是依据样本提供的信息来作出判断的，也就是由部分来推断整体，因而假设检验不可能绝对准确，它也可能犯错误. 所犯的错误有两种类型：第一类错误和第二类错误. 自然，人们希望犯这两类错误的概率越小越好. 但对于一定的样本容量，不能同时做到犯这两类错误的概率都很小. 如果减小犯第一类错误的概率，就会增大犯第二类错误的概率；若减小犯第二类错误的概率，也会增大犯第一类错误的概率. 因此，在假设检验中，就有一个对两类错误进行控制的问题. 一般来说，哪一类错误所带来的后果越严重，危害越大，在假设检验中就应当把哪一类错误作为首要的控制目标. 在假设检验中，大家都在执行这样一个原则，即首先控制犯第一类错误的概率的原则. 原假设正确，而把它当成错误的加以拒绝. 犯这种错误的最大能容许的概率用显著性水平 α(significant level) 来表示. 假设检验中的显著性水平也就是决策中所面临的风险. 所以，显著性水平是指当原假设正确时人们却把它拒绝了的概率或风险. 通常取显著性水平 $\alpha = 0.05$ 或 $= 0.01$.

4. 利用样本数据，计算检验统计量的值并作出统计决策

作出统计决策一般有两种方法：(1) 利用显著性水平根据检验统计量的分布建立拒绝原假设的规则，并将检验统计量的值与拒绝规则所指定的临界值相比较，确定是否拒绝原假设；(2) 由计算得到的检验统计量的值进而计算 P 值，利用计算得到的 P 值确定是否拒绝原假设. 若计算得到的 P 值小于给定的显著性水平，则拒绝原假设，否则不能拒绝原假设.

3.2　与参数密度函数的比较

从第 2 章的内容可以知道，用参数方法 (极大似然估计方法) 和非参数方法估计密度函数各有利弊. 但是如果密度函数的参数形式的假定是正确的，极大似然估计方法比非参数核估计方法有更高的精度，且不需要考虑维数祸根的问题，也不需要选取带宽. 有时候根据经验信息可以初步假定变量的密度函数服从某个参数分布. 但是如果模型误定，那么根据极大似然方法所得的密度函数的估计相比真实密度函数有比较大的偏差. 因此，在进行统计推断之前，有必要对假定的参数密度函数进行统计检验.

假设 X 是 q 维随机向量，有密度函数 $f(x)$. 设 $\{X_1, X_2, \cdots, X_n\}$ 为来自 X 的独立同分布样本. 假设 $g(x,\theta)$ 是密度函数，参数 θ 未知，g 的函数形式已知.

考虑下面的检验问题：

$$H_0: \text{存在}\theta\text{，使得}P\{f(x) = g(x,\theta)\} = 1 \text{ v.s. } H_1: \text{对任意}\theta\text{，}P\{f(x) = g(x,\theta)\} < 1.$$

考虑到在原假设下，X 的密度函数为 $g(x,\theta)$，利用样本 $\{X_i\}_{i=1}^n$，用极大似然估计方法可得到 θ 的估计，记为 $\hat{\theta}_n$.

考虑下面的量

$$\begin{aligned}I(f,g) &= \int[f(x)-g(x;\theta)]^2\mathrm{d}x\\&=\int f^2(x)\mathrm{d}x+\int g^2(x;\theta)\mathrm{d}x-2\int f(x)g(x;\theta)\mathrm{d}x\\&=E[f(x)]+\int g^2(x;\theta)\mathrm{d}x-2E[g(X;\theta)].\end{aligned}$$

显然，$I(f,g)$ 可以衡量原假设和对立假设的差别，在原假设下，$I(f,g)$ 应该取值比较小，在对立假设下，应该为较大的值.

进一步可以估计 $I(f,g)$ 如下：

$$\hat{I}_n(f,g)=\frac{1}{n}\sum_{i=1}^{n}\hat{f}^{-i}(X_i)+\int g^2(x;\hat{\theta}_n)\mathrm{d}x-\frac{2}{n}\sum_{i=1}^{n}g(X_i,\hat{\theta}_n),$$

其中 $\hat{f}^{-i}(X_i)$ 是 $f(X_i)$ 的删一估计. 基于 $\hat{I}_n(f,g)$，可以构建检验统计量并证明其渐近正态性.

下面首先给出证明定理需要的一些条件：

(1) $f(x)$ 为有界连续函数，且满足一阶 Lipschitz 条件；

(2) 核函数 $K(\cdot)$ 是单元核函数 $k(\cdot)$ 的乘积，单元核函数 $k(\cdot)$ 满足二阶核函数的条件；

(3) 当 $n\to\infty$ 时，$nh_1h_2\cdots h_q\to\infty$, $h_s\to 0$ 对 $s=1,2,\cdots,q$.

定理 3.2.1　在 H_0 成立时，若上面条件 (1)~(3) 成立，则有

$$T=\frac{n(h_1\cdots h_q)^{\frac{1}{2}}\hat{I}_n(f,g)}{\hat{\sigma}}\xrightarrow{d}N(0,1),$$

其中 $\hat{\sigma}^2=\dfrac{2h_1\cdots h_q}{n^2}\sum_{i=1}^{n}\sum_{j=1}^{n}K_h^2(X_i-X_j)$. 这里 $K_h(X_i-X_j)=\prod_{s=1}^{q}\dfrac{1}{h_s}k\Big(\dfrac{X_{is}-X_{js}}{h_s}\Big)$.

定理的证明细节可以参考文献 (Fan，1994) 定理 4.1 的证明.

当 $T>Z_\alpha$ 时，拒绝 H_0，这里 Z_α 是正态分布的上 α 分位点.

在 $\hat{I}_n(f,g)$ 中，$\int g^2(x,\theta)\mathrm{d}x$ 用 $\int g^2(x,\hat{\theta}_n)\mathrm{d}x$ 估计，实际上，有时可以直接计算得到. 例如：$g(x,\theta)\sim N(\mu,\sigma^2),\int g^2(x,\theta)\mathrm{d}x=(4\pi\sigma^2)^{\frac{1}{2}}$. 因此可用 $(4\pi\hat{\sigma}^2)^{\frac{1}{2}}$ 估计 $\int g^2(x,\theta)\mathrm{d}x$，其中 $\hat{\sigma}$ 为样本标准差.

当检验的结果表明参数密度函数的假定可以接受时，就可以考虑使用极大似然方法估计密度函数. 因为参数方法的精度较非参数方法要高. 如果不能接受随机向量的分布为参数密度形式的原假设，那么就只能得用第 2 章所讲的非参数方法估计密度函数.

上面构建检验统计量时，$f(X_i)$ 的估计使用的是删一估计. 在构建检验统计量时，密度函数的非参数估计可以删一也可以不删一. 这和选择带宽时的 CV 方法不同，选带宽时必须采用删一估计. 但是上面的检验统计量，选用删一估计和不删一估计，检验统计量的渐近性质会有不同. 选用不删一估计时，检验统计量中会多出与 $k^q(0)$ 有关的一项，检验统计量需减去这一项，才能渐近服从标准正态分布. 我们将在下一节看到这种现象.

3.3　检验密度函数是否对称

随机向量的分布密度函数是否关于某点具有对称性是其分布的一个重要特征. 随机向量的分布的对称性在很多方面有重要应用，比如在图像压缩领域.

这一节考虑这个问题的检验. 不失一般性，考虑分布密度函数是否关于原点具有对称性.

假设 X 是 q 维随机向量，有密度函数 $f(x)$. 假设已有 $\{X_1, X_2, \cdots, X_n\}$ 为来自 X 的独立同分布样本. 检验随机向量的密度分布是否具有对称性，也即考虑下面的检验问题：

$$H_0 : P\{f(x) = f(-x)\} = 1 \quad \text{v.s.} \quad H_1 : P\{f(x) = f(-x)\} < 1. \tag{3.3.1}$$

首先可以考虑下面的量

$$\begin{aligned} I(f) = \frac{1}{2}\int [f(x) - f(-x)]^2 \mathrm{d}x &= \frac{1}{2}\int f^2(x)\mathrm{d}x - \int f(x)f(-x)\mathrm{d}x + \frac{1}{2}\int f^2(x)\mathrm{d}x \\ &= \int f^2(x)\mathrm{d}x - \int f(x)f(-x)\mathrm{d}x \\ &= \int [f(x) - f(-x)]\mathrm{d}F(x). \end{aligned}$$

显然，$I(f)$ 在原假设下和备择假设下的表现是不一样的，在原假设下取值比较小，在对立假设下取值比较大. 因此可以基于 $I(f)$ 进一步构建检验统计量.

注意到 $I(f)$ 不能根据样本数据直接算得. 可以先给出 $I(f)$ 的估计 $\hat{I}_n(f)$ 如下：

$$\hat{I}_n(f) = \frac{1}{n}\sum_{i=1}^{n}[\hat{f}(X_i) - \hat{f}(-X_i)] = \frac{1}{n^2 h_1 \cdots h_q}\sum_{i=1}^{n}\sum_{j=1}^{n}\left[K\left(\frac{X_i - X_j}{h}\right) - K\left(\frac{X_i + X_j}{h}\right)\right],$$

这里 $K\left(\dfrac{X_i - X_j}{h}\right) = K\left(\dfrac{X_{i1} - X_{j1}}{h_1}, \dfrac{X_{i2} - X_{j2}}{h_2}, \cdots, \dfrac{X_{iq} - X_{jq}}{h_q}\right)$，$K\left(\dfrac{X_i + X_j}{h}\right)$ 可类似定义. 这里 $K(\cdot)$ 是多元核函数，是单元核函数 $k(\cdot)$ 的乘积.

基于 $\hat{I}_n(f)$，可以进一步构建检验统计量，并证明其渐近正态性.

定理 3.3.1　在一定的正则条件下，有下面结论：

(1) 在 H_0 下有

$$T_n = \frac{n(h_1 \cdots h_q)^{\frac{1}{2}}(\hat{I}_n(f) - C(n))}{2\hat{\sigma}} \xrightarrow{d} N(0, 1),$$

其中 $\hat{\sigma}$ 是 σ 的相合估计，这里 $\hat{\sigma}^2 = \dfrac{1}{n}\sum_{i=1}^{n}\hat{f}(X_i)\int K^2(u)\mathrm{d}u$, $C(n) = k^q(0)/(nh_1 \cdots h_q)$；

(2) 基于检验统计量 $\dfrac{n(h_1 \cdots h_q)^{\frac{1}{2}}(\hat{I}_n(f) - C(n))}{2\hat{\sigma}}$ 的检验方法是相合的.

当 $T_n > Z_\alpha$ 时拒绝 H_0，这里 Z_α 是正态分布的上 α 分位点.

因为构建检验统计量时，密度函数的核估计没有使用删一技巧，这反映在上面定理中，就是统计量 T_n 中出现一项 $C(n)$.

实际上，对 $\hat{I}_n(f)$，可以作如下拆分：

$$\begin{aligned}\hat{I}_n(f) &= \frac{2}{n^2h_1\cdots h_q}\sum_{i=1}^{n}\sum_{j<i}\left[K\left(\frac{X_i-X_j}{h}\right)-K\left(\frac{X_i+X_j}{h}\right)\right]\\&\quad+\frac{1}{n^2h_1\cdots h_q}\sum_{i=1}^{n}\left[K\left(\frac{0}{h}\right)-K\left(\frac{2X_i}{h}\right)\right],\end{aligned}$$

其中第一项可由 U 统计量的理论证得其渐近正态性，第二项导致 $C(n)$ 的出现.

如果估计密度函数时使用删一估计，那么检验统计量的拆分中就不会出现第二项.

从 $\hat{I}_n(f)$ 的定义，经推导可得，即使在备择假设下，$\hat{I}_n(f)$ 也是收敛到 $I(f)$ 的. 因此容易得出备择假设下，当 $n\to\infty$ 时，$T_n\to\infty$，检验的功效为 1，因而是相合的.

3.4 检验两个未知密度函数是否相等

假设 X,Y 是两个 q 维的随机向量，分别有密度函数 $f(\cdot)$ 和 $g(\cdot)$，其分布函数分别为 $F(\cdot)$ 和 $G(\cdot)$. 有 $\{X_i\}_{i=1}^{n_1}$, $\{Y_i\}_{i=1}^{n_2}$ 为分别来自分布 F 和 G 的样本. 在实际应用中，有时要考虑两个随机向量 X 和 Y 是不是具有相同的分布. 例如，X,Y 分别表示班上男生和女生的成绩，需要检验它们的密度函数是否有区别.

类似这样的问题可以通过检验它们的分布密度函数是否相等来实现，也即需考虑下面的检验问题：

$$H_0: P(f(\cdot)=g(\cdot))=1 \quad \text{v.s.} \quad H_1: P(f(\cdot)=g(\cdot))<1.$$

考察下面的量：$I(f,g)=\int[f(x)-g(x)]^2\mathrm{d}x=\int f(x)\mathrm{d}F(x)+\int g(x)\mathrm{d}G(x)-2\int f(x)\mathrm{d}G(x)$. 显然 $I(f,g)$ 在原假设和对立假设下表现不一样.

可以估计 $I(f,g)$ 如下：

$$\begin{aligned}\hat{I}_n(f,g) &= \int\hat{f}(x)\mathrm{d}\hat{F}(x)+\int\hat{g}(x)\mathrm{d}\hat{G}(x)-2\int\hat{f}(x)\mathrm{d}\hat{G}(x)\\&=\frac{1}{n_1}\sum_{i=1}^{n_1}\hat{f}(X_i)+\frac{1}{n_2}\sum_{i=1}^{n_2}\hat{g}(Y_i)-\frac{2}{n_2}\sum_{i=1}^{n_2}\hat{f}(Y_i)\\&=\frac{1}{n_1^2}\sum_{i=1}^{n_1}\sum_{j=1}^{n_1}K_{h,ij}^{x}+\frac{1}{n_2^2}\sum_{i=1}^{n_2}\sum_{j=1}^{n_2}K_{h,ij}^{y}-\frac{2}{n_1n_2}\sum_{i=1}^{n_1}\sum_{j=1}^{n_2}K_{h,ij}^{xy},\end{aligned}$$

其中 $K_{h,ij}^{x} = \prod_{s=1}^{q} h_s^{-1} k\left(\dfrac{X_{i_s} - X_{j_s}}{h_s}\right)$, $K_{h,ij}^{y} = \prod_{s=1}^{q} h_s^{-1} k\left(\dfrac{Y_{i_s} - Y_{j_s}}{h_s}\right)$, $K_{h,ij}^{xy} = \prod_{s=1}^{q} h_s^{-1} k\left(\dfrac{X_{i_s} - Y_{j_s}}{h_s}\right)$, $k(x)$ 是核函数，h_s 是带宽.

对 $\hat{I}_n(f,g)$，可以进一步构建检验统计量，并可证明其渐近正态性.

下面首先给出证明定理需要的一些条件：(1) 令 $\lambda_n = n_1/n_2$, λ_n 满足 $\lambda_n \to \lambda$，这里 $0 < \lambda < \infty$ 是一个常数；(2) 密度函数 $f(x)$ 和 $g(x)$ 为有界连续函数；(3) 核函数 $k(\cdot)$ 满足二阶核函数的条件；(4) 假设当 $n_1 \to \infty$ 时，$n_1 h_1 h_2 \cdots h_q \to \infty$, $h_s \to 0$ 对 $s = 1, 2, \cdots, q$.

定理 3.4.1　在上面正则条件 (1)~(4) 下，当 H_0 成立时，有

$$T_n = \frac{(n_1 n_2 h_1 \cdots h_q)^{1/2}(\hat{I}_n(f,g) - C_n)}{\hat{\sigma}} \xrightarrow{d} N(0,1),$$

其中

$$C_n = \frac{k^q(0)}{h_1 \cdots hq}\left[\frac{1}{n_1} + \frac{1}{n_2}\right],$$

$$\hat{\sigma}^2 = h_1 \cdots h_q \left\{ \sum_{i=1}^{n_1} \sum_{j=1}^{n_1} \frac{(K_{h,ij}^{x})^2}{n_1^2} + \sum_{i=1}^{n_2} \sum_{j=1}^{n_2} \frac{(K_{h,ij}^{y})^2}{n_2^2} + 2 \sum_{i=1}^{n_1} \sum_{j=1}^{n_2} \frac{(K_{h,ij}^{xy})^2}{n_1 n_2} \right\}.$$

根据上面定理，当 $T_n > Z_\alpha$ 时拒绝 H_0.

构建检验统计量时，我们未采用密度函数的删一估计，因此上面定理中出现了 C_n. Li(1996) 的数值模拟结果表明，使用删一估计的检验方法在经验水平和经验功效方面的表现稍微好一些. 另外，上面所构建的检验方法是相合的.

3.5　检验两个随机向量是否独立

假设 $(X^{\mathrm{T}}, Y^{\mathrm{T}})^{\mathrm{T}}$ 是 $p+q$ 维随机向量，具有密度函数 $f(x,y)$ 和分布函数 $F(x,y)$. 记 $F_1(x)$, $F_2(y)$ 是 X 和 Y 的边际分布函数，$f_1(x)$, $f_2(y)$ 是 X 和 Y 的边际密度函数. 经常需要考虑的一个问题是 X 和 Y 是否独立. 这可以通过检验 (X,Y) 的联合密度函数是否等于 X 和 Y 的边际密度函数的乘积来实现.

考虑下面的检验问题：

$$H_0 : P(f(x,y) = f_1(x) f_2(y)) = 1 \quad \text{v.s.} \quad H_1 : P(f(x,y) = f_1(x) f_2(y)) < 1. \tag{3.5.1}$$

考察下面的量 I:

$$
\begin{aligned}
I(f) &= \iint [f(x,y) - f_1(x)f_2(y)]^2 \mathrm{d}x\mathrm{d}y \\
&= \int f(x,y)\mathrm{d}F(x,y) + \int f_1(x)\mathrm{d}F_1(x)\int f_2(y)\mathrm{d}F_2(y) - 2\int f_1(x)f_2(y)\mathrm{d}F(x,y) \\
&= E[f(X,Y)] + E[f_1(X)]E[f_2(Y)] - 2E[f_1(X)f_2(Y)].
\end{aligned}
$$

容易看出，$I(f)$ 在原假设和对立假设下的表现是不一样的，可以衡量原假设和对立假设的差别.

但是 $I(f)$ 不能根据样本数据直接计算得到. 可估计 $I(f)$ 如下：

$$
\hat{I}_n(f) = \frac{1}{n}\sum_{i=1}^{n}\hat{f}_{-i}(X_i,Y_i) + \frac{1}{n^2}\sum_{i=1}^{n}\sum_{j=1}^{n}\hat{f}_{1,-i}(X_i)\hat{f}_{2,-j}(Y_j) - \frac{2}{n}\sum_{i=1}^{n}\hat{f}_{1,-i}(X_i)\hat{f}_{2,-i}(Y_i),
$$

其中 $\hat{f}_{-i}(X_i,Y_i) = \dfrac{1}{n-1}\sum_{j=1,j\neq i}^{n} K_{h_x}(X_j - X_i)K_{h_y}(Y_j - Y_i)$, $\hat{f}_{1,-i}(X_i) = \dfrac{1}{n-1}\cdot\sum_{j=1,j\neq i}^{n} K_{h_x}(X_j - X_i)$, $\hat{f}_{2,-i}(Y_i) = \dfrac{1}{n-1}\sum_{j=1,j\neq i}^{n} K_{h_y}(Y_j - Y_i)$, 其中 $K_{h_x}(X_j - X_i) = \prod_{s=1}^{p} h_{x,s}^{-1}k\left(\dfrac{X_{js} - X_{is}}{h_{x,s}}\right)$, $K_{hy}(Y_j - Y_i) = \prod_{s=1}^{q} h_{y,s}^{-1}k\left(\dfrac{y_{js} - y_{is}}{h_{y,s}}\right)$, $k(\cdot)$ 是核函数，h_x 和 h_y 是带宽序列.

下面给出证明定理需要的一些条件：(1) $f(x,y)$, $f_1(x)$, $f_2(y)$ 均为有界连续函数，且满足一阶 Lipschitz 条件；(2) 核函数 $k(\cdot)$ 满足二阶核函数的条件；(3) 当 $n\to\infty$ 时，$nh_{x,1}\cdot\cdots\cdot h_{x,p}\cdot h_{y,1}\cdot\cdots\cdot h_{y,q}\to\infty$, $h_{x,s}\to 0$，$s = 1,2,\cdots,p$; $h_{y,t}\to 0$，$t = 1,2,\cdots,q$.

定理 3.5.1 在上面正则条件 (1)~(3) 下，若 H_0 成立，则有

$$
T_n = \frac{n(h_{x,1}\cdot\cdots\cdot h_{x,p}\cdot h_{y,1}\cdot\cdots\cdot h_{y,q})^{1/2}\hat{I}_n(f)}{\hat{\sigma}} \xrightarrow{d} N(0,1),
$$

其中 $\hat{\sigma}^2 = \dfrac{2}{n(n-1)}\sum_{i=1}^{n}\sum_{j\neq i}^{n} K_{h_x}^2(X_j - X_i)K_{h_y}^2(Y_j - Y_i)$.

当 $T_n > Z_\alpha$ 时拒绝 H_0，这里 Z_α 是正态分布的上 α 分位点. 根据与前两节类似的推导，容易推断出上面所提检验方法是相合的.

3.6 自助法检验

从 1979 年 Efron 提出 Bootstrap 方法至今，该方法在近 30 多年间已经得到了极大的发展和扩充. 为什么在进行假设检验时要引进自助法检验？实际上当样本量不是很大时，

统计量的渐近分布与其精确分布的差距比较大. 当统计量的渐近分布与其精确分布的差距比较大时，会导致检验犯第一类错误的概率超过给定的检验水平，或者会导致检验的功效降低. 因此需要构建与检验统计量的精确分布比较接近的分布，进而计算临界值或 P 值. Bootstrap 方法可以在一定程度上实现上面的目标.

自助法检验的基本思路是：X 具有分布函数 F，有样本 $\{X_i\}_{i=1}^n$，$T_n = T_n(X_1, \cdots, X_n)$ 为检验统计量，设 T_n 具有分布函数 $G_n(x, F) = P_F(T_n \leqslant x)$. 一般情况下，可以得出 T_n 的渐近分布，比如是 $N(0,1)$. 但是 T_n 的精确分布不知道. 这时可以借助自助法来提高基于 T_n 的检验统计量的表现：使其满足犯第一类错误的概率更接近检验的水平，使功效提高. 需要注意的是没有一种针对所有检验的自助法，要针对不同的假设检验问题提出不同的 Bootstrap 方案.

下面以前面讲过的检验问题为例来说明相应的 Bootstrap 检验方法.

例 3.6.1　与参数密度函数的比较

前面我们考虑过与参数密度函数比较的检验问题，即考虑的检验问题为：

$$H_0 : \text{存在}\theta\text{使得} P\{f(x) = g(x, \theta)\} = 1 \quad \text{v.s.} \quad H_1 : \text{对任意的}\theta, P\{f(x) = g(x, \theta)\} < 1.$$

注意到 $g(x, \hat{\theta}_n)$ 是已知的密度函数，其中 $\hat{\theta}_n$ 是 θ 的极大似然估计，因此可以抽取来自 $g(x, \hat{\theta}_n)$ 的样本，基于此，可以构建 Bootstrap 方法，其步骤如下：

第一步：从 $g(x, \hat{\theta}_n)$ 中抽取 Bootstrap 样本 $\{X_i^*\}_{i=1}^n$.

第二步：利用 Bootstrap 样本 $\{X_i^*\}_{i=1}^n$，计算检验统计量 $T^* = \dfrac{n(h_1 \cdots h_q)^{\frac{1}{2}} \hat{I}^*(f, g)}{\hat{\sigma}^*}$，这里 $\hat{I}^*(f, g)$ 和 $\hat{\sigma}^*$ 是 $\hat{I}(f, g)$ 和 $\hat{\sigma}$ 中原始样本被 Bootstrap 样本 $\{X_i^*\}_{i=1}^n$ 取代得到的.

第三步：将第一步和第二步重复 B 次，可算得 B 个 Bootstrap 检验统计量的值 $\{T_j^*\}_{j=1}^B$. 若 $T > T^*([\alpha B])$，则拒绝零假设，其中 α 为给定的显著性水平. 这里，T^* $([\alpha B])$ 是 $\{T_j^*\}_{j=1}^B$ 的上 α 分位点；或者计算 Bootstrap P 值：

$$P^* = \frac{1}{B} \sum_{j=1}^{B} I(T \leqslant T_j^*).$$

如果 P^* 小于显著性水平 α，就拒绝原假设.

例 3.6.2　检验密度函数是否对称

对检验密度函数是否对称的问题，即考虑下面的检验

$$H_0 : P(f(x) = f(-x)) = 1 \quad \text{v.s.} \quad H_1 : P(f(x) = f(-x)) < 1.$$

构建的 Bootstrap 方法利用原假设的条件来抽样，具体操作如下：

第一步：从 $\{X_1, X_2, \cdots, X_n, -X_1, -X_2, \cdots, -X_n\}$ 中抽取样本 $\{X_i^*\}_{i=1}^n$；

第二步和第三步与例 3.6.1 类似.

例 3.6.3　检验两个未知密度函数是否相等
对检验分布密度函数是否相等的问题，也即检验问题:

$$H_0 : P(f(\cdot) = g(\cdot)) = 1 \quad \text{v.s.} \quad H_1 : P(f(\cdot) = g(\cdot)) < 1.$$

构建的 Bootstrap 方法的第一步的抽样方案具体操作如下:
第一步: 从 $\{X_1, \cdots, X_{n_1}, Y_1, \cdots, Y_{n_2}\}$ 中抽取样本 $\{X_i^*\}_{i=1}^{n_1}$ 和 $\{Y_i^*\}_{i=1}^{n_2}$;
第二步和第三步与例 3.6.1 类似.

例 3.6.4　检验两个随机向量是否独立
对检验两个随机向量是否独立的问题:

$$H_0 : P(f(x, y) = f_1(x)f_2(y)) = 1 \quad \text{v.s.} \quad H_1 : P(f(x, y) = f_1(x)f_2(y)) < 1.$$

构建的 Bootstrap 方法的第一步的抽样方案具体操作如下:
第一步: 从 $\{X_1, \cdots, X_n\}$ 中抽取 $\{X_i^*\}_{i=1}^n$, 从 $\{Y_1, \cdots, Y_n\}$ 中抽取 $\{Y_i^*\}_{i=1}^n$;
第二步和第三步与例 3.6.1 类似.

第 4 章　非参数回归

到目前为止，回归分析可能是应用最广的统计分析方法. 考虑回归模型的一个一般形式：

$$Y = m(X) + U, \tag{4.0.1}$$

其中 X 是 q 维随机向量，$m(\cdot)$ 是光滑函数，U 是随机误差，满足 $E(U|X) = 0$, $E(U^2|X) = \sigma^2(X)$. 实际上可以把 $m(\cdot)$ 解释为给定 $X = x$ 时 Y 的条件期望，即 $m(x) = E(Y|X = x)$. 之所以考虑这个条件期望函数，是基于下面一个有用的结论：使 $E(Y - m(X))^2$ 达到最小的 $m(X)$ 为 $E(Y|X)$，即 $E(Y|X)$ 是给定 X 时 Y 的最佳平均二次预测. 通常称 $E(Y|X)$ 为 Y 关于 X 的回归.

在式 (4.0.1) 中，如果 $m(\cdot)$ 的形式已知而仅有其中的参数未知，即 $m(x) = m(x, \beta)$；$m(\cdot, \beta)$ 的形式已知，β 未知，那么估计 $m(x)$，也即要估计 β，这就是参数回归问题. 如果 $m(x, \beta) = x^{\mathrm{T}}\beta$，那么就是线性回归问题，常用的方法为最小二乘方法. 如果 $m(x, \beta)$ 不具有线性形式，那就是非线性回归，常用的方法是非线性最小二乘方法.

假定 $m(\cdot)$ 具有参数形式需要充分的先验信息，一般可以通过检验程序对模型是否正确进行检验. 如果检验的结果表明原假设下的参数模型是可以接受的，那么可以采用参数模型的估计方法. 但是如果假设检验的结果表明原假设下的参数模型是不可接受的，那么就可以考虑非参数回归模型. 当回归函数 $m(\cdot)$ 的形式未知，估计回归函数 $m(\cdot)$ 的问题就是非参数回归问题.

非参数回归模型不对模型作任何参数假定，对响应变量和自变量的密度函数和分布函数也不作假定，仅仅假定一些一般性的条件，比如，回归函数是光滑的、模型误差的条件矩存在，等等. 处理非参数回归问题有全局逼近方法和局部逼近方法. 常见的全局逼近方法有序列估计方法等. 常见的局部估计方法有局部常数核估计方法和局部多项式方法等. 这些方法尽管起源不一样，数学形式相距甚远，但都可以视为响应变量关于某种权函数的线性组合.

相比参数回归模型，非参数模型具有稳健的特点，但是相比模型假定正确时参数模型的估计，非参数模型的估计精度要差一些. 并且非参数方法受到维数问题的困扰，即所谓的维数祸根的问题. 因此当自变量的个数不是很多并且样本量不是很少的情况下可以考虑非参数回归方法. 参数回归的最大优点是回归结果可以外延，但其缺点也不可忽视，就是回归形式一旦固定，就比较呆板，往往拟合效果较差.

4.1 局部常数核回归

回归模型的局部常数核估计方法最初由 Nadariya(1964) 和 Watson(1964) 分别提出，因此经常称为“Nadariya-Watson” (NW) 估计. 注意，在这一章，为记号简单起见，$\dfrac{X_i - x}{h} = \left(\dfrac{X_{i1} - x_1}{h_1}, \cdots, \dfrac{X_{iq} - x_q}{h_q}\right)^{\mathrm{T}}$，$k\left(\dfrac{X_i - x}{h}\right) = \prod_{s=1}^{q} k\left(\dfrac{X_{is} - x_s}{h_s}\right)$.

4.1.1 一种直观的推导方法

首先来看当协变量是一维离散随机变量的情形. 假设有样本 $\{Y_i, X_i\}_{i=1}^{n}$，在这 n 个个体中，其中 n^* 个个体对应的协变量 X 取值为 x. 一种直观的估计 $m(x)$ 的方法是 $\hat{m}(x) = \dfrac{1}{n^*}\sum_{i=1}^{n^*} Y_i$，注意和式中的 Y_i 对应的协变量取值为 x. 假定 $P(X = x) > 0$，因为 $Y_i = m(x) + U_i$，因此，$\hat{m}(x) = \dfrac{1}{n^*}\sum_{i=1}^{n^*}[m(x) + U_i] = m(x) + \dfrac{1}{n^*}\sum_{i=1}^{n^*} U_i \xrightarrow{P} m(x)$. 上式最后一步推导用到 $E(U) = 0$ 和 $\dfrac{1}{n^*}\sum_{i=1}^{n^*} U_i \xrightarrow{P} 0$.

上面的推导中，要使 $\hat{m}(x)$ 收敛到 $m(x)$，要求当 $n \to \infty$ 时，$n^* \to \infty$. 这就要求 $P(X = x) > 0$. 而对于连续型随机变量，取单点值的概率为 0. 这样就使得上面估计方法不能直接应用到连续协变量的情况.

上面估计 $m(x)$ 的方法实际上是对协变量取值为 x 的样本点的响应变量求平均. 对连续协变量情况，可以推广为 x 邻域内的样本点对响应变量求平均，即估计 $m(x)$ 如下：

$$m_n(x) = \frac{\sum_{i=1}^{n} Y_i I\left(\left|\dfrac{X_i - x}{h}\right| \leqslant 1\right)}{\sum_{i=1}^{n} I\left(\left|\dfrac{X_i - x}{h}\right| \leqslant 1\right)}. \tag{4.1.1}$$

上面对 $m(x)$ 的估计 $m_n(x)$ 中，对 x 的邻域 $(x-h, x+h)$ 中的样本点是同等对待的. 实际上，应该对协变量距离 x 近一些的样本点给予更多的重视，距离 x 远一些的样本点给予少一些的重视. 这可以通过核函数来实现. 对 $m(x)$，进一步提出下面的估计：

$$\hat{m}(x) = \frac{\sum_{i=1}^{n} Y_i k\left(\dfrac{X_i - x}{h}\right)}{\sum_{i=1}^{n} k\left(\dfrac{X_i - x}{h}\right)}, \tag{4.1.2}$$

这里 $k(\cdot)$ 是核函数，h 是带宽. 上式就是回归函数 $m(x)$ 的局部常数核估计.

4.1.2　另一种推导

下面从另一个角度推导回归函数的局部常数核估计. 假设 X 是 q 维随机向量，Y 为一维随机变量. 注意到

$$m(x)=E(Y|X=x)=\frac{\displaystyle\int yf(y,x)\mathrm{d}y}{f(x)},$$

对上式中的 $f(y,x)$ 和 $f(x)$，分别用其核估计代替，可以得到 $m(x)$ 的一个估计：

$$\hat{m}(x)=\frac{\displaystyle\int y\hat{f}(y,x)\mathrm{d}y}{\hat{f}(x)}, \tag{4.1.3}$$

其中

$$\begin{aligned}\hat{f}(y,x)&=\frac{1}{n}\sum_{i=1}^{n}k_h(X_i-x)k_{h_y}(Y_i-y)\\&=\frac{1}{n}\sum_{i=1}^{n}\frac{1}{h_1h_2\cdots h_q}K\Big(\frac{X_{i1}-x_1}{h_1},\frac{X_{i2}-x_2}{h_2},\cdots,\frac{X_{iq}-x_q}{h_q}\Big)\frac{1}{h_y}k\Big(\frac{Y_i-y}{h_y}\Big),\\\hat{f}(x)&=\frac{1}{n}\sum_{i=1}^{n}k_h(X_i-x)=\frac{1}{n}\sum_{i=1}^{n}\frac{1}{h_1h_2\cdots h_q}K\Big(\frac{X_{i1}-x_1}{h_1},\frac{X_{i2}-x_2}{h_2},\cdots,\frac{X_{iq}-x_q}{h_q}\Big).\end{aligned}$$

注意到

$$\begin{aligned}\int y\hat{f}(y,x)\mathrm{d}y&=\int y\frac{1}{n}\sum_{i=1}^{n}\frac{1}{h_1h_2\cdots h_qh_y}K\Big(\frac{X_{i1}-x_1}{h_1},\frac{X_{i2}-x_2}{h_2},\cdots,\frac{X_{iq}-x_q}{h_q}\Big)k\Big(\frac{Y_i-y}{h_y}\Big)\mathrm{d}y\\&=\frac{1}{nh_y}\sum_{i=1}^{n}k_h(X_i-x)\int yk\Big(\frac{Y_i-y}{h_y}\Big)\mathrm{d}y\\&=\frac{1}{n}\sum_{i=1}^{n}k_h(X_i-x)\int(Y_i+h_yu)k(u)\mathrm{d}u\\&=\frac{1}{n}\sum_{i=1}^{n}k_h(X_i-x)Y_i,\end{aligned} \tag{4.1.4}$$

因此

$$\hat{m}(x)=\frac{\sum_{i=1}^{n}k_h(X_i-x)Y_i}{\sum_{i=1}^{n}k_h(X_i-x)}\stackrel{\text{def}}{=\!=}\sum_{i=1}^{n}W_{ni}(x)Y_i, \tag{4.1.5}$$

其中权函数 $W_{ni}(x) = \dfrac{k_h(X_i - x)}{\sum_{i=1}^n k_h(X_i - x)}$. 从以上可以看出局部常数核估计是某种形式的加权平均值. 同时也可看出，式 (4.1.5) 和式 (4.1.2) 形式是相同的.

4.1.3 与参数回归模型的比较

对参数回归问题，常用的方法是最小二乘方法，即对回归函数 $m(x,\beta)$，定义 β 的估计为下面的最小二乘问题的解：

$$\underset{\beta}{\operatorname{argmin}} \sum_{i=1}^n (Y_i - m(X_i, \beta))^2.$$

实际上，可以发现上面所提的局部常数核回归估计 (4.1.5) 是下面的局部最小二乘估计的解：

$$\underset{m(x)}{\operatorname{argmin}} \sum_{i=1}^n (Y_i - m(x))^2 k\Big(\frac{X_i - x}{h}\Big).$$

对目标函数 $\sum_{i=1}^n (Y_i - m(x))^2 k\Big(\dfrac{X_i - x}{h}\Big)$ 关于 $m(x)$ 求导并令之等于 0，即

$$-2\sum_{i=1}^n (Y_i - m(x)) k\Big(\frac{X_i - x}{h}\Big) = 0.$$

注意上面的过程把 $m(x)$ 当成一个参数，并对其求导. 根据上面的方程容易得到 $m(x)$ 的局部常数核估计 $\hat{m}(x)$：

$$\hat{m}(x) = \frac{\sum_{i=1}^n Y_i k\Big(\dfrac{X_i - x}{h}\Big)}{\sum_{i=1}^n k\Big(\dfrac{X_i - x}{h}\Big)}.$$

实际上，上面的局部最小二乘方法是只考虑协变量处于 x 的邻域 $(x-h, x+h)$ 的样本点，并假定 $m(x)$ 在这个小邻域内取值为一个常数，并进而构建均方误差函数而得到. 这也就是上面 $m(x)$ 的估计被称为局部常数核估计的原因.

4.1.4 渐近性质

在研究渐近性质之前，首先给出关于 $m(\cdot)$, $f(\cdot)$, $k(\cdot)$ 和带宽 h 的一些假定.

A1：$\{Y_i, X_i\}_{i=1}^n$ 是一个独立同分布的样本；

A2：对 $U = Y - m(X)$, 满足 $E(U|X) = 0$, $E(U^2|X) = \sigma^2(X)$, $E|U|^{2+\delta} < \infty$ 对某个 $\delta > 0$ 成立；

A3：$m(x)$ 和 $f(x)$ 在 $f(x)$ 的定义域内点 x 处三阶连续可微；

A4：$K(\cdot)$ 是单元核函数 $k(\cdot)$ 的乘积，$k(\cdot)$ 为偶函数，且满足：

(1) $\int k(u)\mathrm{d}u = 1$；

(2) $\int u^2 k(u)\mathrm{d}u < \infty$；

(3) $\int k^2(u)\mathrm{d}u < \infty$；

A5：当 $n \to \infty$ 时，$nh_1h_2\cdots h_q \to \infty$; $nh_1h_2\cdots h_q \sum_{s=1}^{q} h_s^4 \to 0$; 对 $s = 1, 2, \cdots, q$, $h_s \to 0$.

基于上面假设，可以建立 $\hat{m}(x)$ 的渐近正态性.

定理 4.1.1　假定 A1~A5 成立，则有下面结论：

$$\sqrt{nh_1h_2\cdots h_q}\left\{\hat{m}(x) - m(x) - \frac{\kappa_{21}}{2}\sum_{s=1}^{q} B_s(x)h_s^2\right\} \xrightarrow{d} N(0, \kappa_{02}^q\sigma^2(x)/f(x)), \quad (4.1.6)$$

其中 $B_s(x) = 2f_s(x)m_s(x)/f(x) + m_{ss}(x)$, 这里 $f_s(x), m_s(x)$ 分别是 $f(x), m(x)$ 对第 s 个分量 x_s 的偏导数，$m_{ss}(x)$ 是 $m(x)$ 对 x_s 的二阶偏导数.

证明　利用 $\hat{f}(x)$ 是 $f(x)$ 的核密度估计及其性质，有：

$$\begin{aligned}\sqrt{nh_1h_2\cdots h_q}\{\hat{m}(x) - m(x)\} &= \sqrt{nh_1h_2\cdots h_q}\frac{\{\hat{m}(x) - m(x)\}\hat{f}(x)}{\hat{f}(x)} \\ &\stackrel{\text{def}}{=} \sqrt{nh_1h_2\cdots h_q}\frac{\hat{M}(x)}{\hat{f}(x)} \\ &= \sqrt{nh_1h_2\cdots h_q}\frac{\hat{M}(x)}{f(x)} + o_p(1).\end{aligned}$$

这里

$$\begin{aligned}\hat{M}(x) &= \{\hat{m}(x) - m(x)\}\hat{f}(x) = \frac{1}{nh_1h_2\cdots h_q}\left[\sum_{i=1}^{n} K\left(\frac{X_i - x}{h}\right)Y_i - m(x)\sum_{i=1}^{n} K\left(\frac{X_i - x}{h}\right)\right] \\ &= \frac{1}{nh_1h_2\cdots h_q}\sum_{i=1}^{n} K\left(\frac{X_i - x}{h}\right)[Y_i - m(x)] \\ &= \frac{1}{nh_1h_2\cdots h_q}\sum_{i=1}^{n} K\left(\frac{X_i - x}{h}\right)[Y_i - m(X_i)] \\ &\quad + \frac{1}{nh_1h_2\cdots h_q}\sum_{i=1}^{n} K\left(\frac{X_i - x}{h}\right)[m(X_i) - m(x)] \\ &= \frac{1}{nh_1h_2\cdots h_q}\sum_{i=1}^{n} K\left(\frac{X_i - x}{h}\right)U_i + \frac{1}{nh_1h_2\cdots h_q}\sum_{i=1}^{n} K\left(\frac{X_i - x}{h}\right)[m(X_i) - m(x)] \\ &\stackrel{\text{def}}{=} V_n(x) + B_n(x).\end{aligned}$$

下面首先计算 $B_n(x)$ 的均值. 注意到 $K\Big(\dfrac{X_i-x}{h}\Big)\{m(X_i)-m(x)\}(i=1,2,\cdots,n)$ 是独立同分布的，这样可以求得

$$\begin{aligned}
E[B_n(x)] &= E\Big[\frac{1}{nh_1h_2\cdots h_q}\sum_{i=1}^n K\Big(\frac{X_i-x}{h}\Big)\{m(X_i)-m(x)\}\Big]\\
&= \frac{1}{h_1h_2\cdots h_q}E\Big[K\Big(\frac{X_1-x}{h}\Big)\{m(X_1)-m(x)\}\Big]\\
&= \frac{1}{h_1h_2\cdots h_q}\int K\Big(\frac{z-x}{h}\Big)\{m(z)-m(x)\}f(z)\mathrm{d}z\\
&= \int K(v)\{m(x+h\odot v)-m(x)\}f(x+h\odot v)\mathrm{d}v\\
&= \int K(v)\Big\{\sum_{t=1}^q v_th_tm_t(x)+\frac{1}{2}\sum_{s_1=1}^q\sum_{s_2=1}^q m_{s_1s_2}(x)v_{s_1}h_{s_1}v_{s_2}h_{s_2}\Big\}\\
&\quad\times\Big\{f(x)+\sum_{t=1}^q v_th_tf_t(x)+\frac{1}{2}\sum_{s_1=1}^q\sum_{s_2=1}^q f_{s_1s_2}(x)v_{s_1}h_{s_1}v_{s_2}h_{s_2})\Big\}\mathrm{d}v\\
&\quad+O\Big(\sum_{s=1}^q h_s^4\Big)\\
&= \frac{\kappa_{21}}{2}\sum_{s=1}^q[2f_s(x)m_s(x)+f(x)m_{ss}(x)]h_s^2+O\Big(\sum_{s=1}^q h_s^4\Big).
\end{aligned}$$

这里 $h\odot v$ 表示 h 和 v 的对应分量相乘得到的向量. 接下来计算 $B_n(x)$ 的方差.

$$\begin{aligned}
\mathrm{var}[B_n(x)] &= \mathrm{var}\Big[\frac{1}{nh_1h_2\cdots h_q}\sum_{i=1}^n K\Big(\frac{X_i-x}{h}\Big)\{m(X_i)-m(x)\}\Big]\\
&= \frac{1}{nh_1^2h_2^2\cdots h_q^2}\mathrm{var}\Big[K\Big(\frac{X_1-x}{h}\Big)\{m(X_1)-m(x)\}\Big]\\
&= \frac{1}{nh_1^2h_2^2\cdots h_q^2}\Big\{E\Big[K\Big(\frac{X_1-x}{h}\Big)\{m(X_1)-m(x)\}\Big]^2\\
&\quad -E^2\Big[K\Big(\frac{X_1-x}{h}\Big)\{m(X_1)-m(x)\}\Big]\Big\}\\
&\overset{\mathrm{def}}{=} B_1(x)+B_2(x).
\end{aligned}$$

对第一项有

$$\begin{aligned}
B_1(x) &= \frac{1}{nh_1^2h_2^2\cdots h_q^2}\int K^2\Big(\frac{z-x}{h}\Big)[m(z)-m(x)]^2f(z)\mathrm{d}z\\
&= \frac{1}{nh_1h_2\cdots h_q}\int K^2(v)[m(x+h\odot v)-m(x)]^2f(x+h\odot v)\mathrm{d}v
\end{aligned}$$

$$
\begin{aligned}
&= \frac{1}{nh_1h_2\cdots h_q}\int K^2(v)\Big\{\sum_{t=1}^{q} v_th_tm_t(x) + \frac{1}{2}\sum_{s_1=1}^{q}\sum_{s_2=1}^{q} m_{s_1s_2}(x)v_{s_1}h_{s_1}v_{s_2}h_{s_2}\Big\}^2 \\
&\Big\{f(x) + \sum_{t=1}^{q} v_th_tf_t(x) + \frac{1}{2}\sum_{s_1=1}^{q}\sum_{s_2=1}^{q} f_{s_1s_2}(x)v_{s_1}h_{s_1}v_{s_2}h_{s_2})\Big\}\mathrm{d}v \\
&+O\Big(\frac{1}{nh_1h_2\cdots h_q}\sum_{s=1}^{q} h_s^4\Big) = O\Big(\frac{1}{nh_1h_2\cdots h_q}\sum_{s=1}^{q} h_s^2\Big).
\end{aligned}
$$

对 $B_2(x)$, 有

$$
\begin{aligned}
B_2(x) &= \frac{1}{nh_1^2h_2^2\cdots h_q^2}E^2\Big[K\Big(\frac{X_i-x}{h}\Big)\{m(X_i)-m(x)\}\Big] \\
&= \frac{1}{n}E^2\Big[\frac{1}{h_1h_2\cdots h_q}K\Big(\frac{X_i-x}{h}\Big)\{m(X_i)-m(x)\}\Big] \\
&= \frac{1}{n}\Big\{\frac{\kappa_{21}}{2}\sum_{s=1}^{q}[2f_s(x)m_s(x)+f(x)m_{ss}(x)]h_s^2 + O\Big(\sum_{s=1}^{q}h_s^4\Big)\Big\}^2 \\
&= O\Big(\frac{1}{nh_1h_2\cdots h_q}\sum_{s=1}^{q}h_s^2\Big).
\end{aligned}
$$

因此有

$$
\mathrm{var}[B_n(x)] = O\Big(\frac{1}{nh_1h_2\cdots h_q}\sum_{s=1}^{q}h_s^2\Big).
$$

所以

$$
\begin{aligned}
B_n(x) &= \frac{\kappa_{21}}{2}\sum_{s=1}^{q}[2f_s(x)m_s(x)+f(x)m_{ss}(x)]h_s^2 + O\Big(\sum_{s=1}^{q}h_s^4\Big) \\
&\quad + O_p\Big(\Big[\frac{1}{nh_1h_2\cdots h_q}\sum_{s=1}^{q}h_s^2\Big]^{\frac{1}{2}}\Big).
\end{aligned}
$$

对 $V_n(x)$, 先计算其均值:

$$
\begin{aligned}
E[V_n(x)] &= E\Big[\frac{1}{nh_1h_2\cdots h_q}\sum_{i=1}^{n}K\Big(\frac{X_i-x}{h}\Big)U_i\Big] \\
&= E\Big[\frac{1}{h_1h_2\cdots h_q}K\Big(\frac{X_1-x}{h}\Big)U_1\Big] \\
&= E\Big\{E\Big[\frac{1}{h_1h_2\cdots h_q}K(\frac{X_1-x}{h})U_1|X_1\Big]\Big\} \\
&= E\Big\{\frac{1}{h_1h_2\cdots h_q}K\Big(\frac{X_1-x}{h}\Big)E[U_1|X_1]\Big\} = 0.
\end{aligned}
$$

接下来计算 $V_n(x)$ 的二阶矩：

$$\begin{aligned}
E[V_n(x)]^2 &= E\Big[\frac{1}{nh_1h_2\cdots h_q}\sum_{i=1}^{n}K\Big(\frac{X_i-x}{h}\Big)U_i\Big]^2\\
&= \frac{1}{nh_1^2h_2^2\cdots h_q^2}E\Big[K^2\Big(\frac{X_1-x}{h}\Big)U_1^2\Big]\\
&= \frac{1}{nh_1^2h_2^2\cdots h_q^2}E\Big\{E\Big[K^2\Big(\frac{X_1-x}{h}\Big)U_1^2|X_1\Big]\Big\}\\
&= \frac{1}{nh_1^2h_2^2\cdots h_q^2}E\Big[K^2\Big(\frac{X_1-x}{h}\Big)\sigma^2(X_1)\Big]\\
&= \frac{1}{nh_1^2h_2^2\cdots h_q^2}\int K^2\Big(\frac{z-x}{h}\Big)\sigma^2(z)f(z)\mathrm{d}z\\
&= \frac{1}{nh_1h_2\cdots h_q}\int K^2(u)\sigma^2(h\odot u+x)f(h\odot u+x)\mathrm{d}u\\
&= \frac{1}{nh_1h_2\cdots h_q}\sigma^2(x)f(x)\int K^2(u)\mathrm{d}u+O\Big(\frac{1}{nh_1h_2\cdots h_q}\sum_{s=1}^{q}h_s^2\Big)\\
&= \frac{\sigma^2(x)f(x)\kappa_{02}^q}{nh_1h_2\cdots h_q}+O\Big(\frac{1}{nh_1h_2\cdots h_q}\sum_{s=1}^{q}h_s^4\Big).
\end{aligned}$$

因此，根据 Slutsky 定理有

$$\begin{aligned}
\sqrt{nh_1h_2\cdots h_q}\{\hat{m}(x)-m(x)\} = \sqrt{nh_1h_2\cdots h_q}\frac{1}{f(x)}\Big\{&\frac{\kappa_{21}}{2}\sum_{s=1}^{q}[2f_s(x)m_s(x)+f(x)m_{ss}(x)]h_s^2\\
&+\frac{1}{nh_1h_2\cdots h_q}\sum_{i=1}^{n}K\Big(\frac{X_i-x}{h}\Big)U_i\\
&+O\Big(\sum_{s=1}^{q}h_s^4\Big)+O_p\Big(\Big[\frac{1}{nh_1h_2\cdots h_q}\sum_{s=1}^{q}h_s^2\Big]^{\frac{1}{2}}\Big)\Big\}+o_p(1).
\end{aligned}$$

利用条件 A5，并经过简单变形可得

$$\sqrt{nh_1h_2\cdots h_q}\{\hat{m}(x)-m(x)-B(x)\} = \frac{1}{\sqrt{nh_1h_2\cdots h_q}}\frac{1}{f(x)}\sum_{i=1}^{n}K_h(X_i-x)U_i+o_p(1).$$

这里 $B(x)=\dfrac{1}{f(x)}\dfrac{\kappa_{21}}{2}\sum_{s=1}^{q}[2f_s(x)m_s(x)+f(x)m_{ss}(x)]h_s^2$. 由 Liapunov 中心极限定理，定理得证.

对于 $\hat{m}(x)$，有下面的一致收敛定理成立.

定理 4.1.2　在一定的正则条件下，有下面结论成立：

$$(1)\ \sup_{x\in S}|\hat{m}(x)-m(x)| = o\Big(\frac{1}{\sqrt{nh_1h_2\cdots h_q}}\sqrt{\ln n}\Big)+o\Big(\sum_{s=1}^{q}h_s^2\Big)\quad \text{a.s.,} \tag{4.1.7}$$

$$(2)\ \sup_{x\in S}E|\hat{m}(x)-m(x)|^2 = o\Big(\frac{1}{nh_1h_2\cdots h_q}\Big)+o\Big(\sum_{s=1}^{q}h_s^4\Big), \tag{4.1.8}$$

其中 S 是 $f(x)$ 的支撑内部的一个紧集.

4.2　局部常数核方法的带宽选择

4.2.1　带宽选择的重要性

带宽选择对局部常数核估计的影响是非常大的. 相比带宽，核函数的影响要小得多. 这和核密度估计里面带宽和核函数的影响是类似的.

下面考虑两种极端的情况来说明带宽对回归函数的估计的重要性. 当 h 很小或者 $h\to 0$ 时，协变量取值落入区间 (X_i-h, X_i+h) 的样本点只有 (X_i, Y_i). 这样，根据定义有 $\hat{m}(X_i)\to Y_i$, 此时 $\dfrac{1}{n}\sum_{j=1}^{n}(Y_j-\hat{m}(X_j))^2$ 达到最小值 0. 虽然此时样本均方误差达到最小，但是估计只在 X_i 处有定义，且这时回归函数的估计值为 Y_i，对 $x\neq X_i$，回归函数 $m(x)$ 的估计没有定义. 显然这是不合理的. 这时的估计曲线在很多软件中经常显示为样本点的连线. 显然当 h 取很小甚至是 0 时，虽然样本均方误差达到最小值 0，但综合考虑，这显然不是合适的选择.

考虑带宽取很大或者说 $h\to\infty$ 时，根据

$$\hat{m}(X_i)=\frac{\sum_{j=1}^{n}k\Big(\dfrac{X_j-X_i}{h}\Big)Y_j}{\sum_{j=1}^{n}k\Big(\dfrac{X_j-X_i}{h}\Big)},$$

此时有

$$\frac{\sum_{j=1}^{n}k\Big(\dfrac{X_j-X_i}{h}\Big)Y_j}{\sum_{j=1}^{n}k\Big(\dfrac{X_j-X_i}{h}\Big)}\to\frac{\sum_{j=1}^{n}k(0)Y_j}{nk(0)}=\frac{1}{n}\sum_{j=1}^{n}Y_j=\bar{Y}.$$

从上可见，当带宽越来越大时，估计的回归曲线会越来越光滑. 当极限情况，带宽取 ∞ 时，估计的回归曲线为一条直线 $m(x)=\bar{Y}$.

当带宽取为 0 和 ∞ 之间的值，回归函数的估计曲线在样本点的连线和直线 $m(x)=\bar{Y}$ 之间变动. 可见带宽选择对局部常数核估计方法是非常重要的. 上面的讨论也说明了采用

使得样本均方误差达到最小的方法取带宽时，必须使用删一估计. 否则的话，取到的带宽是一个等于或者接近于 0 的值. 前面的讨论说明了这种情况下的估计是不好的. 通过使用删一估计，可以自动排除这种情况.

下面研究带宽的选取.

4.2.2 最优带宽

如果使用二阶核函数，从上节的推导可得到局部常数核估计的均方误差的表达式如下：

$$\begin{aligned}\mathrm{MSE}(\hat{m}(x)) &= E[\hat{m}(x)-m(x)]^2=\left[\frac{\kappa_{21}}{2}\sum_{s=1}^{q}B_s(x)h_s^2\right]^2+\frac{1}{nh_1h_2\cdots h_qf(x)}\sigma^2(x)\kappa_{02}^q\\&+O\left(\sum_{s=1}^{q}h_s^4\right)+O\left(\left[\frac{1}{nh_1h_2\cdots h_q}\sum_{s=1}^{q}h_s^4\right]^{\frac{1}{2}}\right).\end{aligned}$$

这样可得渐近积分均方误差为

$$\mathrm{AMISE}_m(h)=\left[\frac{\kappa_{21}}{2}\sum_{s=1}^{q}\int B_s(x)\mathrm{d}xh_s^2\right]^2+\frac{1}{nh_1h_2\cdots h_q}\int\frac{\sigma^2(x)}{f(x)}\mathrm{d}x\kappa_{02}^q.$$

使得上面的 $\mathrm{AMISE}_m(h)$ 达到最小的带宽即为最优带宽. 经计算可得为 $h_0=C_qn^{-\frac{1}{4+q}}$，其中 C_q 为一个常量. 此时均方误差为 $O\left(n^{-\frac{4}{4+q}}\right)$. 可见局部常数核回归方法得到的最优带宽和相应的均方误差的阶和多元核密度估计是一样的.

4.2.3 拇指法则

前面密度函数的核估计方法的拇指法则有时也可以用于非参数回归，即取带宽为

$$h_s=C_s\hat{\sigma}_sn^{-\frac{1}{4+q}},$$

这里 C_s 为与核函数选取有关的一个常数. 如果选取高斯核函数，可算得 $C_s=1.06$，若取 Epanechikov 核函数，则 $C_s=2.34$.

拇指法则的假定是协变量服从正态分布，因此当协变量的分布为单峰、比较对称时给出比较合理的结果，如果协变量的分布和正态分布相差较远时会给出误导人的估计结果. 另外两种确定带宽的方法为“Plug-in”方法和最小二乘交叉验证方法，这两种方法不需要假定协变量的分布的形式.

4.2.4　Plug-in 方法

从渐近的加权积分均方误差

$$\text{WIMSE}(h)=\int\left\{\left[\frac{\kappa_{21}}{2}\sum_{s=1}^{q}B_s(x)h_s^2\right]^2+\frac{1}{h_1h_2\cdots h_qf(x)}\sigma^2(x)\kappa_{02}^q\right\}W(x)\mathrm{d}x$$

出发，可以得到使得 WIMSE(h) 达到最小的带宽为 $h_s=C_sn^{-\frac{1}{4+q}}$，其中 C_s 是一个与 X 的密度函数 $f(x)$ 和其导数以及 $m(x)$、核函数 $K(\cdot)$ 有关的一个常量. 直接算出这些量或者对某些量进行估计，可以得到一个带宽，这就是所谓的 Plug-in 带宽.

注意到上面使用加权积分均方误差，实际上权函数的作用是显著的. 如果不选取权函数，那么使得积分均方误差 MISE 达到最小的最优带宽需要计算 $\int\frac{\sigma^2(x)}{f(x)}\mathrm{d}x$，对很多分布，比如正态分布，这个积分不存在. 而权函数的引入使得上面积分转化为 $\int\frac{\sigma^2(x)}{f(x)}W(x)\mathrm{d}x$，可以选取适当的权函数使得上面积分是存在的.

"Plug-in" 方法在确定带宽时需要估计一些未知的量，这些量的计算需要估计协变量的密度函数或者密度函数的导数，因此也涉及带宽选择的问题. 虽然此时的带宽选择对回归函数的影响不大，可以用拇指法则选择带宽，但是这从一定程度来说带有主观性.

下面给出的带宽选择方法是一种完全由数据驱动的带宽选择方法，这种方法称为最小二乘交叉验证方法.

4.2.5　最小二乘交叉验证方法

选择带宽 $h_1,h_2,\cdots,h_q$, 使得下面的交叉验证函数达到最小

$$\text{CV}_{lc}(h_1,h_2,\cdots,h_q)=\frac{1}{n}\sum_{i=1}^{n}(Y_i-\hat{m}^{-i}(X_i))^2W(X_i),$$

这里 $\hat{m}^{-i}(X_i)=\dfrac{\sum_{j=1,j\neq i}^{n}k_h(X_j-X_i)Y_j}{\sum_{j=1,j\neq i}^{n}k_h(X_j-X_i)}$, $W(\cdot)$ 为可测权函数. 注意这里必须使用删一估计.

令 $(\hat{h}_1,\hat{h}_2,\cdots,\hat{h}_q)$ 为使得上面的 CV 函数达到最小的带宽，$(h_{10},h_{20},\cdots,h_{q0})$ 为最优带宽. 有下面结论：$\dfrac{\hat{h}_s}{h_{s0}}\xrightarrow{P}1$，这里 $s=1,2,\cdots,q$.

最小二乘交叉验证方法选择带宽，不需要知道带宽的形式，也不需要假定密度函数、回归函数以及协变量的密度函数的形式，只需要使用优化方法求出使目标交叉验证函数达到最小的带宽，因此受到应用研究工作者的欢迎.

另外，选择带宽的方法还有 AIC 准则等，读者可参考文献 (Li，Racine，2007).

4.3 局部线性核回归

4.3.1 估计的提出

局部常数核估计存在一些缺陷，比如存在边界效应，即在边界点估计的偏差较大. 对局部常数核估计方法的一个改进是局部线性核估计方法. 局部线性核估计方法最初由 Stone(1977) 和 Cleveland(1979) 提出，更为具体的细节可参考文献 (Fan，Gijbel，1996).

注意到 4.2 节讲到的局部常数核估计实际上是对下面的最小二乘问题关于 $m(x)$ 求最小值:

$$\underset{m(x)}{\operatorname{argmin}} \sum_{i=1}^{n}(Y_i - m(x))^2 k\Big(\frac{X_i - x}{h}\Big).$$

其思想实质上是在 x 的一个邻域内，用常数函数来近似 $m(X_i)$. 一个自然的改进是在 x 邻域内，用线性函数来近似 $m(X_i)$，即在 x 的邻域内，假定 $m(X_i) = m - (X_i - x)^{\mathrm{T}}\beta$，然后利用局部最小二乘方法求解 m 和 β. 基于上面的思想，将 4.2 节给出的目标函数改进为

$$\sum_{i=1}^{n}(Y_i - m - (X_i - x)^{\mathrm{T}}\beta)^2 k\Big(\frac{X_i - x}{h}\Big).$$

这样使得上式达到最小所得的估计称为局部线性核估计.

显然，局部线性核估计可以看成是响应变量 Y 关于回归因子 $Z = (1, (X-x)^{\mathrm{T}})^{\mathrm{T}}$ 在权函数取为 $k\Big(\dfrac{X_i - x}{h}\Big)$ 时的最小二乘估计. 局部常数核估计方法用常数来近似 x 附近的样本点对应的回归函数，而局部线性核估计用一次多项式 (即直线) 来近似 x 附近的样本点对应的回归函数.

令 $\hat{m}(x), \hat{\beta}(x)$ 是上面最小二乘问题的解. 下面推导出 $\hat{m}(x), \hat{\beta}(x)$ 的显式表达式. 假设 $\beta(x)$ 是 $m(x)$ 的一阶偏导数向量. 首先给出一些记号: $M(x) = (m(x), \beta(x)^{\mathrm{T}})^{\mathrm{T}}$, $w(x) = \operatorname{diag}\Big[k\Big(\dfrac{X_1 - x}{h}\Big), k\Big(\dfrac{X_2 - x}{h}\Big), \cdots, k\Big(\dfrac{X_n - x}{h}\Big)\Big]$, $Y = (Y_1, Y_2, \cdots, Y_n)^{\mathrm{T}}$,

$$X_x = \begin{pmatrix} 1 & (X_1 - x)^{\mathrm{T}} \\ 1 & (X_2 - x)^{\mathrm{T}} \\ & \vdots \\ 1 & (X_n - x)^{\mathrm{T}} \end{pmatrix}, \quad X_x M(x) = \begin{pmatrix} m(x) + (X_1 - x)^{\mathrm{T}}\beta(x) \\ m(x) + (X_2 - x)^{\mathrm{T}}\beta(x) \\ \vdots \\ m(x) + (X_n - x)^{\mathrm{T}}\beta(x) \end{pmatrix},$$

上面的目标函数写成矩阵的形式为

$$(Y - X_x M(x))^{\mathrm{T}} W_x (Y - X_x M(x)).$$

令 $\hat{M}(x)=(\hat{m}(x),\hat{\beta}(x)^{\mathrm{T}})^{\mathrm{T}}$ 为最小二乘问题 $\underset{M(x)}{\operatorname{argmin}}(Y-X_xM(x))^{\mathrm{T}}W_x(Y-X_xM(x))$ 的解，则有

$$\hat{M}(x)=(X_x^{\mathrm{T}}W_xX_x)^{-1}(X_x^{\mathrm{T}}W_xY).$$

经计算得到：

$$\begin{aligned}\frac{1}{n}X_x^{\mathrm{T}}W_xX_x &= \begin{pmatrix}\frac{1}{n}\sum_{i=1}^n K_h(X_i-x) & \frac{1}{n}\sum_{i=1}^n K_h(X_i-x)(X_i-x)^{\mathrm{T}}\\ \frac{1}{n}\sum_{i=1}^n K_h(X_i-x)(X_i-x) & \frac{1}{n}\sum_{i=1}^n K_h(X_i-x)(X_i-x)(X_i-x)^{\mathrm{T}}\end{pmatrix}\\ &\stackrel{\text{def}}{=\!=} \begin{pmatrix} s_0(x,h) & s_1(x,h)^{\mathrm{T}}\\ s_1(x,h) & s_2(x,h)\end{pmatrix}\end{aligned}$$

和

$$\frac{1}{n}X_x^{\mathrm{T}}W_xY=\begin{pmatrix}\frac{1}{n}\sum_{i=1}^n K_h(X_i-x)Y_i\\ \frac{1}{n}\sum_{i=1}^n K_h(X_i-x)(X_i-x)Y_i\end{pmatrix},$$

这里 $K_h(x)=\dfrac{1}{h_1h_2\cdots h_q}\prod_{s=1}^q k\left(\dfrac{x_s}{h_s}\right)$. 若 X 为一维的，则容易算得 $\hat{m}(x)$ 和 $\hat{\beta}(x)$ 的显式表达式：

$$\hat{m}(x)=\frac{1}{n}\sum_{i=1}^n\frac{\{s_2(x,h)-s_1(x,h)(X_i-x)\}K_h(X_i-x)Y_i}{s_0(x,h)s_2(x,h)-s_1^2(x,h)}$$

和

$$\hat{\beta}(x)=\frac{1}{n}\sum_{i=1}^n\frac{\{s_0(x,h)(X_i-x)-s_1(x,h)\}K_h(X_i-x)Y_i}{s_0(x,h)s_2(x,h)-s_1^2(x,h)}.$$

从上面的表达式可以看到，局部线性核估计也是一个加权平均和.

4.3.2　渐近性质

首先给出证明定理所需要的一些条件.

A1: $\{Y_i,X_i\}_{i=1}^n$ 是一个独立同分布的样本.

A2: 对 $U=Y-m(X)$, 满足 $E(U|X)=0$, $E(U^2|X)=\sigma^2(X)$, $E|U|^{2+\delta}<\infty$ 对某个 $\delta>0$ 成立.

A3: $m(x)$ 和 $f(x)$ 在 $f(x)$ 的定义域内点 x 处三阶连续可微.

A4: $K(\cdot)$ 是单元核函数 $k(\cdot)$ 的乘积，$k(\cdot)$ 为偶函数，且满足：

(1) $\int k(u)\mathrm{d}u = 1$;

(2) $\int u^2 k(u)\mathrm{d}u < \infty$;

(3) $\int k^2(u)\mathrm{d}u < \infty$.

A5: 当 $n \to \infty$ 时，$nh_1h_2\cdots h_q \to \infty$, $nh_1h_2\cdots h_q \sum_{s=1}^{q} h_s^4 \to 0$, $h_s \to 0$, $s = 1, 2, \cdots, q$.

定理 4.3.1 假定上面给出的条件 A1~A5 成立，则有下面结论：

$$(1)\sqrt{nh_1h_2\cdots h_q}\left\{\hat{m}(x) - m(x) - \frac{\kappa_{21}}{2}\sum_{s=1}^{q} m_{ss}(x)h_s^2\right\} \xrightarrow{d} N(0, \kappa_{02}^q \sigma^2(x)/f(x)), \tag{4.3.1}$$

$$(2)\sqrt{nh_1h_2\cdots h_q}D\{\hat{\beta}(x) - \beta(x)\} \xrightarrow{d} N(0, I_q \kappa_{02}^{q-1}\kappa_{22}\sigma^2(x)/[\kappa_{21}^2 f(x)]), \tag{4.3.2}$$

其中 $m_{ss}(x)$ 是 $m(x)$ 对 x_s 的二阶偏导数，D 是 $q \times q$ 对角矩阵，对角元素为 $h_1, h_2, \cdots, h_q$，I_q 为 $q \times q$ 单位矩阵.

证明 令 $H = \mathrm{diag}(1, h_1, \cdots, h_q)$. 由 $\hat{M}(x)$ 和 $M(x)$ 的定义，可以算得：

$$H(\hat{M}(x) - M(x)) = \begin{pmatrix} \hat{m}(x) - m(x) \\ h_1(\hat{\beta}_1(x) - \beta_1(x)) \\ \vdots \\ h_q(\hat{\beta}_q(x) - \beta_q(x)) \end{pmatrix}$$

$$= \frac{S_n^{-1}}{nh_1h_2\cdots h_q}\sum_{i=1}^{n} K\left(\frac{X_i - x}{h}\right) H^{-1}\begin{pmatrix} 1 \\ X_i - x \end{pmatrix}[Y_i - m(x) - (X_i - x)^{\mathrm{T}}\beta(x)]$$

$$= \frac{S_n^{-1}}{nh_1h_2\cdots h_q}\sum_{i=1}^{n} K\left(\frac{X_i - x}{h}\right) H^{-1}\begin{pmatrix} 1 \\ X_i - x \end{pmatrix}\Big[U_i + \frac{1}{2}(X_i - x)^{\mathrm{T}} m''(x)(X_i - x) + R(X_i, x)\Big],$$

其中 $R(X_i, x)$ 是 $m(x)$ 在 x 点进行二阶展开时的余项，$m''(x)$ 为 $m(x)$ 对 x 的各分量求偏导而成的 $q \times q$ 矩阵. 这里，

$$S_n = \frac{1}{nh_1h_2\cdots h_q}\sum_{i=1}^{n} K\left(\frac{X_i - x}{h}\right) H^{-1}\begin{pmatrix} 1 \\ X_i - x \end{pmatrix}(1 \quad (X_i - x)^{\mathrm{T}})H^{-1},$$

容易证明：

$$S_n \xrightarrow{P} \begin{pmatrix} 1 & 0 \\ 0 & I_q\kappa_{21} \end{pmatrix} f(x).$$

这时有

$$\sqrt{nh_1h_2\cdots h_q}H(\hat{M}(x)-M(x)) = S_n^{-1}[B_n(x)+V_n(x)+R_n(x)],$$

其中

$$B_n(x)=\frac{1}{2\sqrt{nh_1h_2\cdots h_q}}\sum_{i=1}^{n}k\Big(\frac{X_i-x}{h}\Big)H^{-1}\begin{pmatrix}1\\X_i-x\end{pmatrix}(X_i-x)^{\mathrm{T}}m''(x)(X_i-x),$$

$$V_n(x)=\frac{1}{\sqrt{nh_1h_2\cdots h_q}}\sum_{i=1}^{n}k\Big(\frac{X_i-x}{h}\Big)H^{-1}\begin{pmatrix}1\\X_i-x\end{pmatrix}U_i,$$

$$R_n(x)=\frac{1}{\sqrt{nh_1h_2\cdots h_q}}\sum_{i=1}^{n}k\Big(\frac{X_i-x}{h}\Big)H^{-1}\begin{pmatrix}1\\X_i-x\end{pmatrix}R(X_i,x).$$

对 $B_n(x)$，有

$$\begin{aligned}
B_n(x)&=\frac{1}{2\sqrt{nh_1h_2\cdots h_q}}\textstyle\sum_{i=1}^{n}k\Big(\frac{X_i-x}{h}\Big)H^{-1}\begin{pmatrix}1\\X_i-x\end{pmatrix}(X_i-x)^{\mathrm{T}}m''(x)(X_i-x)\\
&=\begin{pmatrix}
\frac{1}{2\sqrt{nh_1h_2\cdots h_q}}\sum_{i=1}^{n}k\Big(\frac{X_i-x}{h}\Big)\sum_{k=1}^{q}\sum_{j=1}^{q}(X_{ik}-x_k)m''_{kj}(x)(X_{ij}-x_j)\\
\frac{1}{2\sqrt{nh_1h_2\cdots h_q}}\sum_{i=1}^{n}k\Big(\frac{X_i-x}{h}\Big)\Big(\frac{X_{i1}-x_1}{h_1}\Big)\sum_{k=1}^{q}\sum_{j=1}^{q}(X_{ik}-x_k)m''_{kj}(x)(X_{ij}-x_j)\\
\vdots\\
\frac{1}{2\sqrt{nh_1h_2\cdots h_q}}\sum_{i=1}^{n}k\Big(\frac{X_i-x}{h}\Big)\Big(\frac{X_{iq}-x_q}{h_q}\Big)\sum_{k=1}^{q}\sum_{j=1}^{q}(X_{ik}-x_k)m''_{kj}(x)(X_{ij}-x_j)
\end{pmatrix}\\
&=\frac{\sqrt{nh_1h_2\cdots h_q}}{2}\begin{pmatrix}\kappa_{21}\sum_{s=1}^{q}m_{ss}(x)h_s^2f(x)\\0\end{pmatrix}+o_p(1);
\end{aligned}$$

对 $V_n(x)$，由中心极限定理有

$$\begin{aligned}
V_n(x)&=\frac{1}{\sqrt{nh_1h_2\cdots h_q}}\sum_{i=1}^{n}k\Big(\frac{X_i-x}{h}\Big)H^{-1}\begin{pmatrix}1\\X_i-x\end{pmatrix}U_i\\
&\xrightarrow{d}N(0,\begin{pmatrix}\kappa_{02}^{q}&0\\0&I_q\kappa_{02}^{q-1}\kappa_{22}\end{pmatrix}\sigma^2(x)f(x));
\end{aligned}$$

对 $R_n(x)$，由条件 A5，有

$$R_n(x)=O_p\Big[\sqrt{nh_1h_2\cdots h_q}\Big(\sum_{s=1}^{q}h_s^4\Big)\Big]\xrightarrow{P}0.$$

因此定理得证.

比较上面的定理 4.3.1 和 4.2 节的定理 4.1.1 可以发现，Nadaraya-Watson 局部常数核估计的方差与局部线性核估计的方差相同，但偏差却多了一项；局部线性估计的渐近偏差与解释变量的密度函数无关，因而具有数据类型的适应性. 由于局部线性估计是模型局部泰勒线性展开的局部加权最小二乘估计，比局部泰勒零阶展开的局部展开项多了线性项，所以，局部线性估计的性质好于局部常数核估计. 局部线性估计不必进行边界修正，它在边界的偏差自动与内部的偏差有相同的阶.

另外注意到局部线性估计方法不仅给出回归函数的估计，同时也给出了回归函数的导数的估计. 上面定理表明 $\hat{\beta}(x)$ 正是 $m(x)$ 的一阶偏导数向量 $\beta(x)$ 的估计，并且上面的定理证明了导数的估计的渐近正态性.

定理 4.3.2 在一定的正则条件下，有下面结论成立：

$$\sup_{x\in S}|\hat{m}(x)-m(x)|=o\Big(\frac{1}{\sqrt{nh_1h_2\cdots h_q}}\sqrt{\ln n}\Big)+o\Big(\sum_{s=1}^{q}h_s^2\Big)\quad \text{a.s.}, \tag{4.3.3}$$

其中 S 是 $f(x)$ 的支撑内部的一个紧集.

4.3.3 带宽选择

带宽选择对局部线性核估计是非常重要的. 下面介绍局部线性核估计方法的最优带宽和实际可用的选择带宽的最小二乘交叉验证方法.

由上面的渐近正态性可知，局部线性估计 $\hat{m}(x)$ 的渐近积分均方二次误差为

$$\text{AMISE}(h)=\int\Big\{\Big[\frac{\kappa_{21}}{2}\sum_{s=1}^{q}m_{ss}(x)h_s^2\Big]^2+\frac{1}{nh_1h_2\cdots h_q}\kappa_{02}^q\sigma^2(x)/f(x)\Big\}\mathrm{d}x.$$

可以算得使上式达到最小的带宽为

$$h_{s0}=C_sn^{-\frac{1}{4+q}},\quad s=1,2,\cdots,q,$$

这里 C_s 是与回归函数 $m(x)$、模型误差条件方差 $\sigma^2(x)$、协变量 X 的密度函数 $f(x)$ 以及核函数有关的常数.

对局部线性核估计方法的带宽选择，依然可以有拇指法则和“plug-in”方法. 然而最普遍实用的选择带宽的方法仍然是最小二乘交叉验证方法. 注意最小二乘交叉验证方法选择带宽不需要假定变量的分布，也不需要额外地选择带宽.

设 $\hat{m}^{-i}(X_i)$ 是 $m(x)$ 在 $x=X_i$ 处的删一估计. 令 $\hat{M}^{-i}(X_i)=[\hat{m}^{-i}(X_i),\hat{\beta}^{-i}(X_i)^{\mathrm{T}}]^{\mathrm{T}}$

是下面问题的解：

$$\underset{m,\beta}{\operatorname{argmin}} \sum_{j=1,j\neq i}^{n} [Y_j - m - (X_j - X_i)^{\mathrm{T}}\beta]^2 K\Big(\frac{X_j - X_i}{h}\Big),$$

这里 $K\Big(\frac{X_j - X_i}{h}\Big) = \prod_{i=1}^{q} k\Big(\frac{X_{js} - X_{is}}{h_s}\Big)$. 局部线性核估计中带宽通过使下面的交叉验证函数达到最小来求得

$$\mathrm{CV}(h) = \sum_{i=1}^{n} (Y_i - \hat{m}^{-i}(X_i))^2 w(X_i),$$

其中 $w(\cdot)$ 是权函数. 令 $\hat{h} = (\hat{h}_1, \hat{h}_2, \cdots, \hat{h}_q)^{\mathrm{T}}$ 是上面的最小化问题的解.

若 $h_0 = (h_{10}, h_{20}, \cdots, h_{q0})^{\mathrm{T}}$ 是使得 AMISE(h) 达到最小的最优带宽，则有

$$\frac{\hat{h}_s}{h_{s0}} \xrightarrow{P} 1, \quad s = 1, 2, \cdots, q.$$

4.4　局部多项式回归

局部线性核估计的一个自然延伸是局部多项式估计，其思想为要估计回归函数 $m(x)$，在 x 的一个邻域内，用 p 阶多项式来近似回归函数值 $m(X_i)$，然后进行核函数加权，利用局部最小二乘方法求解出 $m(x)$ 及其各阶导数的估计.

显然，当 $p = 0$ 时，对应的局部多项式回归也即为局部常数核估计；当 $p = 1$ 时，对应的局部多项式回归也即为局部线性核估计.

本节对局部多项式回归进行简要介绍，更为具体的细节可参考文献 (Fan，Gijbel，1996).

4.4.1　单元变量情形

估计的提出：为使记号简单，先简述单元变量的情形. 当协变量 X 是一维的，p 阶局部多项式核估计是下面的最小二乘问题的解：

$$\underset{\beta_0,\beta_1,\cdots,\beta_p}{\operatorname{argmin}} \sum_{i=1}^{n} (Y_i - \beta_0 - \beta_1(X_i - x) - \cdots - \beta_p(X_i - x)^p)^2 K\Big(\frac{X_i - x}{h}\Big). \tag{4.4.1}$$

令 $\hat{\beta} = (\hat{\beta}_0, \hat{\beta}_1, \cdots, \hat{\beta}_p)^{\mathrm{T}}$ 是使得上面的式 (4.4.1) 达到最小的 $\beta = (\beta_0, \beta_1, \cdots, \beta_p)^{\mathrm{T}}$ 的值. 那么，$\hat{\beta}_0$ 是回归函数 $m(x)$ 的估计，β_s 是 $\frac{1}{s!}m_s(x)$ 的估计，这里 $m_s(x)$ 是 $m(x)$ 的 s 阶导数.

令 $w(x)=\mathrm{diag}\Big(k\Big(\dfrac{X_1-x}{h}\Big),k\Big(\dfrac{X_2-x}{h}\Big),\cdots,k\Big(\dfrac{X_n-x}{h}\Big)\Big)$,

$$Y=\begin{pmatrix}Y_1\\Y_2\\\vdots\\Y_n\end{pmatrix},\quad X_x=\begin{pmatrix}1&(X_1-x)&\cdots&(X_1-x)^p\\1&(X_2-x)&\cdots&(X_2-x)^p\\&&\vdots&\\1&(X_n-x)&\cdots&(X_n-x)^p\end{pmatrix},\quad \beta=\begin{pmatrix}\beta_0\\\beta_1\\\vdots\\\beta_p\end{pmatrix}.\quad (4.4.2)$$

则式 (4.4.2) 实际上是一个标准的最小二乘问题:

$$\underset{\beta}{\mathrm{argmin}}(Y-X_x\beta)^{\mathrm{T}}W_x(Y-X_x\beta).$$

假定矩阵 $X_x^{\mathrm{T}}W_xX_x$ 可逆，则有

$$\hat{\beta}(x)=(X_x^{\mathrm{T}}W_xX_x)^{-1}(X_x^{\mathrm{T}}W_xY)=\Big[\sum_{i=1}^nK\Big(\frac{X_i-x}{h}\Big)\chi_i\chi_i^{\mathrm{T}}\Big]^{-1}\sum_{i=1}^nK\Big(\frac{X_i-x}{h}\Big)\chi_iY_i,$$

其中 $\chi_i=(1,(X_i-x),\cdots,(X_i-x)^p)^{\mathrm{T}}$ 是 X_x 的第 i 行.

在上面的最小二乘问题的解中, $m(x)$ 的估计记为 $\hat{m}(x,p,h)=e_1^{\mathrm{T}}\hat{\beta}$, 其中 $e_1=(1,0,\cdots,0)^{\mathrm{T}}$ 为 $(p+1)\times 1$ 维向量.

当 $p=0$ 时，此时，$\chi_i=1$. 因此有

$$\hat{m}(x,0,h)=\frac{\sum_{i=1}^nY_ik\Big(\dfrac{X_i-x}{h}\Big)}{\sum_{i=1}^nk\Big(\dfrac{X_i-x}{h}\Big)}.$$

易见，此时局部多项式估计即为局部常数核估计.

当 $p=1$ 时，局部多项式估计即为局部线性核估计，此时 $\chi_i=(1,(X_i-x))^{\mathrm{T}}$. 经简单计算得到

$$\hat{m}(x,1,h)=\frac{1}{n}\sum_{i=1}^n\frac{\{s_2(x,h)-s_1(x,h)(X_i-x)\}k_h(X_i-x)Y_i}{s_0(x,h)s_2(x,h)-s_1^2(x,h)}.$$

这正是 4.3 节所得出的协变量为一维时的局部线性核估计的表达式.

一个记号: 首先给出一个记号及其定义: $k_p(\cdot)$. 令 $u_l(k)=\int z^lk(z)\mathrm{d}z$, $N_p(u)$ 为 $(p+1)\times(p+1)$ 矩阵，其 (i,j) 项设为 $u_{i+j-2}(k)$, $M_p(u)$ 为 $N_p(u)$ 中第一列元素被 $(1,u,\cdots,u^p)^{\mathrm{T}}$ 取代后的矩阵，则可以验证 $k_p(u)=\dfrac{|M_p(u)|}{|N_p(u)|}k(u)$ 为核函数，且当 p 为奇数时，$k_p(u)$ 为 $p+1$ 阶核函数；当 p 为偶数时，$k_p(u)$ 为 $p+2$ 阶核函数. 实际上，当 p 为偶数时，$k_p(u)=k_{p+1}(u)$.

举例来说，当 $p=2$ 时，$N_p(u)$ 为 3×3 矩阵：

$$\begin{pmatrix} u_0 & u_1 & u_2 \\ u_1 & u_2 & u_3 \\ u_2 & u_3 & u_4 \end{pmatrix} = \begin{pmatrix} u_0 & 0 & u_2 \\ 0 & u_2 & 0 \\ u_2 & 0 & u_4 \end{pmatrix},$$

因此有 $|N_p(u)| = u_2u_4 - u_2^3$. 对 $M_p(u)$ 有

$$M_p(u) = \begin{pmatrix} 1 & 0 & u_2 \\ u & u_2 & 0 \\ u^2 & 0 & u_4 \end{pmatrix},$$

因此有 $|M_p(u)| = u_2u_4 - u^2u_2^2$. 这时有

$$k_p(u) = \frac{u_2u_4 - u^2u_2^2}{u_2u_4 - u_2^3}k(u) = \frac{u_4 - u^2u_2}{u_4 - u_2^2}k(u).$$

容易证明若 $k(u)$ 为二阶核函数，则 $k_p(u)$ 为四阶核函数.

如何选择 p：下面考虑如何选择多项式的阶. 直观来看，如果多项式的阶越高，应该会估计得越准确，但是计算也会很麻烦.

经计算，当 p 为奇数时，p 阶局部多项式估计 $\hat{m}(x,p,h)$ 的条件偏差为

$$E[\hat{m}(x,p,h) - m(x)|X_1, X_2, \cdots, X_n] = \frac{1}{(p+1)!}h^{p+1}m^{(p+1)}(x)u_{p+1}(k_p) + o_p(h^{p+1}).$$

当 p 为偶数时，$\hat{m}(x,p,h)$ 的条件偏差为

$$\begin{aligned} E[\hat{m}(x,p,h) - m(x)|X_1, X_2, \cdots, X_n] \ = \ & h^{p+2}\left\{\frac{m^{(p+1)}(x)f'(x)}{(p+1)!f(x)} + \frac{m^{(p+2)}(x)}{(p+2)!}\right\}u_{p+2}(k_p) \\ & + o_p(h^{p+2}). \end{aligned}$$

上面计算上的差异实际上是好理解的. 当 p 为奇数时，计算偏差时，经计算余项应该包含 $h^{p+1}\int u^{p+1}k(u)\mathrm{d}u$，这里 $\int u^{p+1}k(u)\mathrm{d}u \neq 0$. 当 p 为偶数时，计算偏差时，余项里包含 $h^{p+1}\int u^{p+1}k(u)\mathrm{d}u$ 的项等于 0. 因此当 p 为偶数时，偏差项里对应的带宽为 h^{p+2}.

不管 p 为奇数还是偶数，$\hat{m}(x,p,h)$ 的条件方差为

$$\mathrm{var}[\hat{m}(x,p,h) - m(x)|X_1, X_2, \cdots, X_n] = \frac{\int k_p^2(u)\mathrm{d}u\sigma^2(x)}{nhf(x)} + o_p\left(\frac{1}{nh}\right).$$

显然局部多项式的阶决定 $\hat{m}(x,p,h)$ 的条件偏差. 实际上，使用 p 阶多项式拟合导致的偏差与使用 $2\left(\left[\frac{p}{2}\right]+1\right)$ 阶核函数 $k_p(u)$ 导致的偏差是渐近相等的. 联想到定理 4.3.1 的证明中泰勒展开的应用以及高阶核函数的定义，这也是好理解的.

从上面也可以看到，若 p 越大，$\hat{m}(x,p,h)$ 的条件偏差会变小 (因为带宽的阶数升高). 从表 4.4.1 可以看出以高斯核函数和均匀核函数为例的条件方差的变化规律. 详细的数据可参考文献 (Fan，Gijbel，1996)(第 79 页). 表 4.4.1 以局部常数核估计的条件方差作为基准. 从表中可以发现，总体来说，方差是随着多项式的阶增大而增大. 若 p 为偶数，那么 p 阶局部多项式估计与 $p+1$ 阶局部多项式估计的方差相同，但显然，$p+1$ 阶局部多项式估计的偏差更小，与协变量 X 的密度函数无关. 因此偏向于选择 p 为奇数. 为简单起见，一般选择 p 为 1 或 3. 当选择 p 为奇数时，在边界上的偏差可以自动调整到和内点的偏差的阶一致.

表 4.4.1 $\hat{m}(x,p,h)$ 的渐近方差随局部多项式的阶的变化表

P	高斯核函数	均匀核函数
1	1	1
2	1.6876	2.2500
3	1.6876	2.2500
4	2.2152	3.5156
5	2.2152	3.5156

注：表中数据以局部常数核估计 ($p=0$) 的渐近方差为比较标准.

4.4.2 多元情形

当协变量为多维时，局部多项式估计的记号非常复杂. 这里简略地介绍 X 为 q 维时的局部多项式方法. 首先给出一些记号：$r=(r_1,r_2,\cdots,r_q)^{\mathrm{T}}$, $r!=r_1!r_2!\cdots r_q!$, $x^r=x_1^{r_1}x_2^{r_2}\cdots x_q^{r_q}$, $\mathrm{D}^r m(x)=\dfrac{\partial^r m(x)}{\partial x_1^{r_1}\partial x_2^{r_2}\cdots\partial x_q^{r_q}}$. 考虑到多元函数 $m(x)$ 的泰勒展式：$m(x)\approx\sum_{j=1}^{p}\sum_{r_1+r_2+\cdots+r_q=j}\dfrac{1}{r!}\mathrm{D}^r m(v)|_{v=x_0}(x-x_0)^r$. 构建下面的目标函数：

$$\sum_{i=1}^{n}\left\{Y_i-\sum_{j=1}^{p}\sum_{r_1+r_2+\cdots+r_q=j}b_r(x)(X_i-x)^r\right\}K\left(\frac{X_i-x}{h}\right).$$

求出使得上式达到最小的 $b_r(x)$ 的值，记为 $\hat{b}_r(x)$. 再令 $\mathrm{D}^r m(v)|_{v=x}$ 的估计 $\hat{\mathrm{D}}^r m(v)|_{v=x}=r!\hat{b}_r(x)$. 关于估计的渐近性质以及带宽的选择等，建议参考专著 (Fan，Gijbel，1996).

4.5 变系数模型

4.5.1 模型介绍

传统的参数模型，比如线性模型，具有易于估计和容易解释等很好的性质，从而得到广泛的应用. 但是，这些模型大都忽略了数据中的动态特征. 为了探索动态数据特征使得

模型能够更好地拟合数据，这就需要对传统的参数模型重新考虑了. 当然，完全摒弃传统参数模型也是不明智的. 如果让常参数具有一定特征，比如是某个变量的函数，这时模型即为变系数模型，是一种解决上面问题的合理的考虑. 例如，在探索空气污染对呼吸疾病的影响时，以每日因呼吸疾病的住院人数作为衡量这一影响大小的指标，由专业知识可知空气污染物与气候之间有一定的交互作用，因呼吸疾病住院的人数也与时间有关系. 这样，就可以用到变系数模型.

Hastie 和 Tibshirani(1993) 提出了变系数模型 (varying coefficient model)：

$$Y = \sum_{i=1}^{p} \alpha_i(U)X_i + \sigma(U, X)\varepsilon.$$

其中 Y, U, X 均为随机变量，$X = (X_1, \cdots, X_p)^{\mathrm{T}}$，$\varepsilon$ 为随机误差, 满足 $E(\varepsilon|U, X) = 0$, $\mathrm{var}(\varepsilon|U, X) < \infty$.

变系数模型是由经典的线性回归模型发展而来，它将线性模型中的参数用协变量的函数代替而产生，它具有更好的灵活性和适用性. 变系数回归模型的另一个优点是允许系数关于变量 U 是光滑的. 从统计模型的角度看，上面变系数模型中变量 U 不一定必须是单元变量.

若 $U = (U_1, \cdots, U_p)^{\mathrm{T}}$, $E(\varepsilon|X, U) = 0$，考察下面的变系数模型：

$$Y = \alpha_1(U_1)X_1 + \alpha_2(U_2)X_2 + \cdots + \alpha_p(U_p)X_p + \varepsilon. \tag{4.5.1}$$

实际上模型 (4.5.1) 是一个非常一般的模型，许多模型都可以看作是式 (4.5.1) 的特殊情形：

(1) 当 $\alpha_l(U_l) = \beta_l, l = 1, \cdots, p$, 即所有的系数都是一个常数时，模型 (4.5.1) 为常见的线性模型.

(2) 当 $X_l = 1$，第 l 项为 $\alpha_l(U_l)$, 模型 (4.5.1) 所对应的模型为可加模型.

(3) 当 $\alpha_l(U_l) = \beta_l, l = 1, \cdots, p-1$，$\alpha_l(U_l)$ 为常数，并且 $X_p = 1$, $\alpha_p(U_p) = f(U)$，则模型 (4.5.1) 为 $Y = X^{\mathrm{T}}\beta + f(U) + \varepsilon$，它是部分线性模型.

对于变系数模型，估计 $\alpha(U)$ 的方法有很多，比如局部多项式方法、多项式样条方法等. 下面主要介绍局部常数核估计方法和局部线性核估计方法.

为记号简单且不失一般性，考虑的变系数模型具有如下形式：

$$Y = X^{\mathrm{T}}\alpha(U) + \varepsilon, \tag{4.5.2}$$

其中 Y 为一维响应变量，X 为 p 维协变量，U 为 q 维协变量，$\alpha(U) = (\alpha_1(U), \alpha_2(U), \cdots, \alpha_p(U))^{\mathrm{T}}$, $\alpha_i(U), i = 1, 2, \cdots, p$ 均为光滑函数，ε 为模型误差，满足 $E[\varepsilon|X, U] = 0$.

4.5.2 局部常数核估计方法

将式 (4.5.2) 两边同乘 X，再关于 U 取期望，就有

$$E[XY|U] = E[XX^{\mathrm{T}}|U]\alpha(U).$$

因此有：$\alpha(U) = E^{-1}[XX^{\mathrm{T}}|U]E[XY|U]$. 分别用局部常数核方法估计 $E[XX^{\mathrm{T}}|U=u]$ 和 $E[X\ Y|U=u]$ 得到 $\alpha(u)$ 的估计：

$$\hat{\alpha}_n(u) = \Big[\sum_{i=1}^{n} X_i X_i^{\mathrm{T}} K\Big(\frac{U_i - u}{h}\Big)\Big]^{-1} \sum_{i=1}^{n} X_i Y_i K\Big(\frac{U_i - u}{h}\Big),$$

这里 $K(\cdot)$ 为多元核函数，h 为带宽.

下面给出一些记号：

$E(XX^{\mathrm{T}}|U=u) = \Gamma(u)$, $M(u) = f_u(u)E[XX^{\mathrm{T}}|U=u]$, $B_s(u) = M^{-1}(u)\cdot\{\Gamma(u)f_u(u)\alpha_{ss}(u) + 2\Gamma^s(u)f_u(u)\alpha_s(u) + 2\Gamma(u)f_u^s(u)\alpha_s(u)\}$, $\sigma^2(X,U) = E[\varepsilon^2|X,U]$, $\Omega_u = M^{-1}(u)V_u M^{-1}(u)$. 这里 $f_u^s(u)$ 是 $f_u(u)$ 对第 s 个分量的偏导数，$\alpha_{ss}(u)$ 是 $\alpha(u)$ 对 u_s 的二阶偏导数，$V_u = E\{XX^{\mathrm{T}}\sigma^2(X,U)|U=u\}\kappa_{02}^q f_u(U)$. 首先给出证明定理所需要的一些条件.

A1：$\{Y_i, X_i, U_i\}_{i=1}^n$ 是一个独立同分布的样本.

A2：$E|\varepsilon|^{2+\delta} < \infty$ 对某个 $\delta > 0$ 成立；$M(z)$ 正定.

A3：$\alpha(x)$ 和 $f_u(u)$ 在定义域内点处三阶连续可微.

A4：$K(\cdot)$ 是单元核函数 $k(\cdot)$ 的乘积，$k(\cdot)$ 为偶函数，且满足：

(1) $\int k(u)\mathrm{d}u = 1$;

(2) $\int u^2 k(u)\mathrm{d}u < \infty$;

(3) $\int k^2(u)\mathrm{d}u < \infty$.

A5：当 $n \to \infty$ 时，$nh_1h_2\cdots h_q \to \infty$, $nh_1h_2\cdots h_q \sum_{s=1}^{q} h_s^4 \to 0$, $h_s \to 0$, $s = 1, 2, \cdots, q$.

有下面的结论成立.

定理 4.5.1 假定 A1~A5 成立，对固定的某一点 u，有下面结论成立：

$$\sqrt{nh_1h_2\cdots h_q}\Big\{\hat{\alpha}(u) - \alpha(u) - \frac{\kappa_{21}}{2}\sum_{s=1}^{q} B_s(u)h_s^2\Big\} \xrightarrow{d} N(0, \Omega_u).$$

证明 对任意给定的 u，有

$$\begin{aligned}
&\sqrt{nh_1h_2\cdots h_q}(\hat{\alpha}_n(u) - \alpha(u)) \\
=& \Big[\frac{1}{nh_1h_2\cdots h_q}\sum_{i=1}^{n} X_i X_i^{\mathrm{T}} K\Big(\frac{U_i - u}{h}\Big)\Big]^{-1} \frac{1}{\sqrt{nh_1h_2\cdots h_q}}\sum_{i=1}^{n} X_i\{Y_i - X_i^{\mathrm{T}}\alpha(u)\}K\Big(\frac{U_i - u}{h}\Big)
\end{aligned}$$

$$
\begin{aligned}
&= \Big[\frac{1}{nh_1h_2\cdots h_q}\sum_{i=1}^{n}X_iX_i^{\mathrm{T}}K\Big(\frac{U_i-u}{h}\Big)\Big]^{-1}\frac{1}{\sqrt{nh_1h_2\cdots h_q}}\sum_{i=1}^{n}X_i\{X_i^{\mathrm{T}}\alpha(U_i)-X_i^{\mathrm{T}}\alpha(u)\}K\Big(\frac{U_i-u}{h}\Big)\\
&\quad+\Big[\frac{1}{nh_1h_2\cdots h_q}\sum_{i=1}^{n}X_iX_i^{\mathrm{T}}K\Big(\frac{U_i-u}{h}\Big)\Big]^{-1}\frac{1}{\sqrt{nh_1h_2\cdots h_q}}\sum_{i=1}^{n}X_i\{Y_i-X_i^{\mathrm{T}}\alpha(U_i)\}K\Big(\frac{U_i-u}{h}\Big)\\
&\overset{\mathrm{def}}{=\!=} M_n^{-1}(u)[A_{1n}(u)+A_{2n}(u)],
\end{aligned}
$$

容易验证

$$
M_n(u)=\frac{1}{nh_1h_2\cdots h_q}\sum_{i=1}^{n}X_iX_i^{\mathrm{T}}K\Big(\frac{U_i-u}{h}\Big)=M(u)+o_p(1).
$$

对 $A_{1n}(u)$, 有

$$
\begin{aligned}
A_{1n}(u) &= \frac{1}{\sqrt{nh_1h_2\cdots h_q}}\sum_{i=1}^{n}X_iX_i^{\mathrm{T}}\{\alpha(U_i)-\alpha(u)\}K\Big(\frac{U_i-u}{h}\Big)\\
&= \sqrt{nh_1h_2\cdots h_q}\frac{1}{nh_1h_2\cdots h_q}\sum_{i=1}^{n}X_iX_i^{\mathrm{T}}\{\alpha(U_i)-\alpha(u)\}K\Big(\frac{U_i-u}{h}\Big)\\
&\overset{\mathrm{def}}{=\!=} \sqrt{nh_1h_2\cdots h_q}B_n(u).
\end{aligned}
$$

考虑到 $E(XX^{\mathrm{T}}|U=u)=\Gamma(u)$. 对 $B_n(u)$, 有

$$
\begin{aligned}
E[B_n(u)] &= E\Big\{\frac{1}{nh_1h_2\cdots h_q}\sum_{i=1}^{n}X_iX_i^{\mathrm{T}}[\alpha(U_i)-\alpha(u)]K\Big(\frac{U_i-u}{h}\Big)\Big\}\\
&= \frac{1}{h_1h_2\cdots h_q}E\Big\{XX^{\mathrm{T}}[\alpha(U)-\alpha(u)]K\Big(\frac{U-u}{h}\Big)\Big\}\\
&= \frac{1}{h_1h_2\cdots h_q}E\Big\{E(XX^{\mathrm{T}}|U)[\alpha(U)-\alpha(u)]K\Big(\frac{U-u}{h}\Big)\Big\}\\
&= \frac{1}{h_1h_2\cdots h_q}\int \Gamma(\tilde{u})[\alpha(\tilde{u})-\alpha(u)]K\Big(\frac{\tilde{u}-u}{h}\Big)f_u(\tilde{u})\mathrm{d}\tilde{u}\\
&= \int \Gamma(u+v\odot h)[\alpha(u+v\odot h)-\alpha(u)]K(v)f_u(u+v\odot h)\mathrm{d}v\\
&= \int\Big[\Gamma(u)+\sum_{s=1}^{q}h_sv_s\Gamma^s(u)\Big]\Big[\sum_{s=1}^{q}h_sv_s\alpha_s(u)+\frac{1}{2}\sum_{s=1}^{q}h_s^2v_s^2\alpha_{ss}(u)\Big]K(v)\\
&\quad\cdot\Big[f_u(u)+\sum_{i=1}^{q}h_sv_sf_u^s(u)\Big]\mathrm{d}v+O\Big(\sum_{s=1}^{q}h^4\Big)\\
&= \frac{\kappa_{21}}{2}\sum_{s=1}^{q}h_s^2B_s(u)+O\Big(\sum_{s=1}^{q}h^4\Big).
\end{aligned}
$$

经计算并利用条件 A5 得到 $A_{1n}(u)$ 的方差为 $o_p(1)$. 因此有

$$A_{1n}(u)=\sqrt{nh_1h_2\cdots h_q}\frac{\kappa_{21}}{2}\sum_{s=1}^{q}h_s^2B_s(u)+o_p(1).$$

对 A_{2n}, 有

$$\begin{aligned}A_{2n}(u)&=\frac{1}{\sqrt{nh_1h_2\cdots h_q}}\sum_{i=1}^{n}X_i\{Y_i-X_i^{\mathrm{T}}\alpha(U_i)\}K\Big(\frac{U_i-u}{h}\Big)\\&=\frac{1}{\sqrt{nh_1h_2\cdots h_q}}\sum_{i=1}^{n}X_i\varepsilon_iK\Big(\frac{U_i-u}{h}\Big).\end{aligned}$$

由条件 A1~A3, A5 以及中心极限定理，有

$$A_{2n}(u)=\frac{1}{\sqrt{nh_1h_2\cdots h_q}}\sum_{i=1}^{n}X_i\varepsilon_iK\Big(\frac{U_i-u}{h}\Big)\xrightarrow{d}N(0,V_u).$$

综上，定理得证.

4.5.3 局部线性核估计方法

依照前面的内容知道，局部线性核方法相比局部常数核估计方法具有一些优势，这两种方法渐近方差相等，但是局部线性核方法的偏差更小一些，并且局部线性核方法没有边界效应. 对模型 (4.5.2)，下面介绍估计 $\alpha(u)$ 的局部线性核估计方法.

首先构建目标函数. 在 u 的邻域内，通过对 $\alpha(U_i)$ 的每个分量进行线性近似，可以构建出目标函数：

$$\sum_{i=1}^{n}\Big\{Y_i-\sum_{j=1}^{p}[a_j+b_j(U_i-u)]X_{ij}\Big\}^2K_h(U_i-u),\tag{4.5.3}$$

其中 $K_h(u)=\prod_{s=1}^{q}\dfrac{1}{h_s}k\Big(\dfrac{u_s}{h_s}\Big)$, $k(\cdot)$ 是单元核函数, $h_s,s=1,2,\cdots,q$ 是带宽.

目标函数总共有 $p(q+1)$ 个未知参数 $\{a_j,b_j^{\mathrm{T}}\}_{j=1}^{p}$. 令 $\{\hat{a}_j,\hat{b}_j^{\mathrm{T}}\}_{j=1}^{p}$ 为使上面目标函数达到最小的解，则有 $\hat{a}_j(u)\stackrel{\mathrm{def}}{=}\hat{a}_j,j=1,2,\cdots,p$ 是系数函数 $a_j(u)$, $j=1,2,\cdots,p$ 的估计. 同时，也知道 $\hat{b}_j(u)\stackrel{\mathrm{def}}{=}\hat{b}_j$ 是系数函数 $a_j(u)$ 偏导数向量的估计，这里 $j=1,2,\cdots,p$.

下面给出 $\{\hat{a}_j,\hat{b}_j^{\mathrm{T}}\}$ 的显式表达式. 令 $e_{j,p(q+1)}$ 表示 $p(q+1)\times1$ 向量，其中第 j 个分量为 1, 其他为 0. 令 $\tilde{X}$ 表示 $n\times p(q+1)$ 矩阵, 其中第 i 行为 $\tilde{X}_i=(X_{i1},X_{i2},\cdots,X_{ip},X_{i1}(U_i-u)^{\mathrm{T}},$ $X_{i2}(U_i-u)^{\mathrm{T}},\cdots,X_{ip}(U_i-u)^{\mathrm{T}})^{\mathrm{T}}$. 令 $w_u=\mathrm{diag}\Big(k\Big(\dfrac{U_1-u}{h}\Big),k\Big(\dfrac{U_2-u}{h}\Big),\cdots,k\Big(\dfrac{U_n-u}{h}\Big)\Big),$

$Y=(Y_1,Y_2,\cdots,Y_n)^{\mathrm{T}}$，则式 (4.5.3) 可以写成：

$$(Y-\tilde{X}\theta)^{\mathrm{T}}W_u(Y-\tilde{X}\theta),$$

其中 $\theta=(a_1,a_2,\cdots,a_p,b_1^{\mathrm{T}},b_2^{\mathrm{T}},\cdots,b_p^{\mathrm{T}})^{\mathrm{T}}$. 容易算得 θ 的估计为

$$\hat{\theta}_n=(\tilde{X}^{\mathrm{T}}W_u\tilde{X})^{-1}\tilde{X}^{\mathrm{T}}W_uY.$$

对 $\alpha(u)=(a_1(u),a_2(u),\cdots,a_p(u))^{\mathrm{T}}$，其估计记为 $\hat{a}_n(u)=(\hat{a}_{1n}(u),\hat{a}_{2n}(u),\cdots,\hat{a}_{pn}(u))^{\mathrm{T}}$.

为记号简单起见，假定 U 为一维随机变量，有下面的渐近正态性.

定理 4.5.2　假定 A1～A5 成立，对固定的某一点 u，有下面结论成立：

$$\sqrt{nh}\{\hat{\alpha}(u)-\alpha(u)-\frac{\kappa_{21}}{2}\alpha''(u)h^2\}\xrightarrow{d}N(0,\varPhi_u),\ \sigma=1,2,\cdots,p,$$

这里 $\varPhi_u=Q^{-1}(u)Q_u^*Q^{-1}(u)$, $Q(u)=E(XX^{\mathrm{T}}|U=u)$, $Q^*(u)=E(XX^{\mathrm{T}}\sigma^2(X,U)|U=u)$, $\sigma^2(X,U)=E(\varepsilon^2|X,U)$, $\alpha''(u)$ 是 $\alpha(u)$ 的二阶导数.

定理的证明可参考文献 (Cai，Fan，Yao，2000) 中定理 2 的证明.

4.6　条件分布函数的估计

作为前面所讲的局部估计方法的一个应用，下面考虑条件分布函数的估计. 用 $F(y|x)$ 表示给定 $X=x$ 时 Y 的条件分布函数，$\mu(x)$ 表示 X 的边际密度函数. 假设 X 是 q 维随机向量，Y 为一维随机变量.

4.6.1　一个直接的估计方法

注意到 $F(y|x)=E[I(Y\leqslant y)|X=x)]$ 是给定 $X=x$ 时 $I(Y\leqslant y)$ 的条件期望. 这时可以把 $I(Y\leqslant y)$ 当做新的响应变量. 因此，可以直接使用条件期望 (回归) 函数的估计得到 $F(y|x)$ 的估计. 下面给出 $F(y|x)$ 的估计：

$$\tilde{F}(y|x)=\frac{n^{-1}\sum_{i=1}^{n}1(Y_i\leqslant y)K_h(X_i-x)}{\hat{\mu}(x)},$$

其中 $\hat{\mu}(x)=n^{-1}\sum_{i=1}^{n}K_h(X_i-x)$ 是 $\mu(x)$ 的核估计，$K_h(X_i-x)=\prod_{s=1}^{q}h_s^{-1}\ k((X_{is}-x_s)/h_s)$，$k(\cdot)$ 是单元核函数.

给出下面的条件：

A1：$\mu(x)$ 和 $F(y|x)$ 关于 x 有连续的二阶偏导数，$k(\cdot)$ 是对称有界的、有紧支撑的密度函数；

A2：当 $n\to\infty$ 时，$nh_1h_2\cdots h_q\to\infty$，且 $h_s\to 0$ 对所有的 $s=1,2,\cdots,q$ 成立.

定理 4.6.1 若条件 A1 和 A2 成立，假设 $\mu(x)>0$，$F(y|x)>0$，若 $(nh_1\cdots h_q)^{1/2}\cdot\sum_{s=1}^q h_s^4=o(1)$，那么

$$(nh_1\cdots h_q)^{1/2}\Big[\tilde{F}(y|x)-F(y|x)-\sum_{s=1}^q h_s^2B_s(y,x)\Big]\xrightarrow{d}N(0,\Sigma_{y|x}),$$

其中 $B_s(y,x)=(1/2)\kappa_{21}[F_{ss}(y|x)+2\mu_s(x)F_s(y|x)/\mu(x)]$, $\Sigma_{y|x}=\kappa_{02}^qF(y|x)[1-F(y|x)]/\mu(x)$.

证明的细节可参考文献 (Li，Racine，2007).

上面定理说明条件分布函数的估计的均方误差为

$$\text{MSE}[\tilde{F}(y|x)]=\Big[\sum_{s=1}^q h_s^2B_s(y,x)\Big]^2+\frac{\Sigma_{y|x}}{nh_1\cdots h_q}+o\Big(\sum_{s=1}^q h_s^4\Big)+o\Big(\frac{1}{nh_1\cdots h_q}\Big).$$

下面考虑带宽的选择. 显然条件分布函数的估计可看做是回归估计的一个特例. 因此对上面采用的局部常数方法，带宽的选择是很重要的.

首先考虑最优带宽的选取. 最优带宽 $h_{10},\cdots,h_{q0}$ 为使下面的加权积分均方误差：$\int\text{MSE}[\tilde{F}(y|x)]w(y,x)\mathrm{d}x\mathrm{d}y$ 达到最小的带宽，其中 $w(y,x)$ 是非负权函数. 从上面均方误差的表达式可以看出最优带宽为 $h_s\sim n^{-1/(4+q)},s=1,2,\cdots,q$. 然而，最优带宽的显式表达式很难求得，使用 plug-in 方法计算 h_s 也会非常困难. 一个推荐使用的方案为:

第一步：按照估计条件密度函数时提出的最小二乘交叉验证方法选择带宽. 注意到估计条件密度函数时，最优带宽为 $h_0\sim h_s\sim n^{-1/(5+q)}$，$s=1,2,\cdots,q$.

第二步：将第一步中得出的带宽乘以因子 $n^{-1/(5+q)(4+q)}$ 可以得到估计条件分布函数的带宽.

4.6.2 另一个估计方法

注意到 $E\Big[G\Big(\frac{y-Y}{h}\Big)\Big|X\Big]=F(y|x)+O(h^2)$，这里 $G(\cdot)$ 是某个累积分布函数，比如正态分布的累积分布函数. 因此可以给出 $F(y|x)$ 的另一个估计：

$$\hat{F}(y|x)=\frac{n^{-1}\sum_{i=1}^n G\Big(\frac{y-Y_i}{h}\Big)K_h(X_i-x)}{\hat{\mu}(x)},$$

其中 $\hat{\mu}(x)=n^{-1}\sum_{i=1}^n K_h(X_i-x)$ 是 $\mu(x)$ 的核估计，$K_h(X_i-x)=\prod_{s=1}^q h_s^{-1}\ k((X_{is}-x_s)/h_s)$，$k(\cdot)$ 是单元核函数.

可以证明 $\hat{F}(y|x)$ 与前面所提估计 $\tilde{F}(y|x)$ 具有相同的渐近分布. 详细证明可参考文献 (Li，Racine，2007) 的定理 6.2 的证明.

4.7　非参数分位回归模型

4.7.1　背景

传统的回归分析描述了因变量的条件均值受到协变量的影响过程. 第 2 章已经讨论过，$E(Y|X)$ 是给定 X 时 Y 的最佳平均二次预测. 估计回归函数的经典方法是最小二乘方法. 当模型误差项均值为零，同方差并且方差服从正态分布时，最小二乘方法所得的估计是有效的. 但是当数据出现尖锋、后尾或存在显著的异方差的情况时，最小二乘方法将不再具有比较好的性质，并且稳健性比较差. 为了克服最小二乘方法的缺陷，Koenker 和 Bassett(1978) 提出了分位回归. 它依据因变量的条件分位数对自变量进行回归. 分位回归能够更加精确地描述协变量对因变量的变化范围以及形状的影响，比如分位回归能够捕捉到分布函数的尾部特征. 分位回归的另一个优点是其稳健性：分位回归对异常值不敏感.

分位回归采用使得 check 函数达到最小的方法估计参数，其优点体现在以下几方面：首先，它对模型中的随机扰动项不需做任何分布的假定，这样整个回归模型就具有较强的稳健性；第二，分位回归由于是对所有分位数进行回归，因此对于数据中出现的异常点具有耐抗性；第三，不同于普通的最小二乘回归，分位数回归对于因变量具有单调变换性.

4.7.2　分位函数和 check 函数

定义 4.7.1　设随机变量 Y 的分布函数为 $F(y)=P(Y\leqslant y)$，则 Y 的 τ 分位数定义为 $Q_\tau=\inf\{y:F(y)\geqslant\tau\}$，其中，中位数可以表示为 $Q_{1/2}$.

定义 4.7.2　设给定 $X=x$ 时随机变量 Y 的条件分布函数为 $F(y|X=x)$，则给定 $X=x$ 时 Y 的 τ 分位函数定义为 $Q_\tau(x)=\inf\{y:F(y|x)\geqslant\tau\}$.

分位回归的特殊情况就是中位回归 (最小一乘回归)，此时 $\tau=0.5$. 不同于前面所述的均值回归函数，中位回归考察协变量对响应变量的中位数的影响.

注意有时中位数更能反映问题的本质. 比如考察某个地区的居民的收入时，那么收入的均值 (期望) 并不能很好地刻画当地居民的收入水平. 因为可能出现这种情况，部分超高收入的个体使得该地区的收入的均值很高，但可能仍然存在大部分人的收入很低. 而如果用中位回归考察收入水平，则表明在给定协变量时，一半人的收入高于此值，一半人的收入水平低于这个值.

考虑分位回归时，从决策理论的角度考虑，所用的损失函数已不再是均值回归时所用的平方损失函数，而是采用一个叫做 check 函数的损失函数：$\rho_\tau(z)=z(\tau-I(z\leqslant 0))$，这里 τ 是分位数. 如果考察中位回归，则选择 $\tau=0.5$.

有文献把 check 函数翻译成检查函数，实际上也可把 check 函数理解成勾函数，因为其函数图像正如同一个“勾”，如图 4.7.1 所示.

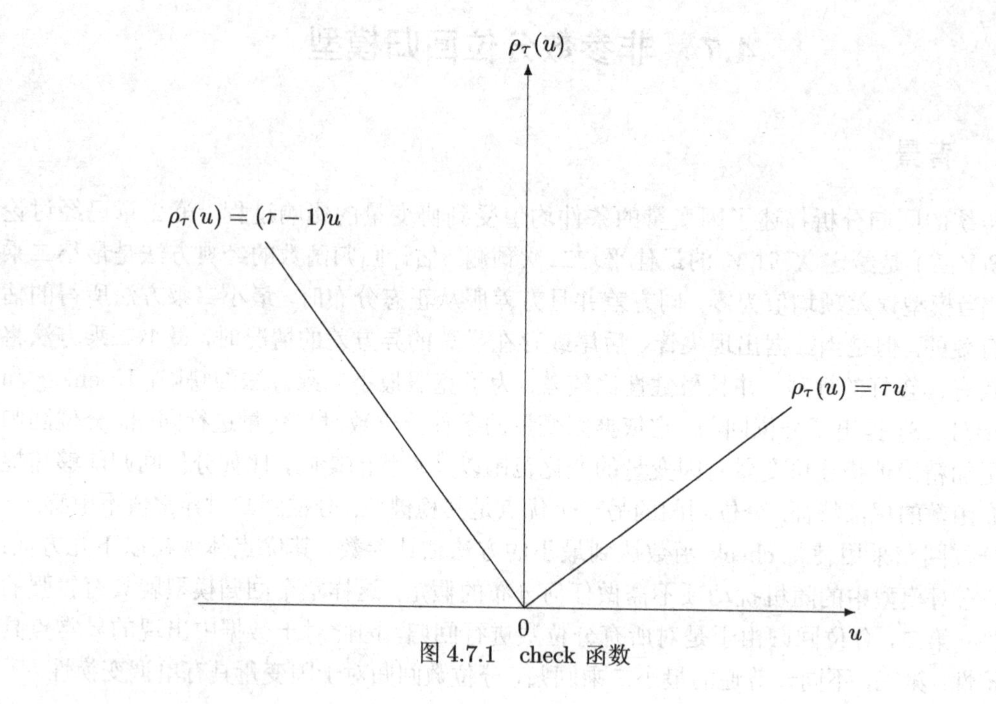

图 4.7.1 check 函数

给定 $X=x$ 时 Y 的 τ 分位数可以定义为

$$q_\tau(x)=\underset{q(\cdot)}{\operatorname{argmin}}\,E[\rho_\tau(Y-q(X))|X=x].$$

之所以可以这样定义的原因是：

$$\begin{aligned}\rho_\tau(Y-q(X))&=(Y-q(X))(\tau-I(Y\leqslant q(X))\\&=\begin{cases}(\tau-1)(Y-q(X)), & \text{如果 } Y\leqslant q(X),\\ \tau(Y-q(X)), & \text{其他,}\end{cases}\end{aligned}$$

故

$$\frac{\partial\rho_\tau(Y-q(X))}{\partial q(X)}=\begin{cases}1-\tau, & \text{如果 } Y\leqslant q(X),\\ -\tau, & \text{其他,}\end{cases}$$

也即

$$\begin{aligned}\frac{\partial\rho_\tau(Y-q(X))}{\partial q(X)}&=(1-\tau)I(Y\leqslant q(X))-\tau I(Y>q(X))\\&=I(Y\leqslant q(X))-\tau.\end{aligned}$$

对 $E[\rho_\tau(Y-q(X))|X]$ 求导并令其为 0，可得 $P(Y\leqslant q(X)|X)=\tau$. 显然，满足上面关系的 $q(X)$ 正是 Y 关于 X 的 τ 分位回归函数.

根据条件分位函数的形式，分位回归大致可以分为参数分位回归模型、非参数分位回归模型和半参数分位回归模型.

4.7.3　局部线性分位回归方法

假设 X 是 p 维随机向量，Y 为一维随机变量. 鉴于局部线性核方法的优良性，这里考虑局部线性分位回归方法. 通过在邻域内将分位回归函数 $q(X)$ 做线性近似，可得局部线性分位回归估计：

$$\{\hat{\beta}_0, \hat{\beta}_1^{\mathrm{T}}\} = \underset{\beta_0,\beta_1}{\operatorname{argmin}} \frac{1}{n}\sum_{i=1}^{n} \rho_\tau\big(Y_i - \beta_0 - \beta_1^{\mathrm{T}}(X_i - x)\big)K_h(X_i - x), \tag{4.7.1}$$

这里 $K_h(x) = \prod_{s=1}^{p} h_s^{-1}\, k(x_s/h_s)$，$k(\cdot)$ 是核函数，h_s 是带宽. 易见上式求得的 $\hat{\beta}_0$ 可做分位函数 q_τ 的估计，$\hat{\beta}_1$ 可做分位函数 q_τ 的导数的估计.

注意到式 (4.7.1) 中的目标函数是一个非线性的形式，没有显式解，一般来说，需要借助数值优化的方法来求解. 幸运的是，运用一些变换，可用参数分位回归的方法求解上面的非参数分位回归问题. 注意到：

$$\begin{aligned}
&\rho_\tau\big(Y_i - \beta_0 - \beta_1'(X_i - x)\big)K_h(X_i - x)\\
&= K_h(X_i - x)[Y_i - \beta_0 - \beta_1'(X_i - x)]\{\tau - I[Y_i - \beta_0 - \beta_1'(X_i - x) \leqslant 0]\}\\
&= (\tilde{Y}_i - \tilde{\beta}'\tilde{X}_i)[\tau - I(\tilde{Y}_i - \tilde{\beta}'\tilde{X}_i \leqslant 0)],
\end{aligned} \tag{4.7.2}$$

其中：$\tilde{Y}_i = Y_i K_h(X_i - x), \tilde{\beta} = (\beta_0, \beta_1^{\mathrm{T}})^{\mathrm{T}}, \tilde{X}_i' = [K_h(X_i - x), (X_i - x)'K_h(X_i - x)]$. 上式用到若 $c > 0$，则 $I(Z \leqslant 0) = I(cZ \leqslant 0)$.

因此对给定的 x，求解式 (4.7.1) 的局部线性估计可以通过求解下面的参数分位回归来求得：

$$\{\hat{\beta}_0, \hat{\beta}_1^{\mathrm{T}}\} = \underset{\beta_0,\beta_1}{\operatorname{argmin}} \frac{1}{n}\sum_{i=1}^{n}(\tilde{Y}_i - \tilde{\beta}^{\mathrm{T}}\tilde{X}_i)\left[\tau - I(\tilde{Y}_i - \beta^{\mathrm{T}}\tilde{X}_i \leqslant 0)\right].$$

4.7.4　参数分位回归方法简介

下面对参数分位回归方法做一个简单的介绍. 参数分位回归方法求解下面的问题：

$$\underset{\theta}{\operatorname{argmin}} \frac{1}{n}\sum_{i=1}^{n}(Y_i - m(X_i, \theta))(\tau - I(Y_i \leqslant m(X_i, \theta))).$$

注意到

$$(Y_i - m(X_i,\theta))(\tau - I(Y_i \leqslant m(X_i,\theta))) = \begin{cases} (Y_i - m(X_i,\theta))(\tau - 1), & Y_i \leqslant m(X_i,\theta), \\ (Y_i - m(X_i,\theta))\tau, & Y_i > m(X_i,\theta), \end{cases}$$

对上式关于 θ 求导，可得：当 $Y_i < m(X_i,\theta)$ 时，

$$\frac{\partial(Y_i - m(X_i,\theta))(\tau - I(Y_i \leqslant m(X_i,\theta)))}{\partial\theta} = (1-\tau)\frac{\partial m(X_i,\theta)}{\partial\theta},$$

当 $Y_i > m(X_i,\theta)$ 时，

$$\frac{\partial(Y_i - m(X_i,\theta))(\tau - I(Y_i \leqslant m(X_i,\theta)))}{\partial\theta} = -\tau\frac{\partial m(X_i,\theta)}{\partial\theta}.$$

经过整理，有下式成立

$$\begin{aligned} &\frac{\partial(Y_i - m(X_i,\theta))(\tau - I(Y_i - m(X_i,\theta)))}{\partial\theta} \\ &= (1-\tau)\frac{\partial m(X_i,\theta)}{\partial\theta}I(Y_i \leqslant m(X_i,\theta)) - \tau\frac{\partial m(X_i,\theta)}{\partial\theta}I(Y_i > m(X_i,\theta)) \\ &= \frac{\partial m(X_i,\theta)}{\partial\theta}[(1-\tau)I(Y_i \leqslant m(X_i,\theta)) - \tau I(Y_i > m(X_i,\theta))] \\ &= \frac{\partial m(X_i,\theta)}{\partial\theta}[I(Y_i \leqslant m(X_i,\theta)) - \tau]. \end{aligned} \tag{4.7.3}$$

即求解

$$\frac{1}{n}\sum_{i=1}^{n}\frac{\partial m(X_i,\theta)}{\partial\theta}[I(Y_i \leqslant m(X_i,\theta)) - \tau] = 0, \tag{4.7.4}$$

这实际上是一种广义矩方法.

4.7.5 两种其他的非参数分位回归方法

下面我们给出两种其他的非参数分位回归方法，这两种方法的思想都是利用条件分布函数的估计和分位回归函数的原始定义.

方法一：加权 Nadaraya-Watson(WNW) 估计

设 $F_{y|x}(y|x)$ 是给定 $X=x$ 时 Y 的条件分布函数. 可以提出 $F_{y|x}(y|x)$ 的估计如下：

$$\hat{F}_{\mathrm{WNW}}(y|x) = \frac{\sum_{i=1}^{n} p_i(x)K_h(X_i - x)I(Y_i \leqslant y)}{\sum_{i=1}^{n} p_i(x)K_h(X_i - x)},$$

其中 $K(\cdot)$ 为核函数，h 为带宽.

$p_i(x)$ 是权函数，可以选择 $p_i(x), 1 \leqslant i \leqslant n$ 使

$$\max_{p_i(x)} = \sum_{i=1}^{n} \log\{p_i(x)\},$$

其中 $p_i(x)$ 满足 $\sum_{i=1}^{n} p_i(x) = 1, \sum_{i=1}^{n} p_i(x)(X_i - x)K_h(X_i - x) = 0.$

这样就可以得到 $q_\tau(x)$ 的估计

$$\hat{q}_\tau^{\mathrm{WNW}}(x) \equiv \inf\{y \in \mathbb{R} : \hat{F}_{\mathrm{WNW}}(y|x) \geqslant \tau\}.$$

方法二：局部线性估计

若 $l(\cdot)$ 为对称密度函数，$L(\cdot)$ 为其相应的分布函数，则可以计算得到，当 $h \to 0$ 时，

$$E\left[L\left(\frac{y-Y}{h}\right)\middle|X = x\right] \to F(y|x).$$

因此可以用光滑局部线性估计的方法来估计条件分布函数. 首先求解

$$(\hat{\beta}_0, \hat{\beta}_1^{\mathrm{T}}) = \underset{\beta}{\operatorname{argmin}} \sum_{i=1}^{n} \left[L\left(\frac{y-Y_i}{h}\right) - \beta_0 - \beta_1^{\mathrm{T}}(X_i - x)\right]^2 K_h(X_i - x),$$

其中 $\beta = (\beta_0, \beta_1^{\mathrm{T}})^{\mathrm{T}}$, h 是带宽，$K(\cdot)$ 是核函数. 令 $\hat{F}^{LL}(y|x) \overset{\mathrm{def}}{=\!=} \hat{\beta}_0$. 显然，$\hat{F}^{LL}(y|x)$ 是条件分布函数的估计. 因此 $q_\tau(x)$ 的局部线性估计可定义为

$$\hat{q}_\tau^{LL}(x) = \inf\{y \in \mathbb{R} : \hat{F}^{LL}(y|x) \geqslant \tau\}.$$

4.8　与非参数回归模型有关的几个检验问题

这一节考虑两个与非参数回归有关的检验问题：参数回归模型的检验和模型中有些变量是否可以去掉的检验.

4.8.1　参数回归模型的检验

前面已经提到，当参数模型的假定是正确的，那么就应该采用参数模型，用最小二乘方法或者加权最小二乘方法给出模型中参数的估计，进而给出模型的估计. 但是如果参数模型的假定错误，而采用参数模型进行统计推断就会导致错误的统计分析结果. 因此有必要进行模型检验程序对候选的参数模型进行检验. 这里给出两种模型检验程序.

检验候选参数模型是否可以接受，也即检验下面的假设：

$$H_0: \text{存在 } \theta_0 \in \Theta \text{ 使得 } P(E(Y|X) = m(X;\theta_0)) = 1, \tag{4.8.1}$$

其中 $m(X,\theta)$ 是已知函数，X 是 $q\times 1$ 维协变量，θ 是 $p\times 1$ 维未知参数，Θ 是参数空间. 相应的对立假设为

$$H_1:\text{对任意 } \theta\in\Theta\subseteq\mathbb{R}^p,\quad P(E(Y|X)=m(X;\theta))<1. \tag{4.8.2}$$

1. Li 和 Wang(1998) 检验参数模型的方法

若令 $U=Y-m(X,\theta_0)$，则零假设 (4.8.1) 等价于

$$P(E(U|X=x)=0)=1.$$

注意到，若 $E(U|X=x)=0$ 成立，等价于有 $E(UE(U|X)f(X))=0$，这里 $f(x)$ 是 X 的概率密度函数. 上式中引入密度函数加权是为了避免在分母中出现随机项. 这样处理使得对于构建的检验方法，检验统计量容易计算，并且其渐近性质更加易于证明.

下面基于式 $E(UE(U|X)f(X))$ 构造检验统计量. 首先考虑用

$$\frac{1}{n}\sum_{i=1}^{n}U_iE(U_i|X_i)f(X_i)$$

来估计 $E(UE(U|X)f(X))$. 因为 $U_i,f(X_i),E(U_i|X_i)$ 未知，下面来估计它们. U_i 可由 $\hat{U}_i=Y_i-m(U_i;\hat{\theta})$ 来估计，其中 $\hat{\theta}$ 是零假设模型下 θ 的 $\sqrt{n}$ 相合的估计. 又因为 $E(U_i|X_i)f(X_i)=E(U_if(X_i)|X_i)$, 可定义 $E(U_if(X_i)|X_i)$ 的估计为

$$\frac{1}{n-1}\sum_{j=1,j\neq i}^{n}\hat{U}_j\prod_{s=1}^{q}\frac{1}{h_s}k\Big(\frac{X_{is}-X_{js}}{h_s}\Big),$$

$k(\cdot)$ 是单元核函数，$h_s,s=1,2,\cdots,q$ 是带宽. 显然这里采用了删一的估计. 最后的检验统计量是基于下式来构建的：

$$I_n=\frac{1}{n}\sum_{i=1}^{n}\hat{U}_i\Big\{\frac{1}{n-1}\sum_{j=1,j\neq i}^{n}\hat{U}_jK_{h,ij}\Big\}=\frac{1}{n(n-1)}\sum_{i=1}^{n}\sum_{j=1,j\neq i}^{n}\hat{U}_i\hat{U}_jK_{h,ij},$$

这里 $K_{h,ij}=\prod_{s=1}^{q}\frac{1}{h_s}k\Big(\frac{X_{is}-X_{js}}{h_s}\Big)$.

对 I_n，有下面的渐近正态性.

定理 4.8.1 在某些正则条件下，若 H_0 成立，则有

$$T_n=\frac{n(h_1\cdots h_p)^{\frac{1}{2}}I_n}{\hat{\sigma}}\xrightarrow{d}N(0,1),$$

其中 $\hat{\sigma}^2=\frac{2h_1\cdots h_q}{n^2}\sum_{i=1}^{n}\sum_{j=1,j\neq i}^{n}\hat{U}_i^2\hat{U}_j^2K_{h,ij}^2$.

若 $T_n > Z_{1-\alpha}$，其中 $Z_{1-\alpha}$ 为标准正态分布的 $1-\alpha$ 分位点，则拒绝 H_0.

下面给出上面方法的 Bootstrap 实现. 首先将 $\{\hat{U}_i\}_{i=1}^n$ 中心化，即计算 $\hat{U}_i - \frac{1}{n}\sum_{i=1}^n \hat{U}_i$，令 $\{\hat{U}_i\}_{i=1}^n$ 仍然表示中心化以后的 $\{\hat{U}_i\}_{i=1}^n$. 具体检验程序如下：

第一步：首先抽取 n 个独立于 $\{X_i, Y_i\}$ 且满足 $E(V_i)=0, EV_i^2 = EV_i^3 = 1$ 的随机变量：$\{V_i\}_{i=1}^n$，例如可以抽取 $\{V_i\}_{i=1}^n$ 服从如下两点分布：取值 $\frac{1 \mp \sqrt{5}}{2}$ 的概率为 $\frac{5 \pm \sqrt{5}}{10}$；

第二步：令 $U_i^* = \hat{U}_i V_i, i=1,2,\cdots,n$;

第三步：计算 $Y_i^* = m(X_i;\hat{\theta}) + U_i^*, i=1,2,\cdots,n$. 基于 $\{X_i, Y_i^*\}_{i=1}^n$ 得出 θ 的估计，记为 $\hat{\theta}_n^*$，即 $\underset{\theta}{\operatorname{argmin}} \frac{1}{n}\sum_{i=1}^n (Y_i^* - m(X_i;\theta))^2$ 的解为 $\hat{\theta}_n^*$；

进一步计算 Bootstrap 残差：$\hat{U}_i^* = Y_i^* - m(X_i;\hat{\theta}_n^*)$；

第四步：利用 $\{X_i, \hat{U}_i^*\}_{i=1}^n$ 计算检验统计量 $T_n^* = n(h_1,\cdots,h_q)^{\frac{1}{2}} I_n^*/\hat{\sigma}^*$ 的值，其中 I_n^* 和 $\hat{\sigma}^*$ 是用 $\hat{U}_i^*$ 取代 U_i 之后计算 I_n 和 σ_n 得到；

第五步：重复第一步到第四步 B 次，得到 T_n^* 的 B 个值，记为 $\{T_j^*\}_{j=1}^B$.

记 T 为根据样本数据算得的检验统计量的值. 若 $T > T^*(\alpha B)$，则拒绝 H_0，其中 $T^*(\alpha B)$ 为 $\{T_j^*\}_{j=1}^B$ 的上 α 分位点，或者 $P^* = \frac{1}{B}\sum_{j=1}^B I(T \leqslant T_j^*)$ 小于 α 时拒绝 H_0.

2. Härdle 和 Mammen(1993) 检验参数模型的方法

Härdle 和 Mammen(1993) 也提出了检验参数模型的方法，他们的方法受到广泛的关注，这里也对其进行介绍.

注意到对回归模型 $m(x) = E(Y|X=x)$，原假设 $E(Y|X) = m(X,\theta_0)$ 成立，也即 $m(X) = m(X,\theta_0)$ 成立. 考察 $I_n = \int [\hat{m}(x) - m(x;\hat{\theta})]^2 w(x)\mathrm{d}x$，其中 $w(x)$ 是权函数，$\hat{\theta}$ 是 θ 的 $\sqrt{n}$ 相合估计. 可以选择 $w(x) = f^2(x)$，并且采用 $f(x)$ 的核估计 $\hat{f}(x) = \frac{1}{n}\sum_{i=1}^n K_h(X_i - x)$ 来代替 $f(x)$. 记号 $K_h(\cdot)$ 的意义和前面所述一样，$K_h(x) = \prod_{s=1}^q \frac{1}{h_s} k\left(\frac{x_{is}}{h_s}\right)$.

因为 $I_n = \displaystyle\int [\hat{m}(x) - m(x;\hat{\theta})]^2 w(x)\mathrm{d}x$ 不能直接求得，先对其进行拆分：

$$
\begin{aligned}
I_n &= \int [\hat{m}(x) - m(x;\theta)]^2 \hat{f}^2(x)\mathrm{d}x \\
&= \int \left[\frac{\sum_{i=1}^n Y_i K_h(X_i - x)}{\sum_{i=1}^n K_h(X_i - x)} - m(x;\hat{\theta})\right] \frac{1}{n}\sum_{i=1}^n K_h(X_i - x) \left[\frac{\sum_{j=1}^n Y_j K_h(X_j - x)}{\sum_{j=1}^n K_h(X_j - x)} - m(x;\hat{\theta})\right] \\
&\quad * \frac{1}{n}\sum_{j=1}^n K_h(X_j - x)\mathrm{d}x \\
&= \frac{1}{n^2}\int \left[\sum_{i=1}^n [Y_i - m(x;\hat{\theta})] K_h(X_i - x)\right] \left[\sum_{j=1}^n [Y_j - m(x;\hat{\theta})] K_h(X_j - x)\right] \mathrm{d}x
\end{aligned}
$$

$$
\begin{aligned}
&= \frac{1}{n^2}\sum_{i=1}^{n}\sum_{j=1}^{n}\int [Y_i - m(x;\hat{\theta})][Y_j - m(x;\hat{\theta})]K_h(X_i - x)K_h(X_j - x)\mathrm{d}x \\
&= \frac{1}{n^2}\sum_{i=1}^{n}\sum_{j=1}^{n}\int [Y_i - m(X_i;\hat{\theta})][Y_j - m(X_j;\hat{\theta})]K_h(X_i - x)K_h(X_i - x)\mathrm{d}x \\
&\quad + \frac{1}{n^2}\sum_{i=1}^{n}\sum_{j=1}^{n}\int [m(X_i,\hat{\theta}) - m(x;\hat{\theta})][Y_j - m(X_j;\hat{\theta})]K_h(X_i - x)K_h(X_j - x)\mathrm{d}x \\
&\quad + \frac{1}{n^2}\sum_{i=1}^{n}\sum_{j=1}^{n}\int [Y_i - m(X_i;\hat{\theta})][m(X_j,\hat{\theta}) - m(x;\hat{\theta})]K_h(X_i - x)K_h(X_j - x)\mathrm{d}x \\
&\quad + \frac{1}{n^2}\sum_{i=1}^{n}\sum_{j=1}^{n}\int [m(X_i,\hat{\theta}) - m(x;\hat{\theta})][m(X_j,\hat{\theta}) - m(x;\hat{\theta})]K_h(X_i - x)K_h(X_j - x)\mathrm{d}x \\
&\overset{\text{def}}{=} I_{n_1} + I_{n_2} + I_{n_3} + I_{n_4},
\end{aligned}
$$

对 I_{n_1}，有

$$
\begin{aligned}
I_{n_1} &= \frac{1}{n^2 h_1^2 \cdots h_p^2}\sum_{i=1}^{n}\sum_{j=1}^{n}[Y_i - m(X_i;\hat{\theta})][Y_j - m(X_j;\hat{\theta}))]\int K\Big(\frac{X_i - x}{h}\Big)K\Big(\frac{X_j - x}{h}\Big)\mathrm{d}x \\
&= \frac{1}{n^2 h_1 \cdots h_p}\sum_{i=1}^{n}\sum_{j=1}^{n}[Y_i - m(X_i;\hat{\theta})][Y_j - m(X_j;\hat{\theta})]\int K(u)K\Big(\frac{X_j - X_i}{h} - u\Big)\mathrm{d}u \\
&= \frac{1}{n^2 h_1 \cdots h_p}\sum_{i=1}^{n}\sum_{j=1}^{n}[Y_i - m(X_i;\hat{\theta})][Y_j - m(X_j;\hat{\theta})]\overline{K}\Big(\frac{X_i - X_j}{h}\Big),
\end{aligned}
$$

其中 $\overline{K}(v) = \int K(u)K(v-u)\mathrm{d}u, \overline{K}\Big(\frac{X_i - X_j}{h}\Big) = \prod_{s=1}^{q} h_s^{-1}\overline{k}\Big(\frac{X_{is} - X_{js}}{h_s}\Big)$.

接下来考察 I_{n_2}:

$$
\begin{aligned}
I_{n_2} &= \frac{1}{n^2}\sum_{i=1}^{n}\sum_{j=1}^{n}\int \Big[-\frac{\partial m(x,\hat{\theta})}{\partial x}\Big|_{x=X_i}(x - X_i)\Big](Y_j - m(X_j,\hat{\theta})) \\
&\quad \times K_h(X_i - x)K_h(X_j - x)\mathrm{d}x + \text{余项} \\
&= \frac{1}{n^2}\sum_{i=1}^{n}\sum_{j=1}^{n}[Y_j - m(X_j,\hat{\theta})]\frac{\partial m(x,\hat{\theta})}{\partial x}\Big|_{x=X_i}\int (x - X_i)K_h(X_i - x)K_h(X_j - x)\mathrm{d}x \\
&\quad + \text{余项} \\
&= \frac{1}{n^2 h_1 \cdots h_p}\sum_{i=1}^{n}\sum_{j=1}^{n}[Y_j - m(X_j,\hat{\theta})]\frac{\partial m(x,\hat{\theta})}{\partial x}\Big|_{x=X_i}\int uK(u)K\Big(\frac{X_i - x}{h} - u\Big)\mathrm{d}u \\
&\quad + \text{余项}.
\end{aligned}
$$

显然 I_{n_2} 相比 I_{n_1}，更快地收敛到 0. 类似可证 I_{n_3}, I_{n_4} 亦如此，因此忽略 $I_{n_2}, I_{n_3}, I_{n_4}$. 只取主项 I_{n_1} 来构建检验统计量.

令 $\hat{I}_n = \dfrac{1}{n^2 h_1 \cdots h_p} \sum_{i=1}^n \sum_{j=1}^n (Y_i - m(X_i;\hat{\theta}))(Y_j - m(X_j;\hat{\theta}))\overline{K}\left(\dfrac{x_i - x_j}{h}\right)$. 有下面的定理成立.

定理 4.8.2 在某些正则条件下，若 H_0 成立，则有

$$T_n = \frac{n(h_1 \cdots h_q)^{\frac{1}{2}}[I_n - C(n)]}{\hat{\sigma}} \xrightarrow{d} N(0,1),$$

其中 $\hat{\sigma}^2 = \dfrac{2}{n^2 h_1 \cdots h_q} \sum_{i=1}^n \sum_{j\neq i}^n \hat{u}_i^2 \hat{u}_j^2 \overline{K}^2 (X_i - X_j)$, $C(n) = \dfrac{1}{n h_1 \cdots h_q} \overline{k}^q(0) \sum_{j=1}^q \hat{u}_j^2$.

若 $T_n > Z_{1-\alpha}$, 其中 $Z_{1-\alpha}$ 为标准正态分布的 $1-\alpha$ 分位点，则拒绝 H_0.

在构建检验统计量时，若选择权函数为 $w(x) = f(x)$, 令

$$I_n = \int [\hat{m}(x) - m(x,\hat{\theta})]^2 f(x) \mathrm{d}x,$$

则可用 $I_n = \dfrac{1}{n} \sum_{i=1}^n [\hat{m}(X_i) - m(X_i,\hat{\theta})]^2$ 来估计 $I_n = \int [\hat{m}(x) - m(x;\hat{\theta})]^2 w(x) \mathrm{d}x$, 同样可以得到类似上面的检验.

对参数模型的检验，上面的两种检验方法都是相合的. 文献中还有对这两种方法的改进. 进一步的细节可参考文献 (Zheng，1996; Stute et al.，1998; Escanciano，2006; Lavergne，Patilea，2008; 等等).

4.8.2 某些协变量是否可以去掉的非参数检验

令 $X \in \mathbb{R}^q$ 是 $q \times 1$ 维随机变量，$X = (W^{\mathrm{T}}, Z^{\mathrm{T}})^{\mathrm{T}}$，其中 W 为 $p \times 1$ 维随机变量，Z 为 $(q-p) \times 1$ 维随机变量. 考虑检验问题：

$$H_0 : P\{E(Y|W,Z) = E(Y|W)\} = 1 \ \text{ v.s. } \ H_1 : P\{E(Y|W,Z) = E(Y|W)\} < 1, \quad (4.8.3)$$

令 $U = Y - E(Y|W)$, H_0 成立等价于 $P(E(U|X) = 0) = 1$. 进一步可以注意到，下式与零假设等价：

$$E\{U f_w(W) E[U f_w(W)|X] f(X)\} = 0,$$

其中 $f_w(\cdot), f(\cdot)$ 是 W, X 的密度函数.

下面基于 $E\{U f_w(W) E[U f_w(W)|X] f(X)\}$ 构建检验统计量. 令 $\hat{f}_w(W_i)$, $\hat{Y}_i$ 分别是 $f_w(W_i)$, $E(Y_i\,|W_i)$ 的删一估计，即

$$\hat{f}_w(W_i) = \frac{1}{n-1} \sum_{j=1, j\neq i}^n K_{h_w}(W_j - W_i),$$

$$\hat{Y}_i = \frac{\sum_{j=1,j\neq i}^{n} K_{h_w}(W_j - W_i)Y_j}{\sum_{j=1,j\neq i}^{n} K_{h_w}(W_j - W_i)} = \frac{1}{(n-1)\hat{f}_w(W_i)} \sum_{j=1,j\neq i}^{n} Y_j K_{h_w}(W_j - W_i),$$

其中 $K_{h_w}(W_i - W_j) = \prod_{s=1}^{p} h_{ws}^{-1} k_w\left(\dfrac{X_{is} - X_{js}}{h_{ws}}\right)$.

令

$$\begin{aligned} I_n &= \frac{1}{n}\sum_{i=1}^{n}(Y_i - \hat{Y}_i)\hat{f}_w(W_i)\frac{1}{n-1}\sum_{j=1,j\neq i}^{n}(Y_j - \hat{Y}_j)\hat{f}_w(W_j)K_h(X_i - X_j) \\ &= \frac{1}{n(n-1)}\sum_{i=1}^{n}\sum_{j=1,j\neq i}^{n}(Y_i - \hat{Y}_i)\hat{f}_w(W_i)(Y_j - \hat{Y}_j)K_h(X_i - X_j), \end{aligned}$$

其中 $K_h(X_i - X_j) = \prod_{s=1}^{q} h_s^{-1} k\left(\dfrac{X_{is} - X_{js}}{h_s}\right)$.

关于 I_n 有下面的结论:

定理 4.8.3 在某些正则条件下，若 H_0 成立，则有

$$T_n = \frac{n(h_1 \cdots h_q)^{\frac{1}{2}} I_n}{\hat{\sigma}} \xrightarrow{d} N(0,1),$$

其中 $\hat{\sigma}^2 = \dfrac{2h_1 \cdots h_q}{n^2} \sum_{i=1}^{n}\sum_{j\neq i}^{n} \hat{U}_i^2(\hat{f}_w(W_i))^2 \hat{U}_j^2 (\hat{f}_w(W_j))^2 K_h^2(X_i, X_j), \hat{U}_i = Y_i - \hat{Y}_i$.

若 $T_n > Z_{1-\alpha}$, 则拒绝 H_0.

关于某些协变量是否可以去掉的非参数检验的详细细节可参考文献 (Fan，Li，1996).

第 5 章　非参数生存分析

生存分析 (survival analysis) 是研究生存时间的一个学科，也称生存率分析或存活率分析. 生存分析涉及有关疾病的愈合、死亡或者器官的生长发育等时效性指标. 这类方法起源于对寿命资料的统计分析，这类资料常因失访等原因造成某些数据观察不完全，要用专门方法进行统计处理，这大概是这门学科称为生存分析的原因. 但是需要注意的是，生存分析的研究对象，广义的生存时间，已经不局限于寿命的长短，很多量，比如股票从上涨到下跌的时间，都可以是生存时间.

现在，生存分析是统计学中的一个重要分支，同时，它在生物学、医学、保险学、可靠性工程学、人口学、社会学、经济学等方面都有重要应用. 这一章主要介绍数据出现右删失时，估计生存时间的函数的非参数方法.

5.1　基 本 概 念

首先，我们介绍生存分析中的一些基本概念.

(1) 生存时间 (survival time)：广义的生存时间是指从某个起始事件开始到某个终点事件的发生 (出现反应) 所经历的时间，也称失效时间 (failure time). 下面列举一些常见的起始事件和终点事件：疾病确诊 $\leftrightarrow$ 死亡，治疗开始 $\leftrightarrow$ 痊愈，手术 $\leftrightarrow$ 复发，接触毒物 $\leftrightarrow$ 出现毒性反应，吸毒 $\leftrightarrow$ HIV 感染，HIV 感染 $\leftrightarrow$ 自杀，出生 $\leftrightarrow$ 发病，等等.

生存时间的分布类型不易确定，一般不服从正态分布，有时近似服从指数分布、Weibull 分布、Gompertz 分布等，多数情况下往往不服从任何规则的分布类型.

(2) 生存函数 (survival function)：设 T 表示生存时间，$F(t)=P(T\leqslant t)$ 表示 T 的分布函数，则 $S(t)=1-F(t)$ 称为 T 的生存函数，它实际上是个体生存时间长于 t 的概率. 易知，$S(t)$ 是非增函数，且 $S(0)=1, S(+\infty)=0$. 生存函数 $S(t)$ 也叫累积生存率，它的图形叫做生存曲线. 陡峭的生存曲线表示低的生存概率，见图 5.1.1(a)；较平坦的曲线表示高的生存概率，见图 5.1.1(b).

(3) 生存时间的分布函数：$F(t)=1-S(t)=P(T\leqslant t)$. 这个跟一般随机变量的分布函数的定义是一样的.

(4) 概率密度函数：$f(t)=F'(t)$. 显然，这跟一般随机变量的密度函数的定义也是一样的，它具有下面的性质：它是生存时间的分布函数的导数，概率密度函数 $f(t)$ 总是非负的，其函数曲线下方面积为 1，和生存函数的关系为：$S'(t)=-f(t)$.

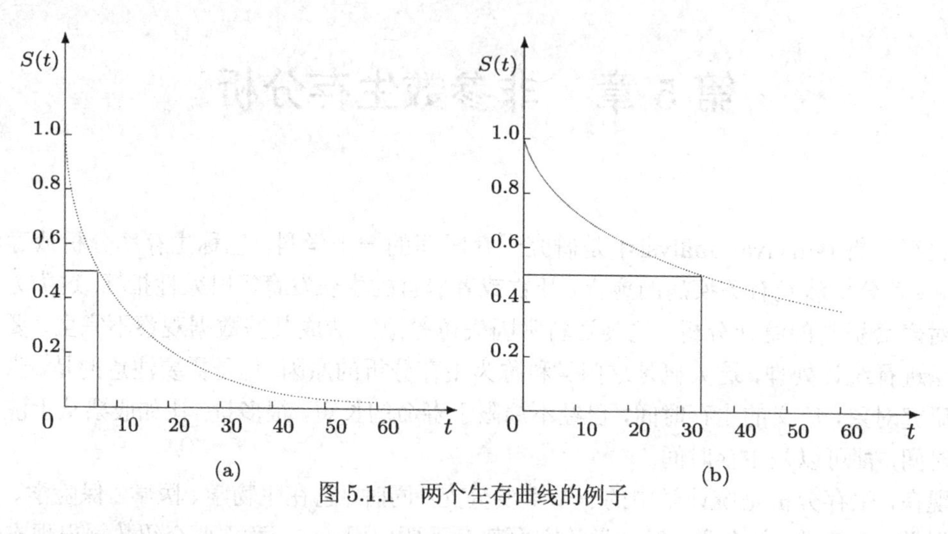

图 5.1.1 两个生存曲线的例子

(5) 危险率函数 (hazard function)：危险率函数在生存分析中是一个重要的函数，能刻画生存时间的特征. 它实际上是条件生存率. 设 $\lambda(t)$ 表示危险率函数，则其定义可用下面公式表示

$$\lambda(t)=\lim_{\Delta t\to 0^+}\frac{1}{\Delta t}P(T\leqslant t+\Delta t|T>t),$$

从这一定义，可以粗略地解释为，$\lambda(t)$ 是在时间 t 活着的个体，在接下来的单位时间区间内死亡的条件概率.

当生存时间 T 的概率密度存在时，$\lambda(t)$ 又可通过下面公式定义

$$\lambda(t)=\frac{f(t)}{1-F(t)}.$$

危险率函数在可靠性分析中叫失效率函数，而在生存分析及医学研究中也叫危险率函数、瞬时死亡率、死亡强度、条件死亡率及年龄死亡率等. 这个函数用于测量一定年龄的个体是否容易死亡，而 $\Delta t\lambda(t)$ 是年龄为 t 的人在较短的时间区间 $(t,t+\Delta t)$ 中死亡的比例，因此危险率函数给出了年龄增长过程中单位时间内的死亡风险.

(6) 平均剩余寿命函数：平均剩余寿命函数定义为个体在给定的时间 t 后的剩余寿命的期望，即

$$m(t)=E(T-t|T>t). \tag{5.1.1}$$

(7) 随机右删失数据：这里我们根据两个例子说明什么样的数据是随机右删失数据. 图 5.1.2 表示随机右删失数据的例子：

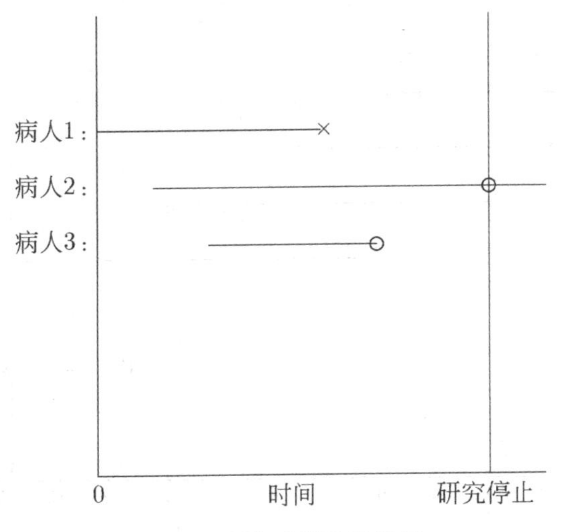

图 5.1.2 随机右删失数据例 1

这里，第一个病人在 $t=0$ 时刻进入研究，但在研究停止前某时刻死亡；第二个病人在研究开始后某时刻进入研究，但在研究结束时，该病人仍然活着，因而产生一个删失观察；第三个病人在研究开始后进入研究，但在研究结束之前退出试验，因而产生另一个删失观察. 这种删失通常发生在医学研究及临床试验中.

在大部分临床研究试验中，研究时间通常是固定的，且病人通常在这段时间内的不同时刻进入研究. 一些人在研究结束前可能死亡，这部分人的生存时间是知道的；其他人可能在研究结束前退出试验或失去跟踪，或在研究结束时仍然活着. 对中途退出或失去跟踪的病人生存时间至少是从进入研究到失去联系这段时间；对仍然活着的病人，生存时间至少是从进入研究到研究结束这段时间，这两种观察就是删失观察.

既然进入试验时间可能不同，因而被删失的时间也可能不同. 例如，假设有 6 个有急性白血病的病人，先后分别进入研究时间为 1 年的临床试验，假设 6 个病人获得治疗并得到缓解. 缓解时间见图 5.1.3. 病人 A，C，E 获得缓解的时间分别是二月、四月和九月，而复发的时间分别是 4 和 6 及 3 个月以后，病人 B 在第三个月的开始获得缓解，但 4 个月以后失去跟踪，对 B 缓解时间至少是 4 个月. 病人 D 和 F 分别在第五、第十一个月开始获得缓解，且在研究结束时没有复发，因此他们的缓解时间至少是 8 个月和 2 个月. 这 6 个病人的缓解时间分别是 4，4+，6，8+，3 及 2+ 个月，其中带“+”号数据表示删失数据.

应当指出这里所介绍的随机删失只是随机右删失，其他随机删失还有左删失、双删失及区间删失等，但在此不做一一介绍，因为本书主要介绍随机右删失数据的研究内容.

(8) 随机右删失模型：对随机右删失数据，随机右删失模型是指生存时间与删失时间是相互独立的，或者当有协变量存在时，在给定协变量的条件下，生存时间与删失时间是相互独立的.

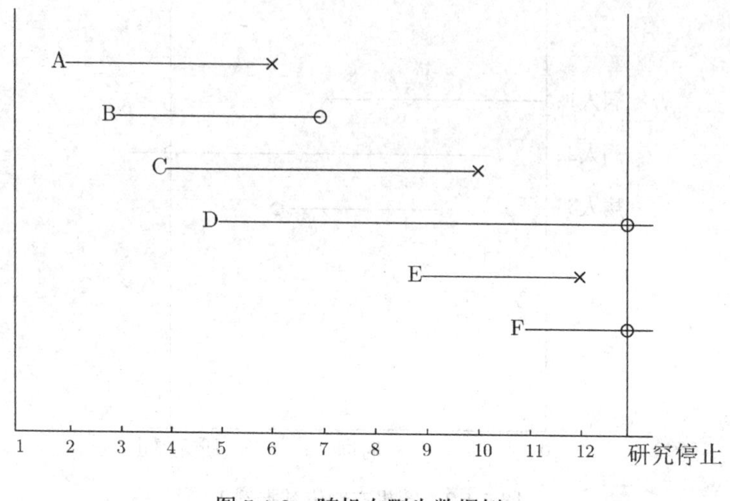

图 5.1.3 随机右删失数据例 2

(9) 生存时间函数之间的关系：生存时间的函数之间有相互确定的关系，知道了其中的一个函数，可以算出另外的函数. 下面我们给出它们之间的计算公式.

①生存函数和其他函数的关系：

$$\begin{aligned} S(x) &= \int_x^{\infty} f(t)\mathrm{d}t \\ &= \exp\left[-\int_0^x \lambda(u)\mathrm{d}u\right] \\ &= \exp[-H(x)] \\ &= \frac{m(0)}{m(x)}\exp\left[-\int_0^x \frac{\mathrm{d}u}{m(u)}\right], \end{aligned}$$

上式中 $H(x)$ 为累积危险率函数，其定义为危险率函数的积分，即：$H(x)=\int_0^x \lambda(u)\mathrm{d}u$.

②密度函数和其他函数的关系：

$$\begin{aligned} f(x) &= -\frac{\mathrm{d}}{\mathrm{d}x}S(x) \\ &= \lambda(x)S(x) \\ &= \left(\frac{\mathrm{d}}{\mathrm{d}x}m(x)+1\right)\left(\frac{m(0)}{m^2(x)}\right)\exp\left[-\int_0^x \frac{\mathrm{d}u}{m(u)}\right]. \end{aligned}$$

③危险率函数和其他函数的关系：

$$\begin{aligned}\lambda(x) &= -\frac{\mathrm{d}}{\mathrm{d}x}\ln[S(x)] \\ &= \frac{f(x)}{S(x)} \\ &= \left(\frac{\mathrm{d}}{\mathrm{d}x}m(x)+1\right)/m(x).\end{aligned}$$

④平均剩余寿命函数和其他函数的关系：

$$\begin{aligned}m(x) &= \frac{\int_x^\infty S(u)\mathrm{d}u}{S(x)} \\ &= \frac{\int_x^\infty (u-x)f(u)\mathrm{d}u}{S(x)}.\end{aligned}$$

5.2　生存函数的估计

在实践中，如果数据完全观察到了，根据频率可以近似概率的原理，那么生存函数可用生存时间长于 t 者所占的比例来估计，可得到估计：

$$\hat{S}(t) = \frac{\text{生存时间长于 } t \text{ 的病人数}}{\text{病人总数}}. \tag{5.2.1}$$

当数据出现右删失时，式 (5.2.1) 的分子一般不能确定. 例如考虑下面生存数据：4，6，6+，10+，15，20，其中带“+”号的数据表示是删失数据. 利用式 (5.2.1) 可得 $\hat{S}(5)=5/6=0.833$，但不能得到 $\hat{S}(11)$，因为生存时间长于 11 的病人是不知道的，第三个病人或第四个病人的生存时间可能长于 11 也可能小于 11. 因此，一旦有删失数据，用式 (5.2.1) 估计 $S(t)$ 是不合适的. 在随机右删失模型下构造 $S(t)$ 的合适估计是本节的内容.

构造 $S(t)$ 主要有两种方法. 第一种方法是生命表分析法，这种方法适合于样本量很大 (例如数以千计) 或数据是按区间分组等情况；第二种方法是 Kaplan 与 Meier (1958) 所提出的估计生存函数的乘积限方法. 由于计算机使用越来越广泛，这个方法可用于小样本、中样本及大样本等各种情形. 生命表估计与乘积限估计实质上是一样的. 很多作者也把乘积限估计称作寿命表估计，二者的差别是：乘积限估计是基于一个一个的观测，而寿命表估计是基于按区间的分组数据，因而乘积限估计是寿命表估计在各个区间只含一个观察值时的一种特殊情形.

关于生存函数的估计的研究非常多，有一系列丰富的成果，我们在这里只介绍乘积限估计.

5.2.1 估计的定义和计算

Kaplan 和 Meier(1958) 在随机右删失模型下提出了生存函数的一种所谓的乘积限估计. 它在生存分析中的地位相当于完全观察样本下的经验分布函数，然而它的构造及其统计特性的研究要比经验分布函数复杂得多. 实际上当数据没有删失时，乘积限估计就退化为经验分布函数. 最近几十年来，许多统计学家致力于这一估计的研究，得到了很多重要的成果.

我们首先来介绍乘积限估计是如何定义的以及如何根据乘积限估计计算生存函数在不同点处的估计值.

设 $T_1, T_2, \cdots, T_n$ 是非负独立同分布表示寿命的随机变量，其分布函数为 F; $C_1, C_2, \cdots, C_n$ 是非负独立同分布表示删失的随机变量，具有分布函数 G. 在随机右删失模型中，不能完全观察 T_i，而仅能观察到

$$X_i = \min(T_i, C_i), \quad \delta_i = I[T_i \leqslant C_i], \quad i = 1, 2, \cdots, n,$$

显然 X_i 有分布函数 $H(t) = P(X \leqslant t) = 1 - (1 - F(t))(1 - G(t))$. Kaplan 与 Meier (1958) 针对这一随机删失数据提出了生存分布 $S(t)$ 的乘积限估计. 下面介绍乘积限估计的构造.

观察到的数据对是 $(X_1, \delta_1), (X_2, \delta_2), \cdots, (X_n, \delta_n)$，假设没有“结”，设 $X_{(1)} < X_{(2)} < \cdots < X_{(n)}$ 是 $X_1, X_2, \cdots, X_n$ 的次序统计量. 这些时间值可以把时间轴分割出 n 个区间，每个区间 I_i 的长度是变量，I_i 区间的右端点 $\tau_i = X_{(i)}$，如图 5.2.1 所示.

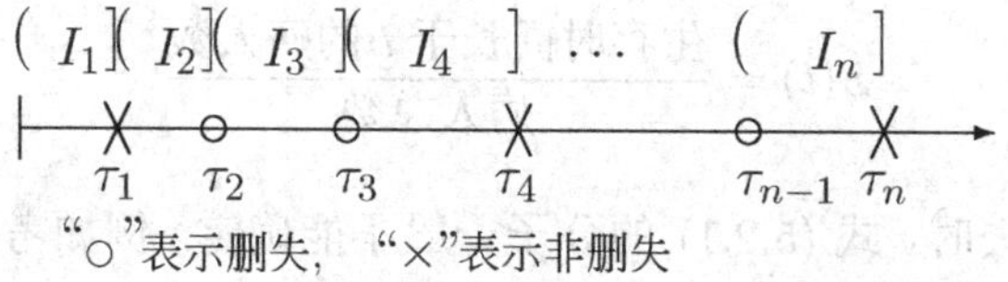

I_1 I_2 I_3 I_4 $\cdots$ I_n

τ_1 τ_2 τ_3 τ_4 τ_{n-1} τ_n

“○”表示删失，“×”表示非删失

图 5.2.1 区间图

设 $\delta_{(i)}$ 是对应于 $X_{(i)}$ 的 δ 值，即当 $X_{(i)} = X_j$ 时，$\delta_{(i)} = \delta_j$. 设 $\mathcal{R}(t)$ 为在时间 t 的风险集，即在时刻 t 的前一瞬间仍然活着的个体，且设

$$\begin{aligned} n_i &= \mathcal{R}(X_{(i)})\text{中的个体数}, \\ d_i &= \text{在时刻}X_{(i)}\text{的死亡数}, \\ p_i &= P(\text{活过}I_i|\text{在}I_i\text{的开始活着}) = P(T > \tau_i | T > \tau_{i-1}), \\ q_i &= 1 - p_i. \end{aligned}$$

在观察没有“结”时，$d_i = 1$ 或 0. 对 q_i 与 p_i，可以定义其估计为

$$\hat{q}_i = \frac{d_i}{n_i}, \ \hat{p}_i = 1 - \hat{q}_i = \begin{cases} 1 - \dfrac{1}{n_i}, & \text{若} \ \delta_{(i)} = 1, \\ 1, & \text{若} \ \delta_{(i)} = 0. \end{cases}$$

Kaplan 与 Meier (1958) 所定义的乘积限估计是

$$\hat{S}_n(t) = 1 - \hat{F}_n(t) = \prod_{X_{(i)} \leqslant t} \hat{p}_i = \prod_{X_{(i)} \leqslant t} \left(1 - \frac{1}{n_i}\right)^{\delta_{(i)}} = \prod_{X_{(i)} \leqslant t} \left(1 - \frac{1}{n-i+1}\right)^{\delta_{(i)}}. \tag{5.2.2}$$

下面用一个例子来帮助理解这一估计.

假设有 10 个病人在 1988 年初进入某临床研究，在 1988 年内有 6 人死亡而 4 人活着. 在这年末又有 20 个病人进入研究. 在 1989 年，首批进入研究的有 3 人死亡，还有一人活着；后进入研究的有 15 人死亡，还有 5 人活着. 假设研究工作于 1989 年底结束，要求估计生存两年以上的病人所占的比例. 此例中的第一组病人有两年观察时间，第二组病人只有一年观察时间. 一种可能的估计是 $\hat{S}(2) = 1/10 = 0.1$. 这个估计忽略了 20 个病人只观察了一年的事实. Kaplan 与 Meier 认为，第二个样本对于估计 $S(2)$ 也有作用.

活了两年的病人都可以看作是第一年活着然后又活了一年. 于是

$$\begin{aligned} \hat{S}(2) &= P\,(\text{第一年活着然后再活了一年}) \\ &= P\,(\text{病人活了一年的条件下活了两年}) \times P\,(\text{第一年活着}). \end{aligned} \tag{5.2.3}$$

基于式 (5.2.3)，按 Kaplan 与 Meier 的思想，$S(2)$ 的估计应该定义如下

$$\hat{S}(2) = \frac{\text{活了两年的病人数}}{\text{第一年活着的病人数}} \times \frac{\text{活过一年的病人数}}{\text{占总病人数}}. \tag{5.2.4}$$

对上面所给的数据，4 个活了一年的病人中有一人活过两年，因而等式 (5.2.4) 右边第一个比例是 1/4；10 个从 1988 年初进入的病人中有 4 人活过了一年，20 个从 1988 年底进入的病人中有 5 人生存时间超过一年，因而式 (5.2.4) 中第二个比例是 $(4+5)/(10+20)$. 从而由式 (5.2.4) 得到 $S(2)$ 的乘积限估计如下：

$$\hat{S}(2) = \frac{1}{4} \times \frac{4+5}{10+20} = 0.075.$$

这一简单的规则可以推广如下：从研究开始，生存超过 k 年的概率是 k 个生存率的乘积，即

$$\hat{S}(k) = p_1 \times p_2 \times p_3 \times \cdots \times p_k,$$

其中 p_1 定义至少生存 1 年病人的比例，p_2 是在已生存一年的病人中生存至少两年的病人的比例，p_3 是生存两年的病人中生存超过 3 年的病人的比例，p_k 是生存 $k-1$ 年的病人中生存超过 k 年病人的比例. 因此，从研究开始到任何年数的乘积限估计是前一年同样估计与这一特别年观察生存率的乘积，即

$$\hat{S}(t) = \hat{S}(t-1)p_t.$$

实践中，乘积限估计可以通过一个 5 列的表计算，下面是对这一方法的陈述.

(1) 第一列按从小到大的顺序列出全部的生存时间，包括删失和非删失数据. 并用“+”号表示删失观察，如果删失观察与非删失观察有相同的值，则后者应排在前面.

(2) 第二列标号 r 是第一列观察所对应的秩.

(3) 第三列标号 i 是非删失观察所对应的第二列 r 的值.

(4) 第四列对每一个非删失观察，计算 $(n-i)/(n-i+1)$.

(5) 第五列是所有达到 t 时刻并包含 t 时刻所有 $(n-i)/(n-i+1)$ 值的乘积. 如果某非删失观察有“结”应该使用最小的 $\hat{S}(t)$.

为概括这一方法，设 n 是包含所有删失观察和非删失观察的总数，将 n 个生存观察值从小到大排序使得 $X_{(1)} \leqslant X_{(2)} \leqslant \cdots \leqslant X_{(n)}$，则有

$$\hat{S}_n(t) = \prod_{X_{(i)} \leqslant t} \frac{n-i}{n-i+1}, \tag{5.2.5}$$

其中 i 取遍所有满足 $X_{(i)} \leqslant t$ 的正整数，并且这里 $X_{(i)}$ 是非删失观察. 显然，式 (5.2.5) 与式 (5.2.2) 所定义的乘积限估计是一样的.

应当指出，尽管式 (5.2.2) 中所定义的乘积限估计是在观察数据没有“结”的假设下定义的，然而对有“结”的情形，乘积限估计有与式 (5.2.5) 同样的形式. 另一点需要说明的是，若最后观察 $X_{(n)}$ 被删失，则对式 (5.2.5) 中所定义的乘积限估计 $\hat{S}_n(t)$ 有

$$\lim_{t\to\infty} \hat{S}_n(t) > 0.$$

一般地，当 $t \geqslant X_{(n)}, \delta_{(n)} = 0$ 时，人们更倾向于重新定义 $\hat{S}_n(t) = 0$，或留下 $\hat{S}_n(t)$ 不定义.

下面举两个例子说明乘积限估计的计算.

例 5.2.1 某试验观测 10 个癌症病人的病情缓解时间，其中六人分别在 3.0, 6.5, 6.5, 10, 12, 15 个月后病情复发，有一人被观测 8.4 个月后失去联系未继续观测，还有三个病人在研究结束时仍处于病情缓解中，他们的缓解时间分别持续了 4.0, 5.7, 10 个月. 表 5.2.1 给出了生存概率分布函数乘积限估计的计算.

例 5.2.2 斯坦福大学做了一项临床试验，用来评估治疗急性骨髓性白血病的维持化学疗法. 在病人通过化学疗法治疗进入缓解状态后，随机分成两组. 第一组 (治疗组) 获得维持化学疗法；第二组 (控制组) 没有维持化学疗法. 试验的目的是看维持化学疗法是否延长缓解时间. 所获得数据如下：

治疗组：9，13，13+，18，23，28+，31，34，45+，48，161+

控制组：5，5，8，8，12，16+，23，27，30，33，43，45

表 5.2.1　例 5.2.1 中 KM 估计 $\hat{S}(t)$ 的计算

缓解时间 t	名次 r	i	比例 $\frac{n-r}{n-r+1}$	$\hat{S}(t)$
3.0	1	1	9/10	9/10=0.9
4.0+	2	—	—	—
5.7+	3	—	—	—
6.5	4	4	6/7	$9/10\times6/7=0.771$
6.5	5	5	5/6	$9/10\times6/7\times5/6=0.643$
8.4+	6	—	—	—
10.0	7	7	3/4	$9/10\times6/7\times5/6\times3/4=0.482$
10.0+	8	—	—	—
12.0	9	9	1/2	$9/10\times6/7\times5/6\times3/4\times1/2=0.241$
15.0	10	10	0	0

对治疗组生存分布的 Kaplan-Meier 乘积限估计可计算如下：

$\hat{S}(0)=1$, $\hat{S}(9)=\hat{S}(0)\times\dfrac{10}{11}=0.91$, $\hat{S}(13)=\hat{S}(9)\times\dfrac{9}{10}=0.82$, $\hat{S}(18)=\hat{S}(13)\times\dfrac{7}{8}=0.72$, $\hat{S}(23)=\hat{S}(18)\times\dfrac{6}{7}=0.61$, $\hat{S}(31)=\hat{S}(23)\times\dfrac{4}{5}=0.49$, $\hat{S}(34)=\hat{S}(31)\times\dfrac{3}{4}=0.37$, $\hat{S}(48)=\hat{S}(34)\times\dfrac{1}{2}=0.18$.

图 5.2.2 是治疗组与对照组的乘积限估计曲线.

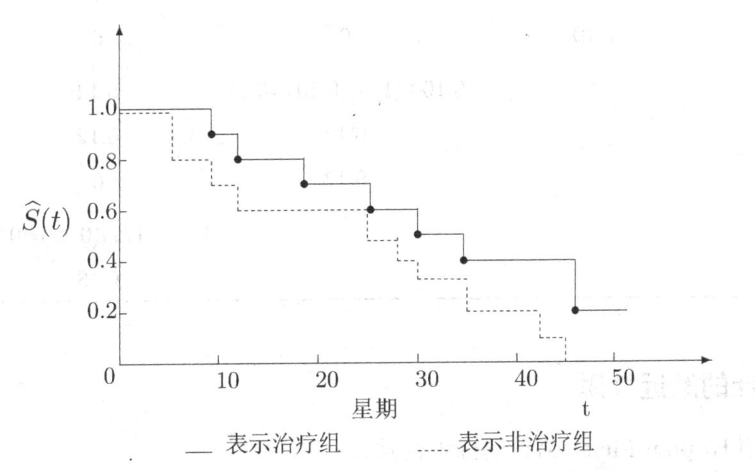

图 5.2.2　急性骨髓性白血病治疗研究中的生存曲线的估计

Efron 引进另一种计算乘积限估计的方法，叫作右向重新分配算法. 这里仍用上面白血病的例子来说明. 在图 5.2.3 中画出 $n(n=11)$ 个生存时间:

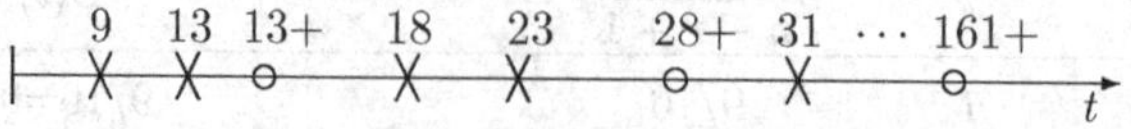

9 13 13+ 18 23 28+ 31 ··· 161+

t

图 5.2.3 数据图

首先，按无删失情况，$S(t)$ 的经验估计是在每一个观察值点分配 1/11 的概率质量. 第二步，考虑删失，13+ 是第一个删失时间，既然在 13+ 没有死亡，因而可能在这之后某个时间死亡，于是一个合理的方法是将分配给 13+ 的质量 1/11 重新等同地分配到 13+ 后面的观察数据，也就是在后面的观察点 18，23，28+，$\cdots$ 等同地增加 (1/8)(1/11) 的概率质量. 再考虑第二个被删失的观察 28+，重新将在这一点的质量 $1/11+(1/8)(1/11)$ 等同地分配到后面的观察. 近似地处理其他删失数据，得到的乘积限估计的结果见表 5.2.2.

表 5.2.2 右向重新分配算法计算表

$X_{(i)}$	开始质量	第一次重新分配后的质量	第二次重新分配后的质量	第三次重新分配后的质量	$\hat{S}_n(X_{(i)})$
9	1/11=0.09	0.09	0.09	0.09	0.91
13	0.09	0.09	0.09	0.09	0.82
13+	0.09	0	0	0	
18		0.09+(1/8)(0.09)=0.10	0.10	0.10	0.72
23	⋮	0.10	0.10	0.10	0.62
28+		0.10	0	0	
31		⋮	0.10+(1/5)(0.10)=0.12	0.12	0.50
34			0.12	0.12	0.38
45+			0.12	0	
48			⋮	0.12+(1/2)(0.12)=0.18	0.20
161+				0.18	

5.2.2 估计的渐近性质

下面介绍 Kaplan-Meier 估计的渐近性质.

1. 强相合性

Peterson(1977) 首次证明了 Kaplan-Meier 乘积限估计的强相合性.

定义 $\tau_F = \inf\{t : F(t) = 1\}$，$\tau_G = \inf\{t : G(t) = 1\}$，$\tau_H = \inf\{t : H(t) = 1\}$.

定理 5.2.1　设 $T_1, T_2, \cdots, T_n$ 是独立同分布表示寿命的随机变量，具有分布函数 F，$C_1, C_2, \cdots, C_n$ 是独立同分布表示删失的随机变量，具有分布函数 G. 若 $\{T_i\}$ 与 $\{C_i\}$ 独立且 F 与 G 没有共同的跳跃点，则对任意 $t \in [0, \tau_H)$ 有

$$\hat{S}_n(t) \xrightarrow{\text{a.s.}} S(t).$$

2. 一致强相合性收敛速度

定理 5.2.2　若 F, G 连续，且 $\tau_F < \tau_G \leqslant \infty$，则依概率 1 有

$$\sup_{t<\tau_F} |\hat{S}_n(t) - S(t)| = O\left(\sqrt{\frac{\log(\log n)}{n}}\right).$$

该定理来自文献 (Földes，Rejtö，1981).

定理 5.2.3　假设 $F(\tau_H) < 1$，则对 $0 < p < \frac{1}{2}$，则以概率 1 有

$$\sup_{t\leqslant\tau_H} |\hat{S}_n(t) - S(t)| = o(n^{-p})$$

的充分必要条件为

$$\int_0^{\tau_H} (1-G)^{-\frac{p}{1-p}} \mathrm{d}F < \infty.$$

3. 渐近表示

Lo 与 Singh(1986) 建立了 $\hat{S}_n(t) - S(t)$ 的独立同分布表示. 他们使用合适的方式将 $[0, \tau]$ 区间分割成小区间并证明了

$$\sup_{t\leqslant\tau}\left|\hat{S}_n(t) - S(t) - \frac{1-S(t)}{n}\sum_{j=1}^{n}\eta_j(t)\right| = O\left(n^{-\frac{3}{4}}(\log n)^{\frac{3}{4}}\right) \quad \text{a.s.},$$

其中

$$\eta_j(t) = -\frac{\delta_j}{1-H(X_j)} I[X_j \leqslant t] + \int_0^{t\wedge X_j} \frac{\mathrm{d}H_1}{(1-H)^2}$$

是 Kaplan-Meier 估计的影响函数，$\tau < \tau_H$，$H_1(t) = P(X \leqslant t, \delta = 1)$. 上面的收敛速度在后来的研究中大为改进，例如 Major 与 Rejto (1988) 获得下面结果.

定理 5.2.4　设对某 $\delta > 0$, τ 满足 $1 - H(\tau) > \delta$，则 $\hat{S}_n(t) - S(t)$ 能表示为

$$\hat{S}_n(t) - S(t) = (1-F(t))(A(t,n) + B(t,n)) + R(t,n), t \in \{u : 1 - H(u) > 0\}.$$

其中

$$A(t,n) = -\frac{\sqrt{n}(H_{n1}(t) - H_1(t))}{\sqrt{n}(1 - H(t))} + \frac{1}{\sqrt{n}} \int_0^t \frac{\sqrt{n}(H_{n1}(s) - H_1(s))}{(1 - H(s))^2} \mathrm{d}H(s),$$

$$B(t,n) = -\frac{1}{\sqrt{n}} \int_0^t \frac{\sqrt{n}(H_n(s) - H(s))}{(1 - H(s))^2} \mathrm{d}H_1(s),$$

而余项对 $x > 0$ 满足

$$P\left(\sup_{t \leqslant \tau} n|R_n(t)| > x + \frac{C}{\delta}\right) \leqslant K \exp\{-\lambda x \delta^2\},$$

其中 $C > 0$, $K > 0$ 与 $\lambda > 0$ 是常数，$H_{n1}(t)$ 如下所定义，即

$$H_{n1}(t) = \frac{1}{n} \sum_{j=1}^{n} I[X_j \leqslant t, \delta_j = 1].$$

4. 弱收敛与强逼近定理

定理 5.2.5 设 $F(t)$ 与 $G(t)$ 连续，若 $\tau < \infty$ 且满足 $H(\tau) < 1$，那么在 $[0, \tau]$ 上

$$\sqrt{n}(\hat{S}_n(t) - S(t)) \xrightarrow{\mathcal{D}} W(t), t \in [0, \tau],$$

这里 $W(t)$ 是 Gaussian 过程，满足

$$EW(t) = 0,$$

$$\operatorname{cov}(W(t_1), W(t_2)) = S(t_1)S(t_2) \int_0^{t_1 \wedge t_2} \frac{\mathrm{d}H_1(u)}{(1 - H(u))^2}.$$

5.3 概率密度函数的估计

概率密度函数无疑是统计中非常重要的一个概念. 在数据被完全观察时，概率密度估计的方法与理论从 20 世纪 50 年代就开始发展，现已建立一套系统的理论. 特别是估计概率密度的非参数方法在决定一个总体的统计特征时是很有用的，此外它们还可应用到很多其他统计推断问题.

相对来说，随机删失模型下概率密度估计理论发展较晚，到 20 世纪 80 年代初才有所研究. 本节介绍几种估计，包括核估计、近邻估计及直方估计.

设 $T_1, T_2, \cdots, T_n$ 是非负独立同分布表示寿命的随机变量，其分布函数为 F；$C_1, C_2, \cdots, C_n$ 是非负独立同分布表示删失的随机变量，具有连续分布函数 G. 假定诸 T_i 独立于诸 C_i，F 有概率密度 f. 在随机右删失模型中，不能完全观察 T_i，而仅能观察到

$$X_i = \min(T_i, C_i), \qquad \delta_i = I[T_i \leqslant C_i], \quad i = 1, 2, \cdots, n,$$

$I[\cdot]$ 表示某事件的示性函数. 如何利用这种随机删失数据定义概率密度的估计并介绍这些估计的统计性质是本节的内容.

5.3.1　核密度估计

1. 估计的提出

自从 Rosenblatt (1956) 及 Parzen (1962) 的工作以来，在完全样本下，核密度估计可能是最流行的估计之一. 然而对于随机右删失，概率密度核估计的第一篇文章是文献 (Blum 和 Susarla，1980). 注意到 $h_n^{-1}\int_0^\infty K\left(\dfrac{t-s}{h_n}\right)\mathrm{d}F(s) = f(t)+o_p(h_n^2)$. 基于 $\{(X_i,\delta_i), i=1,2,\cdots,n\}$，Blum 和 Susarla (1980) 定义了 $f(t)$ 的如下估计

$$\hat{f}_n(t) = h_n^{-1}\int_0^\infty K\left(\frac{t-s}{h_n}\right)\mathrm{d}\hat{F}_n(s),$$

其中 h_n 是趋于零的常数序列，$K(\cdot)$ 是核函数，$\hat{F}_n = 1-\hat{S}_n$, $\hat{S}_n$ 是 Kaplan-Meier 乘积限估计. 下面讨论概率密度估计的渐近性质.

2. 强相合性与强相合性收敛速度

首先是 Földes，Rejtö 和 Winter (1981) 获得 $\hat{f}_n(t)$ 的强相合性结果. 他们假设概率密度函数 f 有界及 $H(\tau_F-)<1$ 这种较强的条件，证明了逐点强相合性，并通过进一步假设 f 在有限开区间上一致连续或有有界的导数证明有限区间上的强一致相合性. 注意，这里 $H(\cdot)$ 是 $X=\min(T,C)$ 的分布函数. 后来，Mielniczuk (1986) 在适当的条件下研究了强相合性，并获得下面结果.

定理 5.3.1　设 $K(\cdot)$ 是具有有界支撑 $[-1,1]$ 的概率密度函数，且 T 与 C 分别有概率密度函数 f 与 g, t 是 f 和 g 的连续点，若对所有 $c>0$, $\sum_{n=1}^\infty \exp(-cnh_n)<\infty$，则当 $nh_n/\log(\log n)\to\infty$ 时，有

$$\hat{f}_n(t)-f(t)\xrightarrow{\text{a.s.}}0.$$

定理 5.3.1 陈述了 $\hat{f}_n(t)$ 的逐点强相合定理，下面定理陈述其一致强相合性.

定理 5.3.2　设定理 5.3.1 条件满足，f 与 g 连续，若 $K(\cdot)$ 是连续核函数，则当 $nh_n/\log n\to\infty$ 且 $H(\tau)<1$ 时，有

$$\sup_{t\leqslant\tau}|\hat{f}_n(t)-f(t)|\xrightarrow{\text{a.s.}}0.$$

后来 Diehl 和 Stute (1988) 还获得了概率密度估计的强一致收敛速度结果，下面介绍他们的工作.

设

$$f_n(t) = h_n^{-1}\int K\left(\frac{t-s}{h_n}\right)\mathrm{d}F(s),$$

及

$$\widetilde{f}_{n1}(t) = h_n^{-1} \int K\left(\frac{t-s}{h_n}\right) \mathrm{d}H_{n1}(s).$$

H_{n1} 的定义在上一节给出.

下面，固定 τ 使得 $H(\tau) < 1$，研究 $\hat{f}_n(t)$ 在 $[0,\tau]$ 上的渐近性质.

定理 5.3.3 设 $K(\cdot)$ 是连续可微且具有有界支撑 $[\alpha,\beta]$ 的概率密度核函数，f 与 g 有界，则

(1) 依概率有

$$\sup_{0\leqslant t\leqslant\tau} (nh_n)^{\frac{1}{2}} \left| \hat{f}_n(t) - f_n(t) - \frac{\widetilde{f}_{n1}(t) - E\widetilde{f}_{n1}(t)}{1-G(t)} \right| = O\big((nh_n)^{-\frac{1}{2}}\big) + O\big(h_n^{\frac{1}{2}}\big).$$

(2) 以概率 1 有

$$\sup_{0\leqslant t\leqslant\tau} (nh_n)^{\frac{1}{2}} \left| \hat{f}_n(t) - f_n(t) - \frac{\widetilde{f}_{n1}(t) - E\widetilde{f}_{n1}(t)}{1-G(t)} \right| = O\left(\frac{\log(\log n)}{(nh_n)^{\frac{1}{2}}} + (h_n \log(\log n))^{\frac{1}{2}}\right).$$

由定理 5.3.3 可推得下面收敛速度定理.

定理 5.3.4 假设 $h_n \to 0$ 及 $nh_n \to \infty$，使得

$$\lim_{\varepsilon\to 0} \lim_{n\to\infty} \sup_{|m-n|\leqslant n\varepsilon} \left|\frac{h_m}{h_n} - 1\right| = 0,$$

且

$$\frac{(\log n)^4}{nh_n \log(\log n)} \to 0.$$

则以概率 1 有

$$\limsup_{n\to\infty} \sqrt{nh_n/2\log(\log n)}\,(\hat{f}_n(t) - f_n(t)) = \left(\frac{f(t)}{1-G(t)} \int K^2(x)\,\mathrm{d}x\right)^{\frac{1}{2}}.$$

应用定理 5.3.3(ii) 及 Stute (1982) 的定理 1.3 可证下面定理.

定理 5.3.5 假设在 $[\tau'',\tau']$, $0 \leqslant \tau'' < \tau < \tau'$，有 $f \geqslant m > 0$. 设 $h_n \to 0$, $nh_n \to \infty$，并有

$$\frac{\log h_n^{-1}}{nh_n} \to 0 \quad 和 \quad \frac{\log h_n^{-1}}{\log(\log n)} \to \infty.$$

那么以概率 1 有

$$\lim_{n\to\infty} \sqrt{\frac{nh_n}{2\log h_n^{-1}}} \sup_{\tau''\leqslant t\leqslant\tau} \sqrt{\frac{1-G(t)}{f(t)}}\,|\hat{f}_n(t) - f_n(t)| = \left(\int K^2(s)\,\mathrm{d}s\right)^{\frac{1}{2}}.$$

Mielniczuk (1986) 除了证明了强相合性定理外，还证明了下面的渐近正态性结果.

定理 5.3.6　设 K 是偶函数，f 存在有界的二阶导数，当 $h_n = o\big(n^{-\frac{1}{3}}\big)$ 时，有

$$(nh_n)^{1/2}(\hat{f}_n(t) - f(t)) \xrightarrow{\mathcal{L}} N\left(0, \frac{f(t)}{\bar{G}(t)}\int_R K^2(y)\,\mathrm{d}y\right).$$

Lo，Mack 和 Wang (1989) 对概率密度估计的一修正版本也证明了上面完全类似的结果，只是他们的结果使用满足不同条件的核函数和带宽.

3. 带宽选择

正如完全样本情形，带宽选择是概率密度估计中的一个重要课题，带宽选择对概率密度估计的行为来说是至关重要的. 直观上，如果带宽太小，将导致估计的方差增大，如果带宽太大，将导致估计的偏差增大，于是选择带宽的一个基本准则应该是选择带宽使估计的偏差和方差都尽可能小. 基于这一原则，统计学家们发展了 MSE 和 MISE 准则. 另一重要的准则是 ISE 准则，从某种意义上来说这一准则更具吸引力，一个主要原因是它使用现有的数据评估估计的行为好坏，而不像 MSE 和 MISE 准则使用所有可能数据的平均.

下面介绍 Marron 和 Padgett (1987) 所发展的 ISE 准则. 考虑积分平方误差 $\mathrm{ISE}(\hat{f}) = \int_0^\infty [\hat{f}_n(x) - f(x)]^2 w(x)\,\mathrm{d}x$, 其中 $w(x)$ 是非负权函数，权函数的作用是为消除端点影响. 在给出 ISE 准则的一些渐近特性之前，先列举下列条件:

C1: G 是连续的.

C2: f 与 $f(1-G)$ 是 α 阶 Hölder 连续的.

C3: K 为具有紧支撑的概率密度核函数且是 Hölder 连续的.

C4: w 是有界的并有支撑 $[0,\tau]$, 其中 $\tau < \min(\tau_G, \tau_F)$, τ_G 与 τ_F 如前所定义是 G 与 F 支撑的上端点.

Marron 和 Padgett (1987) 获得下面定理.

定理 5.3.7　在条件 C1—C4 下，对某 $\varepsilon > 0$，有

$$\sup_{h_n \in [n^{-1+\varepsilon}, n^{-\varepsilon}]} \left| \frac{\mathrm{ISE}(\hat{f}_n) - (an^{-1}h_n^{-1} + b)}{an^{-1}h_n^{-1} + b} \right| \longrightarrow 0, \text{a.s.}, \tag{5.3.1}$$

其中

$$a = \int K^2(u)\,\mathrm{d}u \int \frac{f(x)w(x)}{1-G(x)}\,\mathrm{d}x,$$

$$b = \int B^2(x,h_n)w(x)\,\mathrm{d}x,$$

$$B(x,h_n) = \int K(u)(f(x-h_n u) - f(x))\,\mathrm{d}u.$$

注意到 f 与 $f(1-G)$ 的 Hölder 连续性，可知 $\hat{f}_n$ 的 ISE 相合性是定理 5.3.7 的一个显然结果. 在完全观察下，若允许 K 取负值，可以获得 $\mathrm{ISE}(\hat{f}_n)$ 的更快的收敛速度，而

定理 5.3.7 表明这在随机删失情形也是真的. 特别地，假设

$$\int x^j K(x)\,\mathrm{d}x=\begin{cases}1, & j=0,\\ 0, & j=1,2,\cdots,k-1,\\ \kappa, & j=k\end{cases}$$

并进一步假设 f 与 $f(1-G)$ 有 k 阶一致连续微分，则有

$$b=h_n^{2k}\left(\frac{\kappa}{k!}\right)^2\int\left(f^{(k)}(x)\right)^2 w(x)\,\mathrm{d}x+o(h_n^{2k}).$$

因此，对估计 $\hat{f}_n(t)$ 而言，“经典的最优带宽”有下面形式

$$\widetilde{h}_n=\left\{\frac{\int K^2(u)\,\mathrm{d}u\int f(x)w(x)/(1-G(x))\,\mathrm{d}x}{(\kappa/k!)^2\left[\int\left(f^{(k)}(x)\right)^2 w(x)\,\mathrm{d}x\right]}\right\}^{1/(2k+1)} n^{-1/(2k+1)},$$

且 ISE 的收敛速度是 $\mathrm{ISE}\sim n^{-2k/(2k+1)}$.

为从定理 5.3.7 看到 $\widetilde{h}_n$ 有如完全样本情形下 Rosenblatt 与 Parzen 的最优带宽的行为，定义

$$EI_0=n^{-1}h_n^{-1}\left[\int K^2(u)\,\mathrm{d}u\right]\left[\int\frac{f(x)w(x)}{1-G(x)}\,\mathrm{d}x\right]+h_n^{2k}\left(\frac{\kappa}{k!}\right)^2\int\left(f^{(k)}(x)\right)^2 w(x)\,\mathrm{d}x.$$

由式 (5.3.1)，显然有

$$\sup_{h_n}\left|\frac{\mathrm{ISE}(\hat{f}_n,h_n)-EI_0(h_n)}{EI_0(h_n)}\right|\longrightarrow 0\quad \text{a.s.}.$$

设 h_M 是使 $\mathrm{ISE}(\hat{f}_n,h_n)$ 达到最小的 h_n，并注意到 $\widetilde{h}_n$ 是使 $EI_0(h_n)$ 达到最小的 h_n，则由不等式 $\mathrm{ISE}(\hat{f}_n(x),\widetilde{h}_n)\geqslant\mathrm{ISE}(\hat{f}_n,h_M)$ 及 $EI_0(h_M)\geqslant EI_0(\widetilde{h}_n)$，可得

$$\begin{aligned}&\frac{|\mathrm{ISE}(\hat{f}_n,\widetilde{h}_n)-\mathrm{ISE}(\hat{f}_n,h_M)|}{\mathrm{ISE}(\hat{f}_n,h_M)}\\ \leqslant&\left|\frac{\mathrm{ISE}(\hat{f}_n,\widetilde{h}_n)-EI_0(\widetilde{h}_n)}{EI_0(\widetilde{h}_n)}\right|\frac{EI_0(h_M)}{\mathrm{ISE}(\hat{f}_n,h_M)}+\left|\frac{\mathrm{ISE}(\hat{f}_n,h_M)-EI_0(h_M)}{EI_0(h_M)}\right|\frac{EI_0(h_M)}{\mathrm{ISE}(\hat{f}_n,h_M)}\xrightarrow{\text{a.s.}}0.\end{aligned}$$

因此

$$\frac{\mathrm{ISE}(\hat{f}_n,\widetilde{h}_n)}{\inf_{h_n}\mathrm{ISE}(\hat{f}_n,h_n)}\xrightarrow{\text{a.s.}}1,$$

这表明 $\widetilde{h}_n$ 在与 Rosenblatt 和 Parzen 带宽选择同样的意义下是最优的，只是这里使用随机 ISE 准则而不是那里的平均准则.

下面讨论自动带宽选择. 对基于数据的带宽选择，Marron 和 Padgett (1987) 提出了最小二乘交叉验证方法，这一方法在完全观察下由 Rudemo(1982) 与 Bowman (1984) 提出. 注意到

$$\mathrm{ISE}(\hat{f}_n)=\int\hat{f}_n^2(x)w(x)\,\mathrm{d}x-2\int\hat{f}_n(x)f(x)w(x)\,\mathrm{d}x+\int f^2(x)w(x)\,\mathrm{d}x$$

的第三项独立于 h_n，于是可以选取 h_n 使前面两项和达到极小，又第二项依赖未知的 f，于是需要估计，显然第二项积分的一个相合估计是

$$n^{-1}\sum_{i=1}^{n}\hat{f}_n^{(-i)}(X_i)\frac{w(X_i)\delta_i}{1-\hat{G}_n^*(X_i)},$$

其中

$$1-\hat{G}_n^*(t)=\begin{cases}1, & 0\leqslant t\leqslant X_{(1)},\\ \prod_{i=1}^{k-1}\left(\dfrac{n-i+1}{n-i+2}\right)^{1-\delta_{(i)}}, & X_{(k-1)}<t\leqslant X_{(k)},k=2,3,\cdots,n,\\ \prod_{i=1}^{n}\left(\dfrac{n-i+1}{n-i+2}\right)^{1-\delta_{(i)}}, & t>X_{(n)},\end{cases}$$

$\hat{f}_n^{(-i)}$ 是 $\hat{f}_n$ 的“删一”版本，并由下式给出

$$\hat{f}_n^{(-i)}(x)=\sum_{j\neq i}\frac{1}{(n-1)(1-\hat{G}_n(X_j))h_n}K\left(\frac{x-X_j}{h_n}\right)\delta_j.$$

于是，设 $\hat{h}_c$ 是最小二乘交叉验证准则

$$\mathrm{CV}(h_n)=\int\hat{f}_n^2(x)w(x)\,\mathrm{d}x-2n^{-1}\sum_{i=1}^{n}\hat{f}_n^{(-i)}(X_i)\frac{w(X_i)\delta_i}{1-\hat{G}_n^*(X_i)}$$

的最小解.

定理 5.3.8　在定理 5.3.3 的条件下，$\hat{h}_c$ 在

$$\frac{\mathrm{ISE}(\hat{f}_n,\hat{h}_c)}{\inf_{h_n}\mathrm{ISE}(\hat{f}_n,h_n)}\xrightarrow{\text{a.s.}}1$$

意义下是渐近最优的.

5.3.2 近邻估计

Mielniczuk (1986) 定义了下面 k_n 近邻估计

$$f_n(t) = \frac{1}{R(n)}\int_0^\infty K\left(\frac{t-s}{R(n)}\right)\mathrm{d}\hat{F}_n(s),$$

其中 $\hat{F}_n$ 是 5.2 节所定义的 Kaplan-Meier 乘积限估计，$R(n)$ 是 t 到第 k_n 个最近的非删失观察的距离，k_n 是一个满足 $k_n \to \infty$ 及 $k_n/n \to 0$ 的整数序列. 对此估计有下面强相合性及渐近正态定理.

定理 5.3.9 假设 $K(\cdot)$ 除满足定理 5.3.1 的条件外，进一步满足，对 $c > 0, \sum_{n=1}^\infty \exp(-ck_n) < \infty$, 对 $0 \leqslant c \leqslant 1$, $K(cu) \geqslant K(u)$, T 与 C 有概率密度 f 和 g, t 是 f 与 g 的连续点，若 $k_n/\log(\log n) \to \infty$, 则有

$$f_n(t) \xrightarrow{\text{a.s.}} f(t).$$

定理 5.3.10 假设 K 是连续的，且对 $0 \leqslant c \leqslant 1$, $K(cu) \geqslant K(u)$. 设 g 连续，f 连续且是恒正的, τ 满足 $\bar{H}(\tau) > 0$，则当 $k_n/\log n \to \infty$ 时,

$$\sup_{t\leqslant\tau} |f_n(t) - f(t)| \xrightarrow{\text{a.s.}} 0.$$

5.3.3 直方估计

在随机删失下，最简单并且最先研究的估计应该是直方估计. Gehan (1969) 使用生存函数寿命表按下面方式估计 f. 设观察到的删失数据 $(X_i, \delta_i), i = 1, 2, \cdots, n$ 分组成 k 个固定的区间 $[t_1, t_2), [t_2, t_3), \cdots, [t_{k-1}, t_k), [t_k, \infty)$. 定义前 $k-1$ 个区间的中点为 $t_{mi}, i = 1, 2, \cdots, k-1$, 并设宽度为 $h_i = t_{i+1} - t_i, i = 1, 2, \cdots, k-1$. 设 n_i' 是在时间 t_i 处于风险的个体数，l_i 是在区间上失去跟踪的个体数或在区间上中途退出的个体数 (即 l_i 是第 i 个区间上删失观察数)，对 $n_i = n_i' - l_i/2$ 及第 i 个区间上的死亡数 d_i, 定义 $\hat{q}_i = d_i/n_i$ 且 $\hat{p}_i = 1 - \hat{q}_i$. 因此，$\hat{q}_i$ 是区间 i 上的死亡或失效的概率估计. 设 $\hat{\pi}_i = \hat{p}_{i-1}\hat{\pi}_{i-1}$，其中 $\hat{\pi}_1 \equiv 1$. Gehan 定义概率密度的估计如下：

$$\hat{f}(t_{mi}) = \frac{\hat{\pi}_i - \hat{\pi}_{i+1}}{h_i} = \frac{\hat{\pi}_i \hat{q}_i}{h_i}, \quad i = 1, 2, \cdots, k-1.$$

Gehan 并获得 $\hat{f}(t_{mi})$ 方差的大样本近似

$$\hat{\text{var}}[\hat{f}(t_{mi})] \approx \frac{(\hat{\pi}_i\hat{q}_i)^2}{h_i}\left[\sum_{j=1}^{i-1}\frac{\hat{q}_j}{n_j\hat{p}_j} + \frac{\hat{p}_i}{n_i\hat{q}_i}\right].$$

Földes，Rejtö 和 Winter (1981) 也定义了另一种形式的直方估计，这一直方估计是由乘积限估计取代完全样本下直方估计中经验分布函数获得，显然，这一直方估计的相合性可由乘积限估计的性质获得. 具体地，这一估计定义如下：设 $[0,\tau],\tau<\infty$ 是一特别的区间. 对整数 $n>0$, 设 $0=t_0^{(n)}<t_1^{(n)}<\cdots<t_n=\tau$ 是 $[0,\tau]$ 的一个分割，得到 n 个子区间 $I_i^{(n)}$，其中 $I_i^{(n)}=\left[t_{i-1}^{(n)},t_i^{(n)}\right),1\leqslant i\leqslant n-1,I_n^{(n)}=\left[t_{n-1}^{(n)},\tau\right]$.

这个直方估计则定义为

$$f_n(t)=\frac{\hat{F}_n(t_i^{(n)})-\hat{F}_n(t_{i-1}^{(n)})}{t_i^{(n)}-t_{i-1}^{(n)}},t\in I_i^{(n)}.$$

若 $t\notin[0,\tau]$, $f_n(t)$ 可以任意定义，或留下不定义. Földes，Rejtö 与 Winter (1981) 证明了该估计的一致强相合性并获得强一致收敛速度.

定理 5.3.11　假设 f 在 $[0,\tau]$ 上连续，且 $H(\tau-)<1$,

(1) 若 $\max\{|I_i^{(n)}|:1\leqslant i\leqslant n\}\to 0$, 且 $(n/\log n)^{1/4}\min\{|I_i^{(n)}|:1\leqslant i\leqslant n\}\to\infty$，则

$$\sup_{0\leqslant t\leqslant\tau}|f_n(t)-f(t)|\xrightarrow{\text{a.s.}}0.$$

(2) 若 f 在 $(0,\tau)$ 上有有界的微分，且 $n^{1/8}(\log n)^{-1/4}\max\{|I_i^{(n)}|:1\leqslant i\leqslant n\}\to 0$ 及 $n^{1/8}(\log n)^{-1/8}\min\{|I_i^{(n)}|:1\leqslant i\leqslant n\}>0$，则

$$n^{1/8}(\log n)^{-1/4}\sup_{t\leqslant\tau}|f_n(t)-f(t)|\xrightarrow{\text{a.s.}}0.$$

注意到这里的收敛速度 $n^{1/8}(\log n)^{-1/4}$ 并没有达到完全样本下直方估计的速度 $n^{1/3}(\log n)^{-1}$ (Révész,1972)，因而仍有改进的可能.

5.4　危险率函数的估计

设 $T_1,T_2,\cdots,T_n$ 是非负独立同分布表示寿命的随机变量，其分布函数为 F; $C_1,C_2,\cdots,C_n$ 是非负独立同分布表示删失的随机变量，具有连续分布函数 G. 如前面各章所假定，诸 T_i 独立于诸 C_i, F 有概率密度 f. 在随机右删失模型中，不能完全观察 T_i，而仅能观察到

$$X_i=\min(T_i,C_i),\quad \delta_i=I[T_i\leqslant C_i],\quad i=1,2,\cdots,n,$$

其中 $I[\cdot]$ 表示某事件的示性函数. 本节将利用这种随机删失数据定义危险率函数 $\lambda(t)$ 的估计并介绍这些估计的统计性质.

5.4.1 核估计方法

1. 估计的提出

设 $K(\cdot)$ 是核函数，h_n 是带宽序列，则 $\lambda(t)$ 的核估计可定义为

$$\hat{\lambda}_n(t)=\frac{1}{h_n}\int K\left(\frac{t-s}{h_n}\right)\frac{\mathrm{d}\hat{F}_n(s)}{1-\hat{F}_n(s)},$$

其中 $\hat{F}_n(\cdot)$ 是 5.2 节所定义的 Kaplan-Meier 乘积限估计.

事实上 $\lambda(t)$ 有几种不同的表示，根据不同的表示可构造不同形式的估计，上面的估计实际上是根据 $\lambda(t)$ 的如下表示

$$\lambda(t)=\frac{\mathrm{d}}{\mathrm{d}t}[-\log(1-F(t))]$$

定义的.

设 $X_{(1)},X_{(2)},\cdots,X_{(n)}$ 是 $X_1,X_2,\cdots,X_n$ 的次序统计量，$\delta_{(1)},\delta_{(2)},\cdots,\delta_{(n)}$ 是相应的示性函数，$R_{(j)}$ 是 X_j 的秩，则上面的估计可等价表示为

$$\hat{\lambda}_n(t)=\frac{1}{h_n}\sum_{j=1}^{n}\frac{\delta_{(j)}}{n-j+1}K\left(\frac{t-X_{(j)}}{h_n}\right)=\frac{1}{h_n}\sum_{i=1}^{n}\frac{\delta_i}{n-R_i+1}K\left(\frac{t-X_i}{h_n}\right).$$

这正是 Tanner 和 Wong (1983) 所定义的估计. 从上面定义可看出，估计 $\hat{\lambda}_n(t)$ 可认为是经验累积失效率 $\hat{\Lambda}(t)=\sum_{X_i\leqslant t}\delta_i/(n-R_i+1)$ 微分的卷积核光滑.

下面介绍 Wang (1997) 关于 $\hat{\lambda}_n(t)$ 的强一致相合性及其收敛速度、渐近表示、渐近正态性及弱收敛等方面的结果.

为陈述定理简洁，特列下面供以后选择使用的条件.

C1K：$K(\cdot)$ 是具有有界支撑集 (p,q) 的有界变差概率密度函数，其中 $-\infty<p<q<+\infty$.

C2λ: $\lambda(t)$ 存在 k 阶有界的导数.

C3λ: $\lambda(t)$ 在 $[0,\infty)$ 上连续.

C4H: H 有有界的概率密度 $h(t)$.

2. 弱收敛速度

定理 5.4.1 若 C1K, C2λ 满足，则存在均值为 0 的 Gaussian 过程 $G_n^*(t)$，使得

$$\sup_{0\leqslant t\leqslant\tau}\left|\sqrt{nh_n}\,(\lambda_n(t)-\lambda(t))-G_n^*(t)\right|=O((nh_n)^{-\frac{1}{2}}\log n)+O(\sqrt{n}h_n^{k+\frac{1}{2}}),\quad \text{a.s.}.$$

3. 强一致相合性及其收敛速度

定理 5.4.2　在条件 C1K, C3λ 下，若 $h_n^{-1}n^{-\frac{1}{2}}\sqrt{\log(\log n)} \longrightarrow 0$，有

$$\sup_{0\leqslant t\leqslant\tau} |\lambda_n(t) - \lambda(t)| \xrightarrow{\text{a.s.}} 0.$$

定理 5.4.3　在条件 C1K, C2λ 下，以概率 1 有

$$\sup_{0\leqslant t\leqslant\tau} |\hat{\lambda}_n(t) - \lambda(t)| = O(h_n^{-1}n^{-\frac{1}{2}}\sqrt{\log(\log n)}) + O(h_n^k).$$

4. 渐近表示与渐近正态性

记

$$\widetilde{\lambda}_n(t) = h_n^{-1}\int K\Big(\frac{t-s}{h_n}\Big)\frac{\mathrm{d}F(s)}{1-F(s)}.$$

定理 5.4.4　在条件 C1K 与 C4H 下，以概率 1 有

$$\hat{\lambda}_n(t) - \widetilde{\lambda}_n(t) = \frac{\widetilde{f}_n(t) - E\widetilde{f}_n(t)}{1-H(t)} + O((nh_n)^{-1}\log(\log n)) + O(n^{-\frac{1}{2}}\sqrt{\log(\log n)})$$

对任何 $0<t<\tau$ 成立，其中

$$\widetilde{f}_n(t) = h_n^{-1}\int K\Big(\frac{t-s}{h_n}\Big)\,\mathrm{d}H_{n1}(s).$$

定理 5.4.5　在定理 5.4.4 的假定下，若 $h_n\log(\log n) \longrightarrow 0$，且 $(nh_n)^{-\frac{1}{2}}\log(\log n) \longrightarrow 0$，对任何 $0<t<\tau$，有

$$(nh_n)^{\frac{1}{2}}(\hat{\lambda}_n(t) - \widetilde{\lambda}_n(t)) \longrightarrow N\left(0, \frac{\lambda(t)}{1-H(t)}\int_p^q K^2(u)\,\mathrm{d}u\right).$$

定理 5.4.6　在条件 C2λ与定理 5.4.5 的条件下，若 $(nh_n)^{-\frac{1}{2}}\log(\log n) \longrightarrow 0$ 且 $nh_n^{2k+1} \longrightarrow 0$，则对任何 $0<t<\tau$，有

$$(nh_n)^{\frac{1}{2}}(\lambda_n(t) - \lambda(t)) \longrightarrow N\Big(0, \frac{\lambda(t)}{1-H(t)}\int_p^q K^2(u)\,\mathrm{d}u\Big).$$

5. 带宽选择

Patil (1993) 首先将概率密度核估计的最小二乘交叉验证选择带宽的方法应用到随机删失下危险率函数估计的带宽选择，这一方法是选择 h_n 使下式达到最小

$$\mathrm{CV}(h_n) = \int \hat{\lambda}_n^2(x)w(x)\,\mathrm{d}x - 2n^{-1}\sum_{i=1}^{n}\frac{\hat{\lambda}_n^{(-i)}(X_i)}{1-H_n(X_i)}w(X_i)\delta_i,$$

$w(\cdot)$ 是一个权函数，主要用于消除端点影响，$\hat{\lambda}_n^{(-i)}(t)$ 与 $\hat{\lambda}_n(t)$ 定义相同，但基于第 i 个观察之外 $n-1$ 个观察得到，即

$$\hat{\lambda}_n^{(-i)}(X_i) = (n-1)^{-1} \sum_{j=1, j\neq i}^{n} \frac{K((X_i - X_j)/h_n)\delta_j}{1 - H_n(X_j)}.$$

Patil(1993) 研究了上面规则下的最优带宽的渐近性质，有兴趣的读者可参考他的文章.

5.4.2 直方估计

如前所表明 $\lambda(t) = f(t)/(1-F(t))$，若删失分布 $G(t) < 1$, 则有

$$\lambda(t) = \frac{f(t)(1-G(t))}{(1-F(t))(1-G(t))}.$$

设 $h_1(t) = f(t)(1-G(t))$，则

$$\lambda(t) = h_1(t)/(1-H(t)), \tag{5.4.1}$$

其中 $H(t) = P(X \leqslant t)$ 如前所定义. 下面由式 (5.4.1) 来定义危险率函数的估计. 设 D_n 定义为观察到的死亡数，即 $D_n = \sum_{i=1}^n \delta_i$. 为方便，以下记 $D = D_n$. 设 $\phi(0) = 0$, 若 $m \geqslant 1$ 设 $\phi(m) = \inf\{l : \sum_{i=1}^l \delta_i = m\}$. 设 $Z_m = X_{\phi(m)}$, $m = 0, 1, \cdots, D_n$，其中定义 $Z_0 = X_0 = 0$，显然 Z_m 是 $X_0, X_1, \cdots, X_n$ 中第 m 个没有删失的观察. 设 U_j 是 $Z_0, Z_1, \cdots, Z_{D_n}$ 的第 j 个次序统计量，并且设 $U_{D_{n+1}} = \infty$，则 $0 = U_0 < U_1 < \cdots < U_{D_n} < U_{D_{n+1}} = \infty$.

Liu 和 Ryzin (1985) 定义 $\lambda(t)$ 的估计为

$$\lambda_n(t) = \frac{h_{1n}(t)}{1 - H_n(t)},$$

其中 $H_n(t) = \dfrac{1}{n}\sum_{i=1}^n I[X_i \leqslant t], h_{1n}(t)$ 是 $h_1(t)$ 的一个估计，该估计由 Van Ryzin (1973) 在非删失下所提出的密度估计方法定义. 即对每一固定点 $t \in \mathbb{R}$, 首先选择关于 $T_1, T_2, \cdots, T_n$ 与 $C_1, C_2, \cdots, C_n$ 可测的正整数值随机变量 $A_n(t)$，使得

$$P(0 \leqslant A_n(t) \leqslant D + 1 - k, U_{A_n(t)} \leqslant t < U_{A_n(t)+k}) = 1, \tag{5.4.2}$$

且

$$A_n(t) = \begin{cases} 0, & \text{若 } t < U_1 \text{或} D + 1 - k < 0, \\ D + 1 - k, & \text{若 } t > U_D, \end{cases}$$

其中 $k = k_n$ 是正整数序列满足

$$\text{(i) } \frac{k}{n} \longrightarrow 0 \quad \text{及} \quad \text{(ii) } \frac{\log n}{k} \longrightarrow 0. \tag{5.4.3}$$

方便起见，下面简单记 $A_n(t)=A$，且使用

$$h_{1n}(t)=\frac{H_{1n}(U_{A+k})-H_{1n}(U_A)}{U_{A+k}-U_A} \tag{5.4.4}$$

估计 $h_1(t)$，其中 $H_{1n}(t)=n^{-1}\sum_{i=1}^{n}I[X_i\leqslant t,\delta_i=1]$. 应该指出，当 $A_n(t)$ 关于 t 在任何两个连续次序统计量间为常数时，式 (5.4.4) 所定义的估计是一个直方估计.

定理 5.4.7　设 $A_n(t)$ 及 k_n 分别满足式 (5.4.2)，式 (5.4.3) 及 $k\log n=o(n)$. 若 $t\in C(h_1)$，则

$$h_{1n}(t)\xrightarrow{\text{a.s.}}h_1(t).$$

定理 5.4.8　设 t 满足 $H(t)<1$. 设 $A_n(t)$ 与 k 分别满足式 (5.4.2) 与式 (5.4.3)，且 $k\log n=o(n)$. 若 $x\in C(h_1)$，则

$$\lambda_n(t)\xrightarrow{\text{a.s.}}\lambda(t).$$

定理 5.4.9　设 τ 满足 $H(\tau)<1$. 设 f 在 $[0,\tau]$ 上连续. 设 $\{A_n(t)\}$ 及 $k=k_n$ 满足式 (5.4.2) 与式 (5.4.3)，且对 $0<v<1$ 有 $\sum_{i=1}^{\infty}nv^k<\infty$，则

$$\sup_{0\leqslant t\leqslant\tau}|\lambda_n(t)-\lambda(t)|\xrightarrow{\text{a.s.}}0.$$

5.4.3　近邻估计

设 $l=\sum_{i=1}^{n}\delta_i$，定义 R_k 是点 t 到 $X_{i_1},X_{i_2},\cdots,X_{i_l}$ 的第 k 个最近邻距离，其中 $\delta_{i_1}=\delta_{i_2}=\cdots=\delta_{i_l}=1$. R_k 实际上是 t 到第 k 个最近的失效点间的距离. 设 $\delta_{(i)}$ 是对应于 $X_{(i)}$ 的示性变量，Tanner (1983) 定义 $\lambda(t)$ 的近邻估计为

$$\lambda_n(t)=\frac{1}{2R_k}\sum_{i=1}^{n}\frac{\delta_i}{n-i+1}K\left(\frac{t-X_{(i)}}{2R_k}\right).$$

定理 5.4.10　设 $k=k(n)=[n^\alpha],\dfrac{1}{2}<\alpha<1$，且 R_k 如上所定义，设 $K(\cdot)$ 是具有有界支撑 $[-1,1]$ 的有界变差核函数. 设 $\lambda(t)$ 在 t 处连续，则

$$\lambda_n(t)\xrightarrow{\text{a.s.}}\lambda(t).$$

5.5　平均剩余寿命函数的估计

生存分析中另一个重要的基本特征是平均剩余寿命函数，仍然令 T 表示分布函数为 $F(t)$、生存函数为 $S(t)$ 的随机变量，平均剩余寿命函数定义为个体在给定的时间 t 后的剩余寿命的期望，即

$$m(t)=E(T-t|T>t). \tag{5.5.1}$$

当 T 是连续随机变量时，通过简单计算可以得到

$$m(t)=\frac{\int_t^{\infty}(v-t)\mathrm{d}F(v)}{S(t)}=\frac{\int_t^{\infty}S(v)\mathrm{d}v}{S(t)}. \tag{5.5.2}$$

这表示平均剩余寿命是 t 点右侧生存曲线下的面积与生存函数 $S(t)$ 的商. 通过下面的反演公式即可由 $m(t)$ 得到 $S(t)$:

$$S(t)=\frac{m(0)}{m(t)}\exp\left[-\int_0^t\frac{\mathrm{d}v}{m(v)}\right]. \tag{5.5.3}$$

1. 估计的提出

McLain 和 Ghosh(2011) 总结了非负连续随机变量的平均剩余寿命函数存在的充分必要条件:

(1) 对 $\forall t\geqslant 0$，$m(t)\geqslant 0$;

(2) $m(t)+t$ 关于 t 是非降的;

(3) 若存在 ω 使得 $m(\omega)=0$，那么对 $\forall t\geqslant\omega$，$m(t)=0$，另外，$\int_0^{\infty}m^{-1}(v)\mathrm{d}v=\infty$;

(4) $m(t)$ 是右连左极函数且在不连续点有正的增量.

若某一非负连续随机变量的平均剩余寿命函数在 $t=t^*$ 处不满足条件 (1)，将导致其生存函数在 $t=t^*$ 处为负值. 若条件 (1) 满足而条件 (2) 不满足，将导致其风险函数在 $t=t^*$ 处为负值. 条件 (3) 则是为了保证 $F(t)$ 是适当的分布函数. 通常假定 $m(t)$ 是可微的，这样条件 (4) 成立.

估计平均剩余寿命函数 $m(t)$ 时，由非参数方法得到的估计往往能保证上述 (1)~(4) 条件成立. 设 $T_1,T_2,\cdots,T_n$ 是来自于分布函数为 F 的随机样本. 对于无删失情况，一种直观的方法是用观测值大于 t 的样本的剩余寿命的均值来估计 $m(t)$，即

$$\hat{m}(t)=\frac{\sum_{i=1}^{n}(T_i-t)I(T_i>t)}{\sum_{i=1}^{n}I(T_i>t)}, \tag{5.5.4}$$

其中 $I(\cdot)$ 表示示性函数.

可以看出，$\hat{m}(t)$ 是将等式 (5.5.2) 中的 $S(t)$ 替换为 $S_n(t)$ 得到的, 其中

$$S_n(t)=\frac{1}{n}\sum_{i=1}^{n}I\{T_i>t\}$$

是随机变量 T 的经验生存函数. Chaubey 和 Sen(1999) 通过给出生存函数 $S(t)$ 的光滑估计得到了 $m(t)$ 的光滑估计. 定义:

$$\tilde{S}_n(t)=\sum_{k\geqslant 0}S_n\left(\frac{k}{\lambda_n}\right)\omega_{nk}(t\lambda_n), \tag{5.5.5}$$

其中

$$\omega_{nk}(t\lambda_n) = \mathrm{e}^{-t\lambda_n}\frac{(t\lambda_n)^k}{k!},$$

$\lambda_n > 0$ 且满足当 $n \to \infty$ 时，$\lambda_n \to \infty$，$n^{-1}\lambda_n \to 0$. 将等式 (5.2.2) 中的 $S(t)$ 替换为 $\tilde{S}_n(t)$，得到 $m(t)$ 的一个光滑估计：

$$\tilde{m}(t) = \frac{1}{\lambda_n}\frac{\sum_{k=0}^{n}\sum_{r=0}^{k}[(t\lambda_n)^{k-r}/(k-r)!]\bar{F}_n(k/\lambda_n)}{\sum_{k=0}^{n}[(t\lambda_n)^k/k!]\bar{F}_n(k/\lambda_n)}. \tag{5.5.6}$$

2. 渐近性质

下面给出 $\tilde{m}(t)$ 的渐近性质.

定理 5.5.1　设 T 是满足 $E(T) < \infty$ 的非负连续随机变量，且对所有的 $t \in \mathbb{R}^+$，$m(t) < \infty$. 当 $\lambda_n = o(n)$ 时，对所有满足 $\bar{F}(t) > 0, t \in \ell$ 的紧区间 $\ell \subset \mathbb{R}^+$，有

$$\|\tilde{m} - m\|_\ell = \sup_{t\in\ell}|\tilde{m}(t) - m(t)| \xrightarrow{\text{a.s.}} 0.$$

定理 5.5.2　与定理 5.5.1 相同的条件下：

$$\sqrt{\lambda_n}(\tilde{m} - m) \xrightarrow{d} N\left(0, \frac{m(t)}{S(t)}\right).$$

上述两个定理的证明可参考文献 (Chaubey，Sen，1999).

第 6 章　部分线性模型

在引进非参数回归的时候，我们讲过参数回归与非参数回归有各自的优缺点. 参数回归操作简便，可以外延，适于预测，但形式呆板，难以拟合复杂的曲线；非参数回归形式灵活，可以拟合复杂曲线和曲面，但是操作复杂一些，难以较大幅度外延预测. 同时 Robinson(1988) 指出，一个正确的参数模型可以提供比较精确的推断，但是一个错误的参数模型可能提供严重的令人误解的结论. 而非参数模型相比参数模型更稳健，但是同时精确度也要差一些。一种折中的策略是应用半参数模型. 部分线性模型是应用非常广泛的一类半参数回归模型.

半参数部分线性模型 1986 年由 Engle 等首次提出用于研究城市气候条件对电力需求的影响. 近几十年来，部分线性模型已经受到广泛关注：Speckman(1988) 采用这个模型研究漱口水的效果，Schmalensee 和 Stoker(1999) 用这个模型分析美国家庭汽油消费情况，Green 和 Silverman(1993) 也提供了一个部分线性模型的应用实例，实际上，部分线性模型已经应用于生物 (见文献 (Gray，1994))、经济 (见文献 (Ahn，Powell，1997)) 等非常多的领域. 关于部分线性模型比较全面的介绍可以参考文献 (Härdle，Liang，Gao，2000).

6.1　部分线性模型可估的识别性条件

考虑部分线性模型：

$$Y_i = X_i^{\mathrm{T}}\beta_0 + g(Z_i) + u_i, \quad i = 1, 2, \cdots, n, \tag{6.1.1}$$

其中 u_i 是随机扰动项，X_i 为 $p \times 1$ 维协变量，Z_i 为 $q \times 1$ 维协变量，$g(\cdot)$ 是未知的光滑函数.

要使 β_0 可识别，需加上一定的条件. 首先要求 X 不包含常数，也即 β 不包含截距项. 否则，如果有一个截距项，设为 a, 那么，这个截距项和非参数函数 $g(z)$ 无法识别. 因为对任意不为零的常数 c, 均有 $a + g(z) = (a + c) + (g(z) - c) = a_{\text{new}} + g_{\text{new}}(z)$. 易见这使得截距项和非参数函数 $g(z)$ 不唯一，因而是无法识别的.

另外在后面的推导中，看到还需要条件：$\varPhi \equiv E\{[X - E(X|Z)][X - E(X|Z)]^{\mathrm{T}}\}$ 正定. 这就要求 X 不包含常数项，并且 X 的分量不是 Z 的确定函数. 否则，$X - E(X|Z) \equiv 0$ 就

使得 $E\{[X-E(X|Z)][X-E(X|Z)]^{\mathrm{T}}\}$ 奇异.

6.2 部分线性模型参数部分的估计

部分线性模型的估计相对比较简单，只用到了局部常数核估计和最小二乘估计的理论.下面列出文献中几种常用的估计部分线性模型回归系数的方法.

6.2.1 Robinson 的方法

下面的估计方法基于文献 (Robinson，1988)，其基本思想是先消去非参数函数 $g(z)$, 将部分线性模型转化为线性模型，再利用最小二乘方法估计回归系数. 在估计出回归系数的基础上可以再利用非参数方法估计出非参数函数 $g(z)$.

对模型 (6.1.1) 两边关于变量 Z_i 取期望，有

$$E(Y_i|Z_i)=E(X_i|Z_i)^{\mathrm{T}}\beta_0+g(Z_i). \tag{6.2.1}$$

式 (6.1.1) 和式 (6.2.1) 相减，得到

$$Y_i-E(Y_i|Z_i)=[X_i-E(X_i|Z_i)]^{\mathrm{T}}\beta_0+u_i. \tag{6.2.2}$$

令 $\tilde{Y}_i=Y_i-E(Y_i|Z_i)$, $\tilde{X}_i=X_i-E(X_i|Z_i)$，并分别看作一个整体，则式 (6.2.2) 就是一个线性模型. 如果 $\tilde{Y}_i,\tilde{X}_i$ 可观察到，则可估计 β_0 如下：

$$\tilde{\beta}_n=\left(\frac{1}{n}\sum_{i=1}^{n}\tilde{X}_i\tilde{X}_i^{\mathrm{T}}\right)^{-1}\frac{1}{n}\sum_{i=1}^{n}\tilde{X}_i\tilde{Y}_i.$$

因为 $\tilde{Y}_i=Y_i-E(Y_i|Z_i)$ 和 $\tilde{X}_i=X_i-E(X_i|Z_i)$ 中含有未知的项 $E(Y_i|Z_i)$ 和 $E(X_i|Z_i)$，首先用局部常数核估计方法分别给出 $E(Y_i|Z_i)$ 和 $E(X_i|Z_i)$ 的估计如下：

$$\hat{Y}_i=\hat{E}(Y_i|Z_i)=\frac{\frac{1}{n}\sum_{j=1}^{n}Y_jK_h(Z_j-Z_i)}{\hat{f}(Z_i)},$$

$$\hat{X}_i=\hat{E}(X_i|Z_i)=\frac{\frac{1}{n}\sum_{j=1}^{n}X_jK_h(Z_j-Z_i)}{\hat{f}(Z_i)},$$

这里 $\hat{f}(Z_i)=\frac{1}{n}\sum_{j=1}^{n}K_h(Z_j-Z_i)$, $K_h(x)=\prod_{i=1}^{p}\frac{1}{h}k\left(\frac{x_i}{h}\right)$.

基于上面的考虑，Robinson(1988) 给出了 β 的一个估计：

$$\hat{\beta}_n=\left(\frac{1}{n}\sum_{i=1}^{n}(X_i-\hat{X}_i)(X_i-\hat{X}_i)^{\mathrm{T}}I_i\right)^{-1}\frac{1}{n}\sum_{i=1}^{n}(X_i-\hat{X}_i)(Y_i-\hat{Y}_i)I_i,$$

其中 $I_i = I(\hat{f}(Z_i) \geqslant b)$, $I(\cdot)$ 为示性函数，$b = b(n) > 0$，且当 $n \to \infty, b \to 0$. 这里 b 的引入是为了避免分母出现 0 的情况.

下面给出一些证明估计 $\hat{\beta}_n$ 的渐近正态性需要的条件.

(A1) $\{Y_i, X_i, Z_i\}_{i=1}^n$ 独立同分布；

(A2) Z 的密度函数 $f_z(\cdot)$ 在其支撑上一致有界，且满足一阶 Lipschitz 条件；

(A3) 非参数函数 $g(\cdot)$ 二阶可微，且满足一阶 Lipschitz 条件；

(A4) $E[u_i|X_i, Z_i] = 0$, $E[u_i^2|X_i = x, Z_i = z] = \sigma^2(x, z)$, $E|u_i|^4 < \infty$, $E|X_{is}|^4 < \infty$, 这里 $s = 1, 2, \cdots, p$;

(A5) $\Phi = E\{[X - E(X|Z)][X - E(X|Z)]^{\mathrm{T}}\}$ 正定；

(A6) $K(\cdot)$ 是单元核函数 $k(\cdot)$ 的乘积，$k(\cdot)$ 为偶函数，且满足：

(1) $\int k(u)\mathrm{d}u = 1$;

(2) $\int u^2 k(u)\mathrm{d}u < \infty$;

(3) $\int k^2(u)\mathrm{d}u < \infty$;

(A7) 当 $n \to \infty$ 时，$n(h_1 h_2 \cdots h_q)^2 b^4 \to \infty$, $nb^{-4}\sum_{s=1}^q h_s^4 \to 0$.

对估计 $\hat{\beta}_n$, 有下面的渐近性质成立.

定理 6.2.1　当假定 (A1)~(A7) 成立时，有

$$\sqrt{n}(\hat{\beta}_n - \beta_0) \xrightarrow{d} N(0, \Phi^{-1}\Psi\Phi^{-1}),$$

其中 $\Psi = E(\sigma^2(X, Z)\tilde{X}\tilde{X}^{\mathrm{T}}), \sigma^2(X, Z) = E(u^2|X, Z)$.

可以用下面的方法估计渐近方差 $\Phi^{-1}\Psi\Phi^{-1}$. 首先估计 Φ 和 Ψ 如下：$\hat{\Phi} = \dfrac{1}{n}\sum_{i=1}^n (X_i - \hat{X}_i)(X_i - \hat{X}_i)^{\mathrm{T}} I_i$ 和 $\hat{\Psi} = \dfrac{1}{n}\sum_{i=1}^n \hat{U}_i^2 (X_i - \hat{X}_i)(X_i - \hat{X}_i) I_i$, 这里 $\hat{U}_i = (Y_i - \hat{Y}_i) - (X_i - \hat{X}_i)^{\mathrm{T}}\hat{\beta}_n$. 这样就可得到渐近方差的一个估计：$\hat{\Phi}^{-1}\hat{\Psi}\hat{\Phi}^{-1}$. 容易证明 $\hat{\Phi}^{-1}\hat{\Psi}\hat{\Phi}^{-1}$ 是渐近方差 $\Phi^{-1}\Psi\Phi^{-1}$ 的相合估计. 基于估计的渐近方差，可以构建回归参数 β 的置信区间.

6.2.2　Li 的方法

下面的方法基于文献 (Li，1996). 其出发点是因为 Robinson(1988) 提出的估计方法引入了一个讨厌参数 b，且 b 如何选取没有给出具体方法，这就给实际操作者带来了一些困难. Li(1996) 采用密度函数加权的方法避免上面的讨厌参数 b 的引入，同时使得不会出现分母为 0 的情况.

对式 (6.2.2)$[Y_i - E(Y_i|Z_i)] = [X_i - E(X_i|Z_i)]^{\mathrm{T}}\beta_0 + u_i$ 进行加权处理有下式成立：

$$[Y_i - E(Y_i|Z_i)]f_i = [X_i - E(X_i|Z_i)]^{\mathrm{T}}\beta_0 f_i + u_i f_i,$$

这里 f_i 是 Z 的密度函数在 Z_i 处的值 $f(Z_i)$. 注意到 $E(u_i f(Z_i)|X_i, Z_i) = f(Z_i)E(u_i|X_i, Z_i) = 0$. 将 $[Y_i - E(Y_i|Z_i)]f_i$ 和 $f_i[X_i - E(X_i|Z_i)]$ 分别看做一个整体，上式具有线性模型的形式.

将 $[Y_i - E(Y_i|Z_i)]f_i$ 对 $f_i[X_i - E(X_i|Z_i)]$ 进行回归可得到 β_0 的一个估计如下：

$$\tilde{\beta}_f = \left(\frac{1}{n}\sum_{i=1}^{n}\tilde{X}_i\tilde{X}_i^{\mathrm{T}} f_i^2\right)^{-1}\frac{1}{n}\sum_{i=1}^{n}\tilde{X}_i\tilde{Y}_i f_i^2.$$

$\tilde{\beta}_f$ 中包含未知的量，比如 $\tilde{X}_i, \tilde{Y}_i, f_i$，因而不是一个真正的估计.

将 $\tilde{X}_i, \tilde{Y}_i, f_i$ 用其估计代替后，得到 $\hat{\beta}_f$ 的一个真正的估计：

$$\hat{\beta}_{f_n} = \left(n^{-1}\sum_{i=1}^{n}(X_i - \hat{X}_i)(X_i - \hat{X}_i)\hat{f_i}^2\right)^{-1} n^{-1}\sum_{i=1}^{n}(X_i - \hat{X}_i)(Y_i - \hat{Y}_i)\hat{f_i}^2,$$

这里 $\hat{f}_i = \dfrac{1}{n}\sum_{j=1}^{n} k_h(Z_j - Z_i)$ 是 $f(Z_i)$ 的估计.

对上面的估计 $\hat{\beta}_{f_n}$，有下面的渐近性质.

定理 6.2.2 在一定正则条件下，有

$$\sqrt{n}(\hat{\beta}_{f_n} - \beta_0) \xrightarrow{d} N(0, \Phi_f^{-1}\Psi_f\Phi_f^{-1}),$$

这里 $\Phi_f = E\{[X - E(X|Z)][X - E(X|Z)]^{\mathrm{T}} f^2(Z)\}, \Psi_f = E(\sigma^2(X, Z)\tilde{X}\tilde{X}' f^4(Z))$.

证明细节可参考文献 (Li，1996).

可以用下面的方法估计渐近方差 $\Phi_f^{-1}\Psi_f\Phi_f^{-1}$. 首先估计 Φ_f和 Ψ_f如下：$\hat{\Phi}_f = \dfrac{1}{n}\sum_{i=1}^{n}(X_i - \hat{X}_i)(X_i - \hat{X}_i)^{\mathrm{T}}\hat{f_i}^2$ 和 $\hat{\Psi}_f = \dfrac{1}{n}\sum_{i=1}^{n}\hat{U}_i^2(X_i - \hat{X}_i)(X_i - \hat{X}_i)\hat{f_i}^4$，这里 $\hat{U}_i = (Y_i - \hat{Y}_i) - (X_i - \hat{X}_i)^{\mathrm{T}}\hat{\beta}_{f_n}$. 这样就可得到渐近方差的一个估计：$\hat{\Phi}_f^{-1}\hat{\Psi}_f\hat{\Phi}_f^{-1}$. 易见 $\hat{\Phi}_f^{-1}\hat{\Psi}_f\hat{\Phi}_f^{-1}$ 是渐近方差 $\Phi_f^{-1}\Psi_f\Phi_f^{-1}$ 的一个相合估计.

对上面所提的两种估计方法，Li (1996) 的估计不用选择讨厌参数 b，但是会带来一些效率损失. Robinson (1988) 所提的估计在模型误差为同方差的情况下，是半参有效的.

6.3 非参数部分的估计

由式 (6.2.1) 有 $g(z) = E(Y - X^{\mathrm{T}}\beta_0|Z = z)$. 在得到 β_0 的估计之后，可以估计 $\hat{g}(z)$ 如下：

$$\hat{g}(z) = \frac{\frac{1}{n}\sum_{j=1}^{n}(Y_j - X_j^{\mathrm{T}}\hat{\beta}_n)K_h(Z_j - z)}{\hat{f}(z)}, \tag{6.3.1}$$

其中 $\hat{f}(z) = \dfrac{1}{n}\sum_{j=1}^{n} k_h(Z_j - z)$, β 的估计 $\hat{\beta}_n$ 既可以取 Li (1996) 的估计又可以取 Robinson (1988) 的估计. 这里带宽和核函数的选取可以与估计 β 时取得不一样.

对非参数函数 $g(z)$, 带宽的选择对其估计的影响非常明显. 下面给出选择带宽的交叉验证方法，即选择带宽使得下面的最小二乘交叉验证函数达到最小：

$$\frac{1}{n}\sum_{i=1}^{n}\{Y_i - X_i^{\mathrm{T}}\hat{\beta}_n - \hat{g}_{-i}(Z_i)\}^2,$$

这里 $\hat{g}_{-i}(Z_i) = \dfrac{\frac{1}{n}\sum_{j=1,j\neq i}^{n}(Y_j - X_j^{\mathrm{T}}\hat{\beta}_n)K_h(Z_j - Z_i)}{\hat{f}_{-i}(Z_i)}$, $\hat{f}_{-i}(Z_i) = \frac{1}{n}\sum_{j=1,j\neq i}^{n}K_h(Z_j - Z_i)$.

在考察最优带宽的阶时，可以把上式中 $Y_i - X_i^{\mathrm{T}}\hat{\beta}$ 看作响应变量. 因为 $\hat{\beta}_n$ 的收敛速度比非参数估计的收敛速度快，因此可以用 β_0 取代 $\hat{\beta}_n$ 研究最优带宽的阶. 这样，问题就和第 4 章中非参数回归的最小二乘交叉验证方法选择带宽的阶相同，即最优带宽的阶为 $O_p(n^{-1/(4+q)})$.

6.4 偏似然估计方法

上面给出的 Robinson (1988) 提出的估计，可以认为是一种局部最小二乘问题的解. 在 z 的邻域内，用常数 α 来近似 $g(Z_i)$，即得下面的局部均方误差：

$$\frac{1}{n}\sum_{i=1}^{n}(Y_i - X_i^{\mathrm{T}}\beta - \alpha)^2K_h(Z_i - z).$$

上面的均方误差用矩阵可表示为

$$(Y - X\beta - \alpha I)^{\mathrm{T}}W_z(Y - X\beta - \alpha I),$$

其中 I 为元素为 1 的 $n\times 1$ 维列向量，$W_z = \mathrm{diag}(K_h(Z_1 - z), K_h(Z_2 - z), \cdots, K_h(Z_n - z))$,

$$Y = \begin{pmatrix} Y_1 \\ Y_2 \\ \vdots \\ Y_n \end{pmatrix}, \quad X = \begin{pmatrix} X_1^{\mathrm{T}} \\ X_2^{\mathrm{T}} \\ \vdots \\ X_n^{\mathrm{T}} \end{pmatrix}, \quad \beta = \begin{pmatrix} \beta_1 \\ \beta_2 \\ \vdots \\ \beta_p \end{pmatrix}. \tag{6.4.1}$$

给定 β，由下式可以得到 $\alpha = \alpha(z)$ 的估计

$$\alpha_\beta(z) = \mathrm{argmin}_\alpha(Y - X\beta - \alpha I)^{\mathrm{T}}W_z(Y - X\beta - \alpha I).$$

通过对 $(Y - X\beta - \alpha I)^{\mathrm{T}}W_z(Y - X\beta - \alpha I)$ 求导并令其为 0 可解得

$$\alpha_\beta(z) = [I^{\mathrm{T}}W_zI]^{-1}I^{\mathrm{T}}W_z(Y - X\beta) \stackrel{\mathrm{def}}{=} S(Z)(Y - X\beta).$$

将 $\alpha_\beta(z)$ 作为 $g(z)$ 的估计，记为 $\hat{g}_n(z)$.

构建全局均方误差：

$$\begin{aligned}&(Y-X\beta-g_\beta(Z))^{\mathrm{T}}(Y-X\beta-g_\beta(Z))\\=&[(Y-S(Z)Y)-(X-S(Z)X)\beta]^{\mathrm{T}}[(Y-S(Z)Y)-(X-S(Z)X)\beta],\end{aligned}$$

其中 $g_\beta(Z)=(\hat{g}_n(Z_1),\cdots,\hat{g}_n(Z_n))^{\mathrm{T}}$. 最小化上式可求得 β 的估计，记为 $\hat{\beta}$.

容易得到 $\hat{\beta}$ 的显式表达式为

$$\hat{\beta}=[(X-S(Z)X)^{\mathrm{T}}(X-S(Z)X)]^{-1}(X-S(Z)X)^{\mathrm{T}}(Y-S(Z)Y).$$

经简单计算可得，$\hat{\beta}$ 实际上是 Robinson(1988) 中定义的估计，只是形式不同.

基于上面的估计 $\hat{\beta}$，$g(z)$ 的偏似然估计可类似给出：

$$\alpha_{\hat{\beta}}(z)\stackrel{\mathrm{def}}{=\!=}S(z)(Y-X\hat{\beta})=\frac{\sum_{j=1}^n(Y_j-X_j^{\mathrm{T}}\hat{\beta})K_h(Z_j-z)I_i}{\sum_{j=1}^n K_h(Z_j-z)I_i}$$

这与式 (6.3.1) 几乎是一样的，唯一的不同在于 I_i 的出现.

上面的方法可以利用局部线性逼近取代局部常数逼近加以改进. 假设在 z 的一个邻域内有 $\tilde{z}$，则有 $g(\tilde{z})\approx g(z)+(g^{(1)}(z))^{\mathrm{T}}(\tilde{z}-z)=\alpha_0+\alpha_1^{\mathrm{T}}(\tilde{z}-z)$. 给定 β，可以由下式估计 $\alpha=\alpha(z)=(\alpha_0,\alpha_1^{\mathrm{T}})^{\mathrm{T}}$：

$$\alpha_\beta(z)=\mathrm{argmin}_\alpha(Y-X\beta-\tilde{Z}_z\alpha)^{\mathrm{T}}W_z(Y-X\beta-\tilde{Z}_z\alpha),$$

其中

$$\tilde{Z}_z=\begin{pmatrix}1 & (Z_1-z)^{\mathrm{T}}\\ 1 & (Z_2-z)^{\mathrm{T}}\\ & \vdots\\ 1 & (Z_n-z)^{\mathrm{T}}\end{pmatrix}.$$

定义光滑算子 $S(z)=[\tilde{Z}_z{}^{\mathrm{T}}W_z\tilde{Z}_z]^{-1}\tilde{Z}_z{}^{\mathrm{T}}W_z$，则可得到

$$\alpha_\beta(z)=S(z)(Y-X\beta).$$

这样 $g(z)$ 的估计取为 $\alpha_\beta(z)$ 的第一个分量，即

$$g_\beta(z)=s(z)(Y-X\beta),$$

其中 $s(z)=e_1^{\mathrm{T}}S(z)$，这里 $e_1=(1,0,\cdots,0)^{\mathrm{T}}$ 是 $(q+1)\times 1$ 维向量.

基于 $g(z)$ 的估计 $g_\beta(z)$, 可以定义 $\hat{\beta}$ 的偏似然估计如下：

$$\begin{aligned}\hat{\beta}_u &= \text{argmin}_\beta (Y - X\beta - g_\beta(Z))^{\mathrm{T}}(Y - X\beta - g_\beta(Z)) \\ &= \text{argmin}_\beta [(Y - S(Z)Y) - (X - S(Z)X)\beta]^{\mathrm{T}}[(Y - S(Z)Y) - (X - S(Z)X)\beta],\end{aligned}$$

其中 $g_\beta(Z) = (g_\beta(Z_1), \cdots, g_\beta(Z_n))^{\mathrm{T}}$.

这样就有

$$\hat{\beta}_u = [(X - S(Z)X)^{\mathrm{T}}(X - S(Z)X)]^{-1}(X - S(Z)X)^{\mathrm{T}}(Y - S(Z)Y).$$

在估计出 β 之后，可以得到 $\alpha(z)$ 的偏似然估计：

$$\hat{\alpha}_u(z) = \hat{\alpha}_{\hat{\beta}_u}(z) = S(z)(Y - X\hat{\beta}_u).$$

因此 $g(z)$ 的估计为

$$\hat{g}_u(z) = g_{\hat{\beta}_u}(z) = s(z)(Y - X\hat{\beta}_u).$$

6.5　半参有效估计

6.5.1　半参效率界

在参数背景下，比较容易判断一个参数的估计是否是有效的. 比如说，可以用 Cramer-Rao 下界来判断一个参数是否有效或是否渐近有效. 对于半参数模型，也有类似的有效性问题，即一个估计的方差如果达到了所谓的半参效率界，这时就称这个估计是半参有效的.

6.5.2　半参有效估计的推导

若 $\sigma^2(X, Z)$ 已知，Ai 和 Chen(2003) 表明，β 的半参有效估计由关于 $(\beta, g(Z))$ 最小化下面的目标函数达到：

$$E\{[Y - X^{\mathrm{T}}\beta - g(Z)]^2/\sigma^2(X, Z)\},$$

其中 $\beta \in B$, B 为 $\mathbb{R}^p$ 上的一个紧集，$g(\cdot)$ 为 $\mathbb{R}^q$ 上的光滑函数.

当有样本时，上式对应的样本矩为

$$\frac{1}{n}\sum_{i=1}^{n}[Y_i - X_i^{\mathrm{T}}\beta - g(Z_i)]^2/\sigma^2(X_i, Z_i), \tag{6.5.1}$$

上式关于 β 和 $g(\cdot)$ 求最小值，就得到 β 和 $g(\cdot)$ 的估计.

由式 (6.5.1) 成立，有

$$E\{[Y_i - X_i^{\mathrm{T}}\beta - g(Z_i)]/\sigma^2(X_i, Z_i)|Z_i\} = 0,$$

解出 $g(Z_i)$ 得到：

$$g(Z_i) = \frac{1}{E\Big[\dfrac{1}{\sigma^2(X_i, Z_i)}\Big|Z_i\Big]} E\Big[\frac{Y_i - X_i^{\mathrm{T}}\beta}{\sigma^2(X_i, Z_i)}\Big|Z_i\Big].$$

将上式代入式 (6.5.1) 有

$$\frac{1}{n}\sum_{i=1}^{n}[Y_i^* - X_i^{*\mathrm{T}}\beta]^2/\sigma^2(X_i, Z_i),$$

其中

$$Y_i^* = Y_i - E\Big(\frac{Y_i}{\sigma^2(X_i, Z_i)}\Big|Z_i\Big)\Big/E\Big(\frac{1}{\sigma^2(X_i, Z_i)}\Big|Z_i\Big),$$

$$X_i^* = X_i - E\Big(\frac{X_i}{\sigma^2(X_i, Z_i)}\Big|Z_i\Big)\Big/E\Big(\frac{1}{\sigma^2(X_i, Z_i)}\Big|Z_i\Big).$$

最小化上式可得到：

$$\tilde{\beta}_{\mathrm{eff}} = \Big[\frac{1}{n}\sum_{i=1}^{n} X_i^* X_i^{*\mathrm{T}}\sigma^{-2}(X_i, Z_i)\Big]^{-1}\frac{1}{n}\sum_{i=1}^{n} X_i^* X_i^{*\mathrm{T}}\sigma^{-2}(X_i, Z_i).$$

定理 6.5.1 在一定正则条件下，有

$$\sqrt{n}(\tilde{\beta}_{\mathrm{eff}} - \beta_0) \xrightarrow{d} N(0, V_0^{-1}),$$

其中 $V_0 = E[X_i^* X_i^{*\mathrm{T}}\sigma^{-2}(X_i, Z_i)]$，其中 V_0^{-1} 就是SEB(半参效率界).

若 $\sigma^2(X_i, Z_i) = \sigma^2(Z_i)$，则 $V_0 = E\{[X_i - E(X_i|Z_i)][X_i - E(X_i|Z_i)]^{\mathrm{T}}\sigma^{-2}(Z_i)\}$;

若 $\sigma^2(X_i, Z_i) = \sigma^2$ 为一常数，则 $V_0 = E\{[X_i - E(X_i|Z_i)][X_i - E(X_i|Z_i)]^{\mathrm{T}}\sigma^{-2}\}$.

这时，Robinson's (1988) 中的估计达到了半参效率界.

6.5.3 一个可行的半参有效估计

实际上，上面的 $\tilde{\beta}_{\mathrm{eff}}$ 估计是不可实现的. 为了得到 β_0 的一个真正的估计，将 $\tilde{\beta}_{\mathrm{eff}}$ 中的未知量用非参数核估计来代替.

因为 $\sigma^2(X_i, Z_i)$ 未知，可以估计如下：

$$\tilde{\sigma}^2(X_i, Z_i) = \frac{\sum_{j=1}^{n}\tilde{u}_j^2 K_{hx}(X_i - X_j)K_{hz}(Z_i - Z_j)}{\sum_{j=1}^{n} K_{hx}(X_i - X_j)K_{hz}(Z_i - Z_j)},$$

这里 $\tilde{u}_i = Y_i - \hat{E}(Y_i|Z_i) - (X_i - \hat{E}(X_i|Z_i))^{\mathrm{T}}\tilde{\beta}$ 是 u_i 的一个相合估计，其中 $\tilde{\beta}$ 是 β_0 的相合估计，可以取为 Robinson (1988) 或者 Li (1996) 的估计，$\hat{E}(Y_i|Z_i)$ 和 $\hat{E}(X_i|Z_i)$ 是 $E(Y|Z=Z_i)$ 和 $E(X|Z=Z_i)$ 的核估计，其具体定义可参考 6.2 节相应部分.

再估计 Y_i^* 和 X_i^* 如下：

$$\tilde{Y}_i^* = Y_i - \hat{E}\Big(\frac{Y_i}{\tilde{\sigma}^2(X_i,Z_i)}\Big|Z_i\Big)\Big/\hat{E}\Big(\frac{1}{\tilde{\sigma}^2(X_i,Z_i)}\Big|Z_i\Big),$$

$$X_i^* = X_i - \hat{E}\Big(\frac{X_i}{\tilde{\sigma}^2(X_i,Z_i)}\Big|Z_i\Big)\Big/\hat{E}\Big(\frac{1}{\tilde{\sigma}^2(X_i,Z_i)}\Big|Z_i\Big).$$

注意 $\hat{E}\Big(\frac{Y_i}{\tilde{\sigma}^2(X_i,Z_i)}\Big|Z_i\Big)$, $\hat{E}\Big(\frac{1}{\tilde{\sigma}^2(X_i,Z_i)}\Big|Z_i\Big)$ 和 $\hat{E}\Big(\frac{X_i}{\tilde{\sigma}^2(X_i,Z_i)}\Big|Z_i\Big)$ 也是局部常数核回归估计，只是这里的响应变量分别为 $\frac{Y}{\tilde{\sigma}^2(X,Z)}$, $\frac{1}{\tilde{\sigma}^2(X,Z)}$ 和 $\frac{X}{\tilde{\sigma}^2(X,Z)}$, 协变量为 Z.

这样就得到 β_0 的一个真正的估计，记为 $\hat{\beta}_{\mathrm{eff}}$. 对这个估计，有下面的性质.

定理 6.5.2　在一定正则条件下，有

$$\sqrt{n}(\hat{\beta}_{\mathrm{eff}} - \beta_0) \xrightarrow{d} N(0, V_0^{-1}),$$

其中 V_0 的定义在定理 6.5.1 中给出.

因为 V_0^{-1} 就是半参效率界，因此估计 $\hat{\beta}_{\mathrm{eff}}$ 是 β_0 的半参有效估计.

6.6　响应变量有缺失时部分线性模型的估计

6.6.1　背景

考虑部分线性模型

$$Y = X^{\mathrm{T}}\beta + g(T) + \varepsilon, \tag{6.6.1}$$

其中 Y 是一维响应变量，X 是 p 维协变量，T 是取值于 $[0,1]$ 的一维协变量，β 是未知的 $p\times 1$ 回归系数，$g(\cdot)$ 是 $[0,1]$ 上未知的可测函数，ε 是随机统计误差，满足 $E[\varepsilon|X,T]=0$.

假设有一组来自模型 (6.6.1) 的数据不完全的随机样本

$$(Y_i, \delta_i, X_i, T_i), \quad i = 1, 2, \cdots, n,$$

其中如果 Y_i 缺失，则 $\delta_i = 0$，否则 $\delta_i = 1$.

在本章中，假定 Y 是随机缺失的 (missing at random, MAR). 随机缺失假定表明给定 X 和 T，δ 和 Y 是条件独立的，也即 $p(\delta=1|Y,X,T) = p(\delta=1|X,T)$.

6.6.2 插补估计方法

令 $Z=(X^{\mathrm{T}},T^{\mathrm{T}})^{\mathrm{T}}$, $\sigma^2(Z)=E(\varepsilon^2|Z)$, $\Delta(z)=P(\delta=1|Z=z)$, $\Delta_t(t)=P(\delta=1|T=t)$, 再令 $U_i^{[I]}=\delta_iY_i+(1-\delta_i)(X_i^{\mathrm{T}}\beta+g(T_i))$, 即如果 $\delta_i=1$, 则 $U_i^{[I]}=Y_i$, 否则 $U_i^{[I]}=X_i^{\mathrm{T}}\beta+g(T_i)$.

由 MAR 假定，有 $E[U^{[I]}|Z]=E[\delta Y+(1-\delta)(X^{\mathrm{T}}\beta+g(T))|Z]=X^{\mathrm{T}}\beta+g(T)$. 这表明

$$U_i^{[I]}=X_i^{\mathrm{T}}\beta+g(T_i)+e_i, \tag{6.6.2}$$

其中 $E[e_i|Z_i]=0$. 在形式上这正是标准的部分线性模型. 令

$$\omega_{ni}(t)=\frac{M\left(\dfrac{t-T_i}{b_n}\right)}{\sum_{i=1}^n M\left(\dfrac{t-T_i}{b_n}\right)},$$

其中 $M(\cdot)$ 是核函数，b_n 是带宽序列. 那么，可用标准方法定义 β 的估计如下：

$$\tilde{\beta}_I=\left[\sum_{i=1}^n(X_i-\tilde{g}_{1n}(T_i))(X_i-\tilde{g}_{1n}(T_i))^{\mathrm{T}}\right]^{-1}\sum_{i=1}^n(X_i-\tilde{g}_{1n}(T_i))(U_i^{[I]}-\tilde{g}_{2n}^{[I]}(T_i)), \tag{6.6.3}$$

其中

$$\tilde{g}_{1n}(t)=\sum_{i=1}^n\omega_{ni}(t)X_i,\quad \tilde{g}_{2n}^{[I]}(t)=\sum_{i=1}^n\omega_{ni}(t)U_i^{[I]}.$$

令

$$\omega_{nj}^C(t)=\frac{K\left(\dfrac{t-T_j}{h_n}\right)}{\sum_{j=1}^n\delta_jK\left(\dfrac{t-T_j}{h_n}\right)},$$

其中 $K(\cdot)$ 是核函数，h_n 是带宽序列. 显然，$U_i^{[I]}$ 包含未知的 β 和 $g(T_i)$. 因此 $\tilde{\beta}_I$ 并不是真正的估计值.

在式 (6.6.3) 中用

$$U_{ni}^{[I]}=\delta_iY_i+(1-\delta_i)(X_i^{\mathrm{T}}\hat{\beta}_C+g_n^C(T_i)) \tag{6.6.4}$$

取代 $U_i^{[I]}$, 然后把相应估计记为 $\hat{\beta}_I$, 其中 $\hat{\beta}_C$ 和 $g_n^C(T_i)$ 分别由

$$\hat{\beta}_C=\left[\sum_{i=1}^n\delta_i(X_i-g_{1n}^C(T_i))(X_i-g_{1n}^C(T_i))^{\mathrm{T}}\right]^{-1}\sum_{i=1}^n\delta_i(X_i-g_{1n}^C(T_i))(Y_i-g_{2n}^C(T_i))$$

和

$$g_n^C(t) = g_{2n}^C(t) - g_{1n}^C(t)^{\mathrm{T}}\hat{\beta}_C$$

给出，其中

$$g_{1n}^C(t) = \sum_{j=1}^n \delta_j \omega_{nj}^C(t) X_j, \ \ g_{2n}^C(t) = \sum_{j=1}^n \delta_j \omega_{nj}^C(t) Y_j.$$

令 $g_1(t) = E[X|T=t], g_2(t) = E[Y|T=t] = E[U^{[I]}|T=t]$. 对于式 (6.6.2)，两边对 T 取期望，有

$$g(t) = g_2(t) - g_1(t)^{\mathrm{T}}\beta.$$

这样 $g(t)$ 可用

$$\hat{g}_n^{[I]}(t) = g_{2n}^{[I]}(t) - g_{1n}(t)^{\mathrm{T}}\hat{\beta}_I \tag{6.6.5}$$

估计，这里 $g_{1n}(t)$ 即 $\widetilde{g}_{1n}(t)$, $g_{2n}^{[I]}(t)$ 即 $\widetilde{g}_{2n}^{[I]}(t)$, $U_i^{[I]}$ 被 $U_{ni}^{[I]}$ 代替.

记 $\check{X} = X - E(X|T)$ 和 $\widetilde{X} = X - \dfrac{E(\delta X|T)}{E(\delta|T)}$. 令

$$\Sigma_0 = E[\Delta(Z)\widetilde{X}\widetilde{X}^{\mathrm{T}}], \quad \Sigma_1 = E[\check{X}\check{X}^{\mathrm{T}}], \quad \Sigma_2 = E[(1-\Delta(Z))\check{X}\widetilde{X}^{\mathrm{T}}].$$

定理 6.6.1　在一定的正则条件下，有

$$\sqrt{n}(\hat{\beta}_I - \beta) \xrightarrow{L} N(0, \Sigma_1^{-1}V_I\Sigma_1^{-1}),$$

其中

$$V_I = (\Sigma_2+\Sigma_0)\Sigma_0^{-1}E[\Delta(Z)\hat{X}\hat{X}^{\mathrm{T}}\sigma^2(Z)]\Sigma_0^{-1}(\Sigma_2+\Sigma_0).$$

定理 6.6.2　在一定的正则条件下，如果 $b_n = O_p\big(n^{-\frac{1}{3}}\big)$ 且 $h_n = O_p\big(n^{-\frac{1}{3}}\big)$, 则有

$$\hat{g}_n^{[I]}(t) - g(t) = O_p(n^{-\frac{1}{3}}).$$

定理 6.6.2 表明 $\hat{g}_n^{[I]}(t)$ 达到了非参核回归估计的最优速度.

6.6.3　半参回归替代估计方法

令

$$U_{ni}^{[R]} = X_i^{\mathrm{T}}\hat{\beta}_C + g_n^C(T_i). \tag{6.6.6}$$

β 的半参回归替代估计，记为 $\hat{\beta}_R$，可以定义如下：把 $\hat{\beta}_I$ 定义中的 $U_{ni}^{[I]}$ 用 $U_{ni}^{[R]}, i=1,2,\cdots,n$ 取代即得到 β 的半参回归替代估计 $\hat{\beta}_R$. 把 $\hat{g}_n^{[I]}(\cdot)$ 中的 $U_{ni}^{[I]}$ 和 $\hat{\beta}_I$ 分别用 $U_{ni}^{[R]}$ 和 $\hat{\beta}_R$ 取代可定义为 $g(\cdot)$ 的估计，记为 $\hat{g}_n^{[R]}(\cdot)$.

定理 6.6.3 在一定的正则条件下，有

$$\sqrt{n}(\hat{\beta}_R-\beta)\xrightarrow{L}N(0,\Sigma_1^{-1}V_R\Sigma_1^{-1}),$$

其中

$$V_R=\Sigma_1\Sigma_0^{-1}E[\widetilde{X}\widetilde{X}^{\mathrm{T}}\Delta(Z)\sigma^2(Z)]\Sigma_0^{-1}\Sigma_1.$$

定理 6.6.4 在一定的正则条件下，如果 $b_n=O_p\left(n^{-\frac{1}{3}}\right)$，$h_n=O_p\left(n^{-\frac{1}{3}}\right)$，则有

$$\hat{g}_n^{[R]}(t)-g(t)=O_p\left(n^{-\frac{1}{3}}\right).$$

6.6.4 逆概率加权估计方法

在 MAR 假定下，显然

$$E\left[\frac{\delta_i}{\Delta(Z_i)}Y_i+\left(1-\frac{\delta_i}{\Delta(Z_i)}\right)(X_i^{\mathrm{T}}\beta+g(T_i))\middle|Z_i\right]=X_i^{\mathrm{T}}\beta+g(T_i).$$

为避免当 X 的维数比较高时产生的著名的“维数祸根”的问题，采用边际逆概率加权方法.

令

$$U_i^{[IP]}=\frac{\delta_i}{\Delta_t(T_i)}Y_i+\left(1-\frac{\delta_i}{\Delta_t(T_i)}\right)(X_i^{\mathrm{T}}\beta+g(T_i)). \tag{6.6.7}$$

然后两边关于 Z_i 取期望，则 $E\left(U_i^{[IP]}\middle|Z_i\right)=X_i^{\mathrm{T}}\beta+g(T_i)$.

这样，就有

$$U_i^{[IP]}=X_i^{\mathrm{T}}\beta+g(T_i)+\eta_i, \tag{6.6.8}$$

其中 η_i 满足 $E[\eta_i|Z_i]=0$. 令

$$\widetilde{\omega}_{ni}(t)=\frac{\Omega\left(\dfrac{t-T_i}{\gamma_n}\right)}{\sum_{j=1}^n\Omega\left(\dfrac{t-T_j}{\gamma_n}\right)},$$

其中 $\Omega(\cdot)$ 是核函数，γ_n 是带宽序列. 式 (6.6.8) 是标准的部分线性模型的形式.

将 $\hat{\beta}_I$ 中的 $U_{ni}^{[I]}$ 用 $U_{ni}^{[IP]}$ 取代可定义 β 的边际逆概率加权估计，记为 $\hat{\beta}_{IP}$. 同样地，$g(\cdot)$ 的估计，记为 $\hat{g}_n^{[IP]}(t)$, 可通过分别用 $U_{ni}^{[IP]}$ 和 $\hat{\beta}_{IP}$ 取代 $\hat{g}_n^{[I]}(\cdot)$ 中的 $U_{ni}^{[I]}$ 和 $\hat{\beta}_I$ 得到，这里

$$U_{ni}^{[IP]}=\frac{\delta_i}{\hat{\Delta}_t(T_i)}Y_i+\left(1-\frac{\delta_i}{\hat{\Delta}_t(T_i)}\right)(X_i^{\mathrm{T}}\hat{\beta}_C+g_n^C(T_i)),$$

其中

$$\hat{\Delta}_t(t)=\sum_{i=1}^n\widetilde{\omega}_{ni}(t)\delta_i.$$

令

$$L(T)=\frac{\Sigma_0}{\Delta_t(T)}+E\left(\left(1-\frac{\delta}{\Delta_t(T)}\right)(X-g_1^C(T))(X-g_1^C(T))^{\mathrm{T}}\right).$$

定理 6.6.5　在一定的正则条件下，有

$$\sqrt{n}(\hat{\beta}_{IP}-\beta)\xrightarrow{L}N(0,\Sigma_1^{-1}V_{IP}\Sigma_1^{-1}),$$

其中

$$V_{IP}=E\Big\{L(T)\Sigma_0^{-1}(X-g_1^C(T))(X-g_1^C(T))^{\mathrm{T}}\Sigma_0^{-1}L(T)\Delta(Z)\sigma^2(Z)\Big\}.$$

定理 6.6.6　在一定的正则条件下，如果 $b_n=O\big(n^{-\frac{1}{3}}\big)$, $h_n=O\big(n^{-\frac{1}{3}}\big)$ 且 $\gamma_n=O\big(n^{-\frac{1}{3}}\big)$，有

$$\hat{g}_n^{[IP]}(t)-g(t)=O_p\big(n^{-\frac{1}{3}}\big).$$

6.6.5　带宽选择

给出带宽选择的步骤如下:

(1) 选择使

$$\mathrm{CV}_1(h_n)=\frac{1}{n}\sum_{i=1}^n\delta_i(Y_i-X_i^{\mathrm{T}}\hat{\beta}_C-g_{n,-i}^C(T_i))^2$$

达到最小的 h_n，这里 $g_{n,-i}^C(\cdot)$ 是 $g_n^C(\cdot)$ 的“删一”版本的估计.

(2) 选择使

$$\mathrm{CV}_2(\gamma_n)=\frac{1}{n}\sum_{i=1}^n(\delta_i-\hat{\Delta}_{t,-i}(T_i))^2$$

达到最小的 γ_n，其中 $\hat{\Delta}_{t,-i}(\cdot)$ 是 $\hat{\Delta}_t(\cdot)$ 的“删一”版本的估计.

(3) 在已经选择出 h_n 和 γ_n 后，再选择使

$$\mathrm{CV}_3(b_n)=\frac{1}{n}\sum_{i=1}^{n}(U_{ni}-X_i^{\mathrm{T}}\hat{\beta}_n-g_{n,-i}(T_i))^2$$

达到最小的 b_n，其中 $g_{n,-i}(\cdot)$ 是 $g_n(\cdot)$ 的“删一”版本的估计，$g_n(\cdot)$ 代表 $\hat{g}_n^{[I]}(t),\hat{g}_n^{[R]}(t)$ 或 $\hat{g}_{IP}(t)$ 中任意一个，U_{ni} 表示 $U_{ni}^{[I]},U_{ni}^{[R]}$ 或 $U_{ni}^{[IP]}$ 中任意一个.

6.7 部分线性模型的检验

前面已经讲述部分线性模型的估计，部分线性模型的估计结果是否可信依赖于模型假定的正确与否. 一般根据经验信息，并不能确定部分线性模型的假定是否正确，因此有必要发展专门的检验程序来验证部分线性模型是否是可以接受的.

考虑部分线性模型：

$$Y=X^{\mathrm{T}}\beta_0+g(Z)+u, \tag{6.7.1}$$

其中，u 是随机扰动项，X 为 $p\times 1$ 维协变量，Z 为 $q\times 1$ 维协变量，$g(\cdot)$ 是未知的光滑函数.

考虑下面的检验问题：

$H_0: P(E(Y|X,Z)=X^{\mathrm{T}}\beta_0+g(Z))=1$ 对某个 β_0 和 $g(\cdot)$ 成立；

H_1 : 对任意 β 和 $g(\cdot), P(E(Y|X,Z)=X^{\mathrm{T}}\beta+g(Z))<1$.

注意到 $u=Y-X^{\mathrm{T}}\beta_0-g(Z)$，因此零假设等价于

$$H_0: E(u|X,Z)=0.$$

记 $W=(X^{\mathrm{T}},Z^{\mathrm{T}})^{\mathrm{T}}$，$f_z(z)$ 和 $f_w(w)$ 分别为 Z 和 W 的密度函数，则进一步可以得到 $E[uE(u|W)]\geqslant 0$，等号成立当且仅当 H_0 成立. 可以基于 $E[uE(u|W)]$ 构建检验统计量.

为了避免出现分母为 0 的情况，可以采用加权的技巧. 注意到下式：$E[uf_z(Z)E(uf_z(Z)|W)f_z(W)]\geqslant 0$，并且等式成立当且仅当 H_0 成立. 下面基于 $E[uf_z(Z)E(uf_z(Z)|W)f_z(W)]$ 构建检验统计量. 对应 $E[uf_z(Z)E(uf_z(Z)|\ W)f_z(W)]$ 的样本均值估计为

$$\frac{1}{n}\sum_{i=1}^{n}u_if_z(Z_i)E(u_if_z(Z_i)|W_i)f_w(W_i).$$

上式中含有未知量，将上式中的未知量用 Li(1996) 文中的方法估计出：

$$\hat{\beta}=\left(\frac{1}{n}\sum_{i=1}^{n}(X_i-\hat{X}_i)(X_i-\hat{X}_i)^{\mathrm{T}}\hat{f}_z^2(Z_i)\right)^{-1}\frac{1}{n}\sum_{i=1}^{n}(X_i-\hat{X}_i)(Y_i-\hat{Y}_i)\hat{f}_z^2(Z_i),$$

其中

$$\hat{Y}_i = \frac{1}{n-1}\sum_{j=1,j\neq i}^{n} Y_j K_{h_z}(Z_j - Z_i)/\hat{f}_z(Z_i),$$

$$\hat{X}_i = \frac{1}{n-1}\sum_{j=1,j\neq i}^{n} X_j K_{h_z}(Z_j - Z_i)/\hat{f}_z(Z_i),$$

$$\hat{f}_z(Z_i) = \frac{1}{n-1}\sum_{j=1,j\neq i}^{n} K_{h_z}(Z_j - Z_i),$$

其中 $K_{h_z}(Z_j - Z_i) = \prod_{s=1}^{q}\frac{1}{h_{zs}}k\left(\frac{Z_{js}-Z_{is}}{h_{zs}}\right)$, $k(\cdot)$ 是核函数，h_z 是带宽.

易见，$\hat{Y}_i, \hat{X}_i, \hat{f}_z(Z_i)$ 分别是 $E(Y_i|Z_i), E(X_i|Z_i), f_z(Z_i)$ 的相合估计. 令 $\hat{u}_i = (Y_i - \hat{Y}_i) - (X_i - \hat{X}_i)^{\mathrm{T}}\hat{\beta}$，则检验统计量可以基于下式构建：

$$I_n = \frac{1}{n}\sum_{i=1}^{n}\hat{u}_i\hat{f}_z(Z_i)\left\{\frac{1}{n-1}\sum_{j=1,j\neq i}^{n}\hat{u}_j\hat{f}_z(Z_j)K_{h_w}(W_j - W_i)\right\},$$

其中 $K_{h_w}(W_j - W_i) = \prod_{s=1}^{p} h_{xs}^{-1}K\left(\frac{X_{js}-X_{is}}{h_{xs}}\right)\left[\prod_{s=1}^{q} h_{zs}^{-1}K\left(\frac{Z_{js}-Z_{is}}{h_{zs}}\right)\right]$. 可以定义检验统计量为

$$T_n = \frac{n(h_{x1}\cdots h_{xp}h_{z1}\cdot h_{zq})^{\frac{1}{2}}I_n}{\sqrt{\hat{\sigma}^2}},$$

其中 $\hat{\sigma}^2 = \frac{2h_{x1}\cdots h_{xp}h_{z1}\cdot h_{zq}}{n(n-1)}\sum_{i=1}^{n}\sum_{j\neq i}^{n}\hat{u}_i^2\hat{f}_z^2(Z_i)\hat{u}_j^2\hat{f}_z^2(Z_j)K_{h_z}^2(W_j - W_i)$.

定理 6.7.1 在一定的正则条件下，当 H_0 成立时，有下面结论成立：

$$T_n \xrightarrow{d} N(0,1).$$

当 $T_n > Z_{1-\alpha}$ 时，拒绝 H_0.

可以验证上面所提的检验方法是相合的. 也可以定义类似的 Bootsrap 方法确定检验的临界值.

值得注意的是上面的检验方法主要有如下的两大缺陷：(1) 存在维数问题；(2) 若 X 既有离散变量又有连续变量时，选用适用于连续变量的核函数就不是最好的方法.

我们可以将 $X^{\mathrm{T}}\beta$ 作为一个整体，一个单一的指标，这样可以部分克服维数问题. 令 $V = (X^{\mathrm{T}}\beta_0, Z^{\mathrm{T}})^{\mathrm{T}}$, $f_v(v)$ 表示 V 的密度函数，则有

$$E[uf_z(Z)E(uf_z(Z)|V)f_v(V)] \geqslant 0,$$

等式成立当且仅当 H_0 成立.

因此可以考虑基于下式的一个估计来构建检验统计量：

$$\frac{1}{n}\sum_{i=1}^{n}u_i f_z(Z_i)E(u_i f_z(Z_i)|V_i)f_v(V_i).$$

设 β 的估计 $\hat{\beta}$ 如前面所定义，为 β 的 $\sqrt{n}$ 相合估计. 令 $\bar{V}_{1i}=X_i^{\mathrm{T}}\hat{\beta}$, $V_i=(\bar{V}_{1i},Z_i^{\mathrm{T}})^{\mathrm{T}}$, $u_i=(Y_i-\hat{Y}_i)-(X_i-\hat{X}_i)^{\mathrm{T}}\hat{\beta}$. 考虑

$$\tilde{I}_n=\frac{1}{n}\sum_{i=1}^{n}\hat{u}_i\hat{f}_z(Z_i)\Big\{\frac{1}{n-1}\sum_{j=1,j\neq i}^{n}\hat{u}_j\hat{f}_z(Z_j)K_{h_v}(V_j-V_i)\Big\},$$

其中 $K_{h_z}(V_j-V_i)=h_{v1}^{-1}K\Big(\dfrac{V_{1j}-V_{1i}}{h_v}\Big)\Big[\prod_{s=1}^{q}h_{zs}^{-1}K\Big(\dfrac{Z_{js}-Z_{is}}{h_{zs}}\Big)\Big]$.

可以定义检验统计量为

$$\tilde{T}_n=\frac{n(h_{v1}h_{z1}\cdots h_{zq})^{\frac{1}{2}}\tilde{I}_n}{\sqrt{\hat{\tilde{\sigma}}^2}},$$

其中 $\hat{\tilde{\sigma}}^2=\dfrac{2h_{z1}h_{z1}\cdots h_{zq}}{n(n-1)}\sum_{i=1}^{n}\sum_{j\neq i}^{n}\hat{u}_i^2\hat{f}_z^2(Z_i)\hat{u}_j^2\hat{f}_z^2(Z_j)K_{h_z}^2(V_j-V_i)$.

定理 6.7.2 在一定的正则条件下，当 H_0 成立时，有下面结论成立：

$$\tilde{T}_n\xrightarrow{d}N(0,1).$$

当 $T_n>Z_{1-\alpha}$ 时，拒绝 H_0.

还有很多关于部分线性模型的检验方法，比如文献 (Zhu，Ng，2003) 中的基于经验过程的方法. Zhu 和 Ng(2003) 的方法部分克服了维数问题，带宽的影响比上面基于 U 统计量的检验方法要小. 并且，Zhu 和 Ng(2003) 的方法能够检测到更快收敛到原假设的对立假设.

Sun 等 (2009) 将 Zhu 和 Ng(2003) 推广到响应变量随机缺失时部分线性模型的检验问题的研究. 下面介绍这项工作. 注意当响应变量没有缺失时，其方法就是文献 (Zhu，Ng，2003) 中的方法.

6.8 响应变量随机缺失时部分线性模型的检验

6.8.1 零假设模型的估计

在这里，考虑响应变量 Y 随机缺失 (MAR) 时的模型检验问题

$$H_0:E(Y|T=\cdot,X=\cdot)=\beta'\cdot+g(\cdot) \tag{6.8.1}$$

对某个 β 和 $g(\cdot)$ 成立. 令 δ 是缺失指示变量，若 Y 观察到了，则 $\delta=1$; 否则 $\delta=0$.

令 $Z=(X^{\mathrm{T}},T^{\mathrm{T}})^{\mathrm{T}}$, $\sigma^2(Z)=E(\varepsilon^2|Z)$, $\Delta(z)=P(\delta=1|Z=z)$ 和 $\Delta_t(t)=P(\delta=1|T=t)$. 假设已有一组数据不完全的随机样本:

$$(Y_i,\delta_i,X_i,T_i),\quad i=1,2,\cdots,n,$$

这里如果 Y_i 观察到了，则 $\delta_i=1$; 否则 $\delta_i=0$.

假设已经得到 β 和 $g(t)$ 的估计 $\hat{\beta}_n$ 和 $\hat{g}_n(t)$，则可以构造两个完全数据集:

$$(\hat{Y}_{ij},X_i,T_i),\quad i=1,2,\cdots,n;j=1,2,\tag{6.8.2}$$

这里

$$\hat{Y}_{i1}=\delta_iY_i+(1-\delta_i)(X_i^{\mathrm{T}}\hat{\beta}_n+\hat{g}_n(T_i)),\quad i=1,2,\cdots,n,\tag{6.8.3}$$

$$\hat{Y}_{i2}=\frac{\delta_i}{\hat{\Delta}_t(T_i)}Y_i+\left(1-\frac{\delta_i}{\hat{\Delta}_t(T_i)}\right)(X_i^{\mathrm{T}}\hat{\beta}_n+\hat{g}_n(T_i)),\quad i=1,2,\cdots,n,\tag{6.8.4}$$

$\hat{\Delta}_t(t)=\dfrac{\sum_{j=1}^n\delta_j\lambda\left(\dfrac{t-T_j}{b_n}\right)}{\sum_{j=1}^n\lambda\left(\dfrac{t-T_j}{b_n}\right)}$, 其中 $\lambda(\cdot)$ 为核函数，b_n 为带宽序列.

由 Wang 等 (2004), β 和 $g(t)$ 可分别估计如下:

$$\hat{\beta}_n=\left[\sum_{i=1}^n\delta_i(X_i-\hat{g}_{1n}(T_i))(X_i-\hat{g}_{1n}(T_i))^{\mathrm{T}}\right]^{-1}\sum_{i=1}^n\delta_i(X_i-\hat{g}_{1n}(T_i))(Y_i-\hat{g}_{2n}(T_i)),\tag{6.8.5}$$

$$\hat{g}_n(t)=\hat{g}_{2n}(t)-\hat{g}_{1n}(t)^{\mathrm{T}}\hat{\beta}_n,$$

这里

$$\hat{g}_{1n}(t)=\frac{\sum_{j=1}^n\delta_jX_jK\left(\dfrac{t-T_j}{h_n}\right)}{\sum_{j=1}^n\delta_jK\left(\dfrac{t-T_j}{h_n}\right)},\quad \hat{g}_{2n}(t)=\frac{\sum_{j=1}^n\delta_jY_jK\left(\dfrac{t-T_j}{h_n}\right)}{\sum_{j=1}^n\delta_jK\left(\dfrac{t-T_j}{h_n}\right)},$$

其中 $K(\cdot)$ 为核函数，h_n 为带宽序列.

6.8.2　检验统计量及其渐近性质

注意到在 H_0 下，对任意有界权函数 $W(\cdot)$,

$$E[(Y-X^{\mathrm{T}}\beta-g(T))W(Z)I(X\leqslant x,T\leqslant t)]=0,\quad\forall\ t,x\tag{6.8.6}$$

都成立. 这样可以用已经构造的完全数据集 (6.8.2) 提出基于经验过程的 (6.8.6) 的估计:

$$R_{nj}(x,t)=\frac{1}{\sqrt{n}}\sum_{i=1}^{n}(\hat{Y}_{ij}-X_i^{\mathrm{T}}\hat{\beta}_n-\hat{g}_n(T_i))W(Z_i)I(X_i\leqslant x,T_i\leqslant t),\quad j=1,2.$$

这就可以定义两个检验统计量如下:

$$T_{nj}=\int(R_{nj}(X,T))^2\mathrm{d}F_n(X,T),\quad j=1,2,$$

这里 F_n 是基于 $(X_1,T_1),(X_2,T_2),\cdots,(X_n,T_n)$ 的经验分布. 如果 T_{nj} 足够大, 拒绝零假设.

记 $g_1(t)=\dfrac{E(\delta X|T)}{E(\delta|T)}$, $g_2(t)=\dfrac{E(\delta Y|T)}{E(\delta|T)}$, $\varSigma_0=E[\varDelta(Z)(X-g_1(T))(X-g_1(T)^{\mathrm{T}})]$, $U(x,t)=E[\delta W(Z)I(X\leqslant x)|T=t]$, $\varGamma_1(x,t)=E[\delta(X-g_1(T))^{\mathrm{T}}W(Z)I(X\leqslant x,T\leqslant t)]$, $\varGamma_2(x,t)=E\Big[\dfrac{\delta}{\varDelta_t(T)}(X-g_1(T))^{\mathrm{T}}W(Z)I(X\leqslant x,T\leqslant t)\Big]$.

令

$$\begin{aligned}\mathrm{IF}_{1i}(x,t)&=\delta_i(Y_i-X_i^{\mathrm{T}}\beta-g(T_i))W(Z_i)I(X_i\leqslant x,T_i\leqslant t)\\&\quad-\varGamma_1(x,t)\varSigma_0^{-1}(X_i-g_1(T_i))\delta_i\varepsilon_i-\frac{\delta_i\varepsilon_iI(T_i\leqslant t)}{\varDelta_t(T_i)}U(x,T_i),\end{aligned}$$

$$\begin{aligned}\mathrm{IF}_{2i}(x,t)&=\frac{\delta_i}{\varDelta_t(T_i)}(Y_i-X_i^{\mathrm{T}}\beta-g(T_i))W(Z_i)I(X_i\leqslant x,T_i\leqslant t)]\\&\quad-\varGamma_2(x,t)\varSigma_0^{-1}(X_i-g_1(T_i))\delta_i\varepsilon_i-\frac{\delta_i\varepsilon_iI(T_i\leqslant t)}{\varDelta_t^2(T_i)}U(x,T_i).\end{aligned}$$

定理 6.8.1 若H_0成立, 在一定的正则条件下, 在Skorohod空间$D[-\infty,\infty]^{p+1}$上, 有

$$R_{nj}(x,t)=\frac{1}{\sqrt{n}}\sum_{i=1}^{n}\mathrm{IF}_{ji}(x,t)+o_p(1),\quad j=1,2$$

依分布收敛于 $R_j(x,t)$, 这里 R_j 是具有协方差函数

$$\mathrm{cov}(R_j(x_1,t_1),R_j(x_2,t_2))=E(\mathrm{IF}_{ji}(x_1,t_1)\mathrm{IF}_{ji}(x_2,t_2)),\quad j=1,2$$

的中心化的高斯过程. 这样对 $j=1,2$, T_{nj} 依分布收敛于 $\int R_j^2(X,T)\mathrm{d}F(X,T)$, 其中 $F(\cdot,\cdot)$ 是 (X,T) 的分布函数.

现在来考察检验 T_{nj}, $j=1,2$ 对对立假设是否敏感. 考虑模型序列

$$H_{1n}:\ Y_i=X_i^{\mathrm{T}}\beta+g(T_i)+\frac{1}{\sqrt{n}}S(X_i,T_i)+\eta_i,\quad i=1,2,\cdots,n,\tag{6.8.7}$$

这里 $E[\eta_i|X]=0$, $S(\cdot,\cdot)$ 是任意有界函数.

记

$$\begin{aligned}\Omega_1 = & E[\delta S(X,T)W(Z)I(X \leqslant x, T \leqslant t)] - E[\delta X^{\mathrm{T}}W(Z)I(X \leqslant x, T \leqslant t)] \\ & \times E\Big[\Delta(Z)(X-g_1(T))\Big(S(X,T)-\frac{E(S(X,T)|T)}{E(\delta|T)}\Big)\Big],\end{aligned} \tag{6.8.8}$$

$$\begin{aligned}\Omega_2 = & E\Big[\frac{\delta}{\Delta_t(T)}(X-g_1(T))S(X,T)W(Z)I(X \leqslant x, T \leqslant t)\Big] \\ & -E\Big[\frac{\delta}{\Delta_t(T)}(X-g_1(T))^{\mathrm{T}}W(Z)I(X \leqslant x, T \leqslant t)\Big] \\ & \times E\Big[\Delta(Z)(X-g_1(T))\Big(S(X,T)-\frac{E(S(X,T)|T)}{E(\delta|T)}\Big)\Big].\end{aligned} \tag{6.8.9}$$

定理 6.8.2　在一定的正则条件下，若对立假设 (6.8.7) 成立，则对 $j=1,2$，R_{nj} 依分布收敛于高斯过程 $R_j+\Omega_j$，这里 R_j 是定理 6.8.1 所示的中心化的高斯过程，Ω_1,Ω_2 分别如式 (6.8.8) 和式 (6.8.9) 所示，则 T_{nj} 依分布收敛于 $\int(R_j(X,T)+\Omega_j(T,X))^2\mathrm{d}F(X,T)$.

可以由自助法来近似检验统计量在零假设下的分布：

第 1 步: 产生满足条件 $E(e_i)=0$ 和 $E(e_i^2)=1$ 的独立随机变量 $e_i, i=1,2,\cdots,n$. 记 $E_n=(e_1,e_2,\cdots,e_n)$. 令 $\hat{\mathrm{IF}}_{ji}$ 为将 IF_{ji} 中 $\beta, g(\cdot), \Delta_t(\cdot), \Sigma_0, U(x,t)$ 和 $\Gamma_j(x,t)$ 分别用其估计 $\hat{\beta}_n, \hat{g}_n(\cdot), \hat{\Delta}_t(\cdot), \hat{\Sigma}_0, \hat{U}_n(x,t)$ 和 $\hat{\Gamma}_{jn}(x,t)$ 取代后的估计，这里

$$\hat{U}_n[x,t]=\frac{\sum_{j=1}^n \delta_j W(Z_j)I(X_j \leqslant x)K\left(\dfrac{t-T_j}{h_n}\right)}{\sum_{j=1}^n K\left(\dfrac{t-T_j}{h_n}\right)},$$

$$\hat{\Sigma}_0=\frac{1}{n}\sum_{i=1}^n \delta_i(X_i-\hat{g}_{1n}(T_i))(X_i-\hat{g}_{1n}(T_i))^{\mathrm{T}},$$

$$\hat{\Gamma}_{1n}(x,t)=\frac{1}{n}\sum_{i=1}^n \delta_i(X_i-\hat{g}_{1n}(T_i))^{\mathrm{T}}W(Z)I(X_i \leqslant x, T_i \leqslant t),$$

$$\hat{\Gamma}_{2n}(x,t)=\frac{1}{n}\sum_{i=1}^n \frac{\delta}{\hat{\Delta}_t(T)}(X_i-\hat{g}_{1n}(T_i))^{\mathrm{T}}W(Z)I(X_i \leqslant x, T_i \leqslant t).$$

令

$$R_{nj}^{[B]}(x,t)=\frac{1}{\sqrt{n}}\sum_{i=1}^n e_i I\hat{F}_{ji}(x,t),$$

则得到条件检验统计量

$$T_{nj}^{[B]}(E_n) = \int \left[R_{nj}^{[B]}(X,T)\right]^2 \mathrm{d}F_n(X,T), \quad j=1,2.$$

第 2 步: 产生 m 个数据集 E_n，记为 $E_n^i, i=1,2,\cdots,m$，对 $j=1,2$，得到 m 个 $T_{nj}^{[B]}(E_n)$ 的值: $T_{nj}^{[B]}(E_n^i), i=1,2,\cdots,m$.

第 3 步: 对 $j=1,2$, 分别把 $T_{nj}^{[B]}(E_n^i), i=1,2,\cdots,m$ 的 $1-\alpha$ 分位点作为 T_{nj} 的 $1-\alpha$ 分位点.

对自助检验统计量 $T_{nj}^{[B]}(E_n)$，有下面结果.

定理 6.8.3 若式 (6.8.1) 成立或者对立假设 (6.8.7) 成立，在一定的正则条件下，对几乎所有的样本序列

$$\{(Y_1,\delta_1,X_1,T_1),(Y_2,\delta_2,X_2,T_2),\cdots,(Y_n,\delta_n,X_n,T_n),\cdots\}$$

对 $j=1,2$, 有 $T_{nj}^{[B]}(E_n)$ 的条件分布分别依分布收敛于 T_{nj} 在零假设下的分布.

从定理 6.8.3 可以看出，不管数据来自零假设模型还是对立假设模型，由重抽样方法得到的两个检验的临界值分别近似于这两个检验的理论上的临界值.

第 7 章　单指标模型

7.1　单指标模型简介

7.1.1　单指标模型的介绍

设有一维随机变量 Y 和 p 维协变量 $X=(X_1,X_1,\cdots,X_p)^{\mathrm{T}}$，如果 Y 和 X 满足如下的模型关系:

$$Y=G(X^{\mathrm{T}}\beta)+\varepsilon, \tag{7.1.1}$$

其中 β 为未知参数，ε 为模型误差，满足 $E(\varepsilon|X)=0$ 和 $E(\varepsilon^2|X)<\infty$，就说 Y 和 X 服从单指标模型. 如果 G 的形式已知，则模型 (7.1.1) 称为参数单指标模型，若对 G 的函数形式不加假定，模型 (7.1.1) 称为半参数单指标模型. 对半参数单指标模型，G 称为联系函数，$X^{\mathrm{T}}\beta$ 称为指标.

这里主要研究半参数单指标模型. 为记号简单起见，在下文中半参数单指标模型简称为单指标模型.

显然，单指标模型是线性模型的一个自然推广，同时又是投影寻踪模型的一个特例. 单指标模型不假定 G 的形式，降低了模型误定的风险，具有稳健的特点.

同时单指标模型具有降维的功效，克服了维数祸根的问题. 因为指标 $X^{\mathrm{T}}\beta$ 作为一个整体看的话是一维的，当给出 β 的估计后，把估计后的指标当成一个新的一维变量，之后再估计联系函数 G 时，等价于协变量是一维的，从而使得联系函数 G 的估计达到协变量为一维时非参数估计的收敛速度. 单指标模型这种降维的特点使得单指标模型在处理多维协变量回归问题时具有很大的优势.

单指标模型的第三个优点是具有比较好的可解释性. 一方面，回归系数 β 可以反映协变量 X 的作用大小，另外，即使协变量 X 是多元的，均值回归 $E(Y|X)$ 可以用图形比较清晰地表现.

由于单指标模型融合参数模型和非参数模型的优点，同时克服了这两类模型的几个非常突出的缺点，因而单指标模型吸引了理论和应用领域非常多的关注，在理论上得到了深入的研究，并且在很多领域得到比较广泛的应用.

下面给出几个经典的单指标模型的特例.

例 7.1.1 线性模型 显然，线性模型是单指标模型的一个特例. 这时联系函数是恒等函数.

例 7.1.2 二元选择模型 假设响应变量 Y 表示个体是否就业 ($Y=1$ 表示就业)，而协变量 X 表示个体特征，比如年龄、婚姻状况、受教育程度以及性别等变量. 响应变量 Y 与协变量 X 的关系可用下面的模型描述：

$$Y=\begin{cases}1, & \alpha+X^{\mathrm{T}}\beta-\varepsilon\geqslant 0,\\ 0, & \alpha+X^{\mathrm{T}}\beta-\varepsilon<0,\end{cases}$$

显然 $E(Y|X=x)$ 表示给定协变量 X 的值为 x 时，个体能够就业的概率. 若 ε 的分布函数为 $F_\varepsilon(\cdot)$，这样就有

$$E(Y|X)=P(\varepsilon\leqslant\alpha+X^{\mathrm{T}}\beta)=F_\varepsilon(\alpha+X^{\mathrm{T}}\beta).$$

若 ε 服从标准正态分布，则有 $E(Y|X)=\Phi(\alpha+X^{\mathrm{T}}\beta)$, 其中 $\Phi(\cdot)$ 是标准正态随机变量的累积分布函数. 若 ε 服从 Logistic 分布，则有 $E(Y|X)=\dfrac{\exp(\alpha+X^{\mathrm{T}}\beta)}{1+\exp(\alpha+X^{\mathrm{T}}\beta)}$. 当没有足够的信息对 ε 的分布进行假定时，可以不假定 $F_\varepsilon(\cdot)$ 的形式，设 $F_\varepsilon(\cdot)=G(\cdot)$, 其中 $G(\cdot)$ 形式未知. 这时有 $E(Y|X)=G(\alpha+X^{\mathrm{T}}\beta)$. 这个模型就是本章考虑的单指标模型.

例 7.1.3 非线性 $AR(p)$ 模型 考虑时间序列模型

$$X_t=G\left(\sum_{j=1}^{p}X_{t-j}^{\mathrm{T}}\beta_j\right)+\varepsilon_t,$$

其中 ε_t 为零均值时间序列, $G(\cdot)$ 形式未知. 这个模型就是适应的函数自回归模型的一个特例. 显然也是本章考虑的单指标模型的一个特例.

7.1.2 单指标模型的识别性问题

模型 (7.1.1) 可等价地表示为

$$E(Y|X)=G(X^{\mathrm{T}}\beta). \tag{7.1.2}$$

在给出 β 和 $G(\cdot)$ 的估计之前，必须给出一些识别性条件. 所谓识别性也即 β 和 G 必须由总体 (Y,X) 的分布唯一确定.

单指标模型的识别性条件:

(1) 在 $X^{\mathrm{T}}\beta$ 的支撑上，$G(\cdot)$ 不为常数函数；

(2) X 不包含常数分量，即 β 不包含截距项；

(3) $\parallel \beta \parallel = 1$, 第一个分量为正或者 β 的第一个分量为 1;

(4) X 的各分量之间没有精确的共线性关系;

(5) 协变量 X 必须包含至少一个连续随机变量;

(6) X 的离散分量的不同取值不会把 $X^{\mathrm{T}}\beta$ 的支撑分为不相交的部分.

识别性条件 (1) 是显然的. 如果识别性条件 (2) 和 (3) 不成立, 对任意常数 r 和任意非零常数 δ, 定义 $G^*(v) = G(r + \delta v)$, 则有 $E(Y|X) = G(r + \delta X^{\mathrm{T}}\beta) = G^*(X^{\mathrm{T}}\beta)$. 识别性条件 (4) 和线性模型的识别性条件的理解一样. 下面举例说明识别性条件 (5).

例 7.1.4　只有离散协变量的单指标模型　设 $X = (X_1, X_2)^{\mathrm{T}}$ 是两维离散随机向量, 其可能取值为 $(0,0), (0,1), (1,0), (1,1)$. 这样模型 (7.1.1) 为

$$E(Y|x) = G(x_1 + x_2^{\mathrm{T}}\beta)$$

若模型取值情况如下:

(X_1, X_2)	$E(Y\|x)$	$G(x_1 + x_2^{\mathrm{T}}\beta)$
$(0,0)$	0	$G(0)$
$(1,0)$	1	$G(1)$
$(0,1)$	2	$G(\beta)$
$(1,1)$	3	$G(1+\beta)$

只要满足上表取值情况的函数 $G(\cdot)$ 均满足 $E(Y|x) = G(x_1 + x_2^{\mathrm{T}}\beta)$. 显然这样的函数是不唯一的.

7.2　平均导数法

对单指标模型, 如果变量 X 是连续的, 一种比较简单方便的估计 β 的方法是基于条件均值函数的平均导数的估计方法.

令 $m(x) = E(Y|X = x) = G(x^{\mathrm{T}}\beta)$. 对等式两边关于 x 求导数, 有

$$\frac{\partial m(x)}{\partial x} = G^{(1)}(x^{\mathrm{T}}\beta)\beta, \tag{7.2.1}$$

其中 $G^{(1)}(\cdot)$ 是函数 $G(\cdot)$ 的导数. 注意这里 $G(\cdot)$ 是一元函数.

从式 (7.2.1) 可以看出, 回归函数的导数与回归系数 β 成比例. 为消除变量的随机性的影响, 对两边求均值, 有

$$E\left[\frac{\partial m(X)}{\partial X}\right] = E[G^{(1)}(X^{\mathrm{T}}\beta)]\beta = C_1\beta,$$

其中 $C_1 = E[G^{(1)}(X^{\mathrm{T}}\beta)]$.

为避免技术处理上的一些麻烦，先对等式 (7.2.1) 两边同时乘上权函数，则有

$$w(x)\frac{\partial m(x)}{\partial x} = w(x)G^{(1)}(x^{\mathrm{T}}\beta)\beta.$$

对上式两边取期望，得到

$$E\Big[w(X)\frac{\partial m(X)}{\partial X}\Big] = E[w(X)G^{(1)}(X^{\mathrm{T}}\beta)]\beta = C_w\beta,$$

其中 $C_w = E[w(X)G^{(1)}(X^{\mathrm{T}}\beta)]$.

首先用矩估计方法估计 $E\Big[w(X)\dfrac{\partial m(X)}{\partial X}\Big]$，得到

$$\delta_w = \frac{1}{n}\sum_{i=1}^{n} w(X_i)\frac{\partial \hat{m}(X)}{\partial X}\Big|_{X=X_i},$$

其中 $\hat{m}(x) = \dfrac{\sum_{i=1}^{n} Y_i k\Big(\dfrac{X_i - x}{h_n}\Big)}{\sum_{i=1}^{n} k\Big(\dfrac{X_i - x}{h_n}\Big)}$, $k(\cdot)$ 是核函数，h_n 是带宽序列.

因为 C_w 是一个常数，由可识别性条件 (3) 可知，常数 C_w 并不影响 β 的估计，因此可直接取 δ_w 作为 β 的估计，记为 $\hat{\beta}_n$.

可以选择合适的 $w(x)$ 使得 $\hat{\beta}_n$ 的计算简便. 最常用的权函数是 X 的密度函数. 当 $w(x) = f(x)$ 时有

$$\begin{aligned} E\Big[f(X)\frac{\partial m(X)}{\partial X}\Big] &= \int f^2(x)\frac{\partial m(x)}{\partial x}\mathrm{d}x = \int f^2(x)\mathrm{d}m(x) = f^2(x)m(x)\Big|_{x=-\infty}^{\infty} \\ &\quad -2\int f(x)m(x)f'(x)\mathrm{d}x = -2E[m(X)f'(X)] = -2E[Yf'(X)]. \end{aligned}$$

可以用下面的方式估计 $-2E[Yf'(X)]$:

$$\hat{\delta}_f = -\frac{2}{n}\sum_{i=1}^{n} Y_i \hat{f}'(X_i),$$

这里 $\hat{f}'(X_i) = (\hat{f}_1'(X_i), \hat{f}_2'(X_i), \cdots, \hat{f}_p'(X_i))^{\mathrm{T}}$. 如果对 $\hat{f}'(X_i)$ 取删一估计，则有

$$\begin{aligned} \hat{\delta}_f &= -\frac{2}{n}\sum_{i=1}^{n} Y_i \frac{1}{(n-1)h_n^{p+1}} \sum_{j=1, j\neq i}^{n} K^{(1)}\Big(\frac{X_i - X_j}{h_n}\Big) \\ &= -\frac{2}{n(n-1)h_n^{p+1}} \sum_{i=1}^{n} \sum_{j=1, j\neq i}^{n} Y_i K^{(1)}\Big(\frac{X_i - X_j}{h_n}\Big). \end{aligned}$$

上面选取密度函数为权函数可以有效地消除分母中可能出现 0 的情况. 当分母为零时，必须要采取截断或者其他的技巧使得分母取值不为零. 这就导致理论和计算上的麻烦. 并且通常情况下，数值模拟的结果表明截断技巧的效果并不好.

下面给出证明渐近正态性所需要的条件：

(A1) $\{Y_i, X_i, i = 1, 2, \cdots, n\}$ 是独立同分布的随机样本；

(A2) 协变量 X 的密度函数连续，具有有界支撑，其偏导数存在且连续；

(A3) $m(x)$，$f(x)$ 以及 $m(x)f(x)$ 连续并且偏导数存在，并且 $m(X)$ 和 $f(X)$ 的二阶矩存在；

(A4) 核函数 $K(\cdot)$ 是二阶单元核函数的乘积；

(A5) 对某个 $v > 0$，有 $E|Y|^{2+v} < \infty$ ；

(A6) 带宽 h_n 满足：$nh_n^{2p} \to 0$，$nh_n^{p+2} \to \infty$.

定理 7.2.1 在条件 (A1)~(A6) 成立时，下式成立：

$$\sqrt{n}(\hat{\delta}_f - \delta) \xrightarrow{L} N(0, \Omega),$$

其中 $\delta = -2E[Yf'(X)], \Omega = 4E[\sigma^2(X)f'(X)f'(X)^{\mathrm{T}}] + 4\mathrm{var}(f(X)m'(X)) - 4\delta\delta^{\mathrm{T}}$.

上面定理的证明要用到 U 统计量的渐近结果，具体可参考文献 (Powell，et al，1989). 从上面定理可以看到，由平均导数法得到的回归系数的估计是 $\sqrt{n}$ 相合的.

从上面的估计方法可以看出，平均导数法计算简单，避免了求解方程时的迭代计算. 但是平均导数法的要求是比较高的，要求协变量 X 是连续的，并且联系函数可导且均值不为零.

在平均导数法的基础上，Xia (2006) 发展了所谓的 ROPG 方法和 RMAVE 方法. 这两种方法不要求联系函数的导数的期望为 0，并使估计的精度提高.

7.3 非线性最小二乘法

如果 $G(\cdot)$ 的形式已知，则可以利用加权非线性最小二乘方法估计 β，即求使得

$$\frac{1}{n}\sum_{i=1}^{n} w(X_i)[Y_i - G(X_i^{\mathrm{T}}\beta)]^2 \tag{7.3.1}$$

达到最小的 β 即为所求，这里 $w(\cdot)$ 为权函数.

然而 $G(\cdot)$ 的形式未知，因此必须首先估计它. 注意到 $G(X^{\mathrm{T}}\beta) = E(Y|X)$ 和 $g(X^{\mathrm{T}}\beta) \stackrel{\text{def}}{=} E(Y|X^{\mathrm{T}}\beta) = E[E(Y|X)|X^{\mathrm{T}}\beta] = E[G(X^{\mathrm{T}}\beta)|X^{\mathrm{T}}\beta] = G(X^{\mathrm{T}}\beta)$, 这样可以

用下面方式估计 $G(X_i^{\mathrm{T}}\beta)$, 对 $i=1,2,\cdots,n$:

$$\hat{g}^{-i}(X_i^{\mathrm{T}}\beta)=\frac{\sum_{j=1,j\neq i}^{n}Y_j k\left(\dfrac{X_i^{\mathrm{T}}\beta-X_j^{\mathrm{T}}\beta}{h_n}\right)}{\sum_{j=1,j\neq i}^{n}k\left(\dfrac{X_i^{\mathrm{T}}\beta-X_j^{\mathrm{T}}\beta}{h_n}\right)},$$

这里 $k(\cdot)$ 是核函数，h_n 是带宽序列.

将上式代入式 (7.3.1) 有

$$Q(\beta)=\frac{1}{n}\sum_{i=1}^{n}w(X_i)[Y_i-\hat{g}^{-i}(X_i^{\mathrm{T}}\beta)]^2. \tag{7.3.2}$$

使得 $Q(\beta)$ 达到最小的 β, 记为 $\hat{\beta}_n$. 注意这里为了识别性，β 已经正则化了 (比如 β 的第一个分量为 1).

下面给出证明渐近正态性所需要的条件:

(A1) $\{Y_i,X_i,i=1,2,\cdots,n\}$ 是独立同分布的随机样本;

(A2) β 是可识别的，并且是一个紧集的内点;

(A3) $E(Y|X^{\mathrm{T}}\beta=z)$ 以及 $X^{\mathrm{T}}\beta$ 的密度函数 $p(z,\beta)$ 3 次连续可微，并且 $m(X)$ 和 $f(X)$ 的二阶矩存在;

(A4) 核函数 $k(\cdot)$ 是二阶单元核函数;

(A5) 对某个 $m>3$，有 $E[|Y|^m]<\infty$;

(A6) 带宽 h_n 满足: $\log(h_n)/[nh_n^{3+1/(m-1)}]\to 0,\ nh_n^8\to 0$.

对 $\hat{\beta}_n$, 有下面的中心极限定理成立.

定理 7.3.1 在条件 (A1)~(A6) 成立时，下式成立:

$$\sqrt{n}(\hat{\beta}_n-\beta)\xrightarrow{L}N(0,\varSigma^{-1}V\varSigma^{-1}),$$

这里 $\varSigma=E\left[w(X)\dfrac{\partial G(X^{\mathrm{T}}\beta)}{\partial\beta}\dfrac{\partial G(X^{\mathrm{T}}\beta)}{\partial\beta'}\right],V=E\left[w^2(X)\sigma^2(X)\dfrac{\partial G(X^{\mathrm{T}}\beta)}{\partial\beta}\dfrac{\partial G(X^{\mathrm{T}}\beta)}{\partial\beta'}\right]$, 其中 $\sigma^2(X)=E(\varepsilon^2|X)$.

上面定理的证明可参考文献 (Ichimura，1993) 和文献 (Horowitz，1998). 从上面定理可以看出，在单指标模型中，即使联系函数的形式未知需要估计，非线性最小二乘法得到的回归系数的估计仍然是 $\sqrt{n}$ 相合的. 实际上，可以发现，联系函数的形式未知时，上面的估计和联系函数的形式已知时由非线性最小二乘方法得到的回归系数的估计具有相同的渐近正态性. 定理要求满足的带宽条件包含 $n^{-1/5}$，因此联系函数的估计可以达到非参数估计的最优收敛速度.

若 $E[\varepsilon^2|X]=\sigma^2$ 是一个常数，那么最优权函数应取为常数函数 1，即 $w(x)=1$. 这时 β 的估计是半参数有效的. 如果 $E[\varepsilon^2|X]=\sigma^2(X)$, 那么 β 的半参数有效估计具有复杂的结构. 如果 $E[\varepsilon^2|X]=\sigma^2(X^{\mathrm{T}}\beta)$, 那么取 $w(x)=\dfrac{1}{\sigma^2(X^{\mathrm{T}}\beta)}$. 首先给出 $E[\varepsilon^2|X]=E[(Y-G(X^{\mathrm{T}}\beta))^2|X]$ 的相合估计. 例如，可用局部常数估计方法估计条件期望 $E[(Y-G(X^{\mathrm{T}}\beta))^2|X]$. 将这个估计代入式 (7.3.2) 时，所得的估计即为半参数有效估计.

7.4　联系函数的估计

在估计出回归系数 β 后，可利用非参数核估计方法估计联系函数 $G(\cdot)$. 令 $u=x^{\mathrm{T}}\beta$, 则可估计 $G(u)$ 如下：

$$\hat{G}(u)=\frac{\sum_{i=1}^{n}Y_ik\Big(\dfrac{X_i^{\mathrm{T}}\hat{\beta}_n-u}{h_n}\Big)}{\sum_{i=1}^{n}k\Big(\dfrac{X_i^{\mathrm{T}}\hat{\beta}_n-u}{h_n}\Big)},\tag{7.4.1}$$

这里 $\hat{\beta}_n$ 是 β 的估计，$k(\cdot)$ 是核函数，h_n 是带宽序列.

对估计 $\hat{G}(u)$, 有如下的渐近正态性成立.

定理 7.4.1　如果 $\hat{\beta}_n-\beta=O_p\big(n^{-\frac{1}{2}}\big)$, 在一些正则性条件下，有

$$\sqrt{nh_n}\Big[\hat{G}(u)-G(u)-\frac{\kappa_{21}}{2}B(u)h_n^2\Big]\xrightarrow{L}N\Big(0,\frac{\kappa_{02}\sigma^2(x^{\mathrm{T}}\beta)}{f(x^{\mathrm{T}}\beta)}\Big),\tag{7.4.2}$$

其中 $B(u)=2f'(u)G'(u)/f(u)+G^{(2)}(u)$, $f(\cdot)$ 为 $X^{\mathrm{T}}\beta$ 的密度函数.

实际上回归系数的估计只要达到 $O_p\big(n^{-\frac{1}{2}}\big)$ 的收敛速度，对联系函数的渐近正态性没有影响. 这是因为参数估计的收敛速度比非参数估计的收敛速度快，参数估计的影响只能在高阶项中体现. 类似的性质在半参数模型是比较常见的. 若令 $x^{\mathrm{T}}\beta=u$, 则上面定理的结果与一维协变量非参数均值回归的估计的渐近正态性是一致的. 因为回归系数的估计达到 $O_p\big(n^{-\frac{1}{2}}\big)$ 的收敛速度，这个结果是自然的.

对联系函数的估计，带宽的选择是非常重要的. 一般可以利用下面的交叉验证方法，即取使得下式达到最小的带宽 h_n：

$$\sum_{i=1}^{n}[Y_i-\hat{g}^{-i}(X_i^{\mathrm{T}}\hat{\beta}_n,h_n)],$$

其中

$$\hat{g}^{-i}(X_i^{\mathrm{T}}\hat{\beta}_n, h_n) = \frac{\sum_{j=1,j\neq i}^n Y_j k\left(\dfrac{X_i^{\mathrm{T}}\hat{\beta}_n - X_j^{\mathrm{T}}\hat{\beta}_n}{h_n}\right)}{\sum_{j=1,j\neq i}^n k\left(\dfrac{X_i^{\mathrm{T}}\hat{\beta}_n - X_j^{\mathrm{T}}\hat{\beta}_n}{h_n}\right)},$$

这里 $k(\cdot)$ 是核函数，h_n 是带宽序列. 在一些正则条件下，上面的交叉验证方法给出的带宽的阶为 $O_p\left(n^{-\frac{1}{5}}\right)$. 这正好是协变量为一维时，非参数回归的最优带宽的阶.

7.5 精确外积导数方法 (ROPG)

前面讲了用平均导数法估计 β, 在估计时因为涉及 X 的密度函数的导数的估计，因此平均导数法受到维数问题的困扰. 另外，平均导数法基于 $E\left[\dfrac{\partial m(X)}{\partial X}\right] = E[G^{(1)}(X^{\mathrm{T}}\beta)]\beta = C_1\beta$ 构建对 β 的估计，如果 $E\left[\dfrac{\partial m(X)}{\partial X}\right] = 0$, 那么平均导数法就失去作用. 注意到

$$E\left[\frac{\partial m(X)}{\partial X}\frac{\partial^{\mathrm{T}} m(X)}{\partial X}\right] = E[\{G^{(1)}(X^{\mathrm{T}}\beta)\}^2]\beta\beta^{\mathrm{T}},$$

只有一个非零特征值，并且 β 就是这个特征值对应的特征向量.

下面给出基于上面考虑的 β 的估计.

首先用局部线性估计方法估计 $m(X_i)$:

$$\min_{a_j,b_j}\sum_{j=1}^n\{Y_j - a_j - b_j^{\mathrm{T}}X_{ij}\}^2\omega_{ij}, \tag{7.5.1}$$

这里 $X_{ij} = X_i - X_j$, ω_{ij} 为依赖于 X_i 和 X_j 的距离的权函数. Xia (2002) 选定权函数为 $\omega_{ij} = K_h(\hat{\beta}_n^{\mathrm{T}}X_{ij})$, 这里 $K(\cdot)$ 是核函数，h 是带宽，$K_h(\cdot) = \dfrac{1}{h}K\left(\dfrac{\cdot}{h}\right)$.

接下来计算

$$\hat{\Sigma} = \frac{1}{n}\sum_{i=1}^n \hat{b}_i\hat{b}_i^{\mathrm{T}},$$

其中 $\hat{b}_i$ 为式 (7.5.1) 的解. 求 $\hat{\Sigma}$ 的一个特征向量 $\hat{\beta}_n$，即可作为 β 的估计.

因此，精确外积导数方法 (ROPG) 的步骤如下：

第 1 步: 计算

$$\begin{pmatrix}\hat{a}_j^\theta\\ \hat{b}_j^\theta\end{pmatrix} = \left\{\sum_{i=1}^n K_h(\hat{\beta}_n^{\mathrm{T}}X_{ij})\begin{pmatrix}1\\ X_{ij}\end{pmatrix}\begin{pmatrix}1\\ X_{ij}\end{pmatrix}^{\mathrm{T}}\right\}^{-1}\sum_{i=1}^n K_h(\hat{\beta}_n^{\mathrm{T}}X_{ij})\begin{pmatrix}1\\ X_{ij}\end{pmatrix}Y_i.$$

第 2 步: 计算下面矩阵的对应最大特征值的特征向量:

$$\hat{\Sigma} = \frac{1}{n}\sum_{i=1}^{n}\hat{b}_j^{\theta}(\hat{b}_j^{\theta})^{\mathrm{T}}$$

重复上面的步骤直至收敛. 设所得的估计记为 $\hat{\beta}_{\mathrm{ropg}}$.

记 $\mu_\beta(x) = E(X|\beta^{\mathrm{T}}X = \beta^{\mathrm{T}}x)$, $\nu_\beta(x) = \mu_\beta(x) - x$, $\omega_\beta(x) = E(XX^{\mathrm{T}}|\beta^{\mathrm{T}}X = \beta^{\mathrm{T}}x)$, $W_0(X) = \nu_\beta^{\mathrm{T}}(x)\nu_\beta^{\mathrm{T}}(x)$, $W(x) = \omega_\beta(x) - \mu_\beta(x)\mu_\beta^{\mathrm{T}}(x)$.

下面给出证明渐近正态性所需要的条件:

(A1) $\{Y_i, X_i, i = 1, 2, \cdots, n\}$ 是独立同分布的随机样本;

(A2) β 是可识别的，并且是一个紧集的内点;

(A3) $E(Y|X^{\mathrm{T}}\beta = z)$ 以及 $X^{\mathrm{T}}\beta$ 的密度函数 $p(z,\beta)$ 3 次连续可微，并且 $m(X)$ 和 $f(X)$ 的二阶矩存在;

(A4) 核函数 $k(\cdot)$ 是二阶核函数;

(A5) 对某个 $m > 3$，有 $E[|Y|^m] < \infty$;

(A6) 带宽 h_n 满足: $h_n = O(n^{-1/5})$.

对 $\hat{\beta}_{\mathrm{ropg}}$, 有下面的渐近性质.

定理 7.5.1　在正则性条件 (A1)~(A6) 下，有

$$\sqrt{n}(\hat{\beta}_{\mathrm{ropg}} - \beta) \xrightarrow{L} N(0, \Sigma_{\mathrm{ropg}}), \tag{7.5.2}$$

其中 $\Sigma_{\mathrm{ropg}} = \dfrac{E\{G'(X^{\mathrm{T}}\beta)^2W(X)^{+}W_0(X)W(X)^{+}\varepsilon^2\}}{E^2[G'(X^{\mathrm{T}}\beta)^2]}$, $\mu_\beta(x) = E(X|X^{\mathrm{T}}\beta = x^{\mathrm{T}}\beta)$, $v_\beta(x) = \mu_\beta(x) - x$, $\omega_\beta(x) = E(XX^{\mathrm{T}}|X^{\mathrm{T}}\beta = x^{\mathrm{T}}\beta)$, $W_0(x) = v_\beta(x)v_\beta^{\mathrm{T}}(x)$, $W(x) = \omega_\beta(x) - \mu_\beta(x)\mu_\beta^{\mathrm{T}}(x)$, A^{+} 是对称矩阵 A 的 Moore-Pensose 逆.

上面定理的证明可以参考文献 (Xia，et al，2006).

7.6　最小平均条件方差估计法

利用非线性最小二乘方法估计 β 时，最小化问题实施起来并不容易，因为需要求解非线性最优化问题. Xia 等 (2002) 提出最小平均条件方差估计法简化了上述运算.

给定 β 的初值 β_0. 最小平均条件方差估计法的具体实施步骤如下:

第 1 步: 计算 $\hat{f}_\beta(\beta^{\mathrm{T}}X_j) = \dfrac{1}{n}\sum_{i=1}^{n}K_h(\beta^{\mathrm{T}}X_{ij})$ 和

$$\begin{pmatrix} a_j^\beta \\ hb_j^\beta \end{pmatrix} = \left\{\sum_{i=1}^{n}K_h(\beta\beta^{\mathrm{T}}X_{ij})\begin{pmatrix} 1 \\ \beta^{\mathrm{T}}X_{ij}/h \end{pmatrix}\begin{pmatrix} 1 \\ \beta^{\mathrm{T}}X_{ij}/h \end{pmatrix}^{\mathrm{T}}\right\}^{-1}$$

$$\cdot \sum_{i=1}^{n} K_h(\beta^{\mathrm{T}} X_{ij}) \begin{pmatrix} 1 \\ \beta^{\mathrm{T}} X_{ij}/h \end{pmatrix} Y_i.$$

第 2 步: 计算

$$\theta = \left\{ \sum_{i,j=1}^{n} K_h(\beta^{\mathrm{T}} X_{ij}) X_{ij} X_{ij}^{\mathrm{T}} / \hat{f}_{\beta}(\beta^{\mathrm{T}} X_j) \right\}^{-1} \sum_{i,j=1}^{n} K_h(\beta^{\mathrm{T}} X_{ij}) X_{ij} (Y_j - a_j^{\beta}) / \hat{f}_{\beta}(\beta^{\mathrm{T}} X_j),$$

令 $\beta = \beta/|\beta|$. 重复上面步骤 1 和步骤 2 直至收敛.

注意到上面的每一步都是显式表达式，因此最小平均条件方差估计法和平均导数法一样，计算非常简单. 将所得估计记为 $\hat{\beta}_{\text{mave}}$. 有下面的渐近性质.

定理 7.6.1 在 7.5 节给出的正则性条件 (A1)~(A6) 下，有

$$\sqrt{n}(\hat{\beta}_{\text{mave}} - \beta) \xrightarrow{L} N(0, \Sigma_{\text{mave}}), \tag{7.6.1}$$

其中 $\Sigma_{\text{mave}} = [E\{G'(X^{\mathrm{T}}\beta)^2\}W(X)]^+[E\{G'(X^{\mathrm{T}}\beta)^2\}W_0(X)\varepsilon^2][E\{G'(X^{\mathrm{T}}\beta)^2\}W(X)]^+$, $W(X), W_0(X)$ 的定义参见 7.5 节.

定理的证明可参考文献 (Xia，2006).

对比精确外积导数方法和最小平均条件方差估计法的渐近方差，有下面的结论:

定理 7.6.2 如果 ε 与协变量 X 独立，则有

$$\Sigma_{\text{ropg}} \geqslant \Sigma_{\text{mave}}.$$

因此 $\hat{\beta}_{\text{mave}}$ 比 $\hat{\beta}_{\text{ropg}}$ 更为有效一些. 如果 X 服从正态分布，则这两个估计在效率上是等价的. 即

$$\Sigma_{\text{ropg}} = \Sigma_{\text{mave}}.$$

显然，相比较而言，最小平均条件方差估计法计算简单，效率也更高.

最小平均条件方差估计法的具体细节可参考文献 (Xia，et al，2006).

7.7 单指标模型的检验问题研究

当单指标模型的假定正确时，上面方法得到的回归系数和联系函数的估计具有很好的渐近性质，比如渐近正态性和比较快的收敛速度. 但这是建立在正确的模型假定的基础上，因此有必要对单指标模型进行模型检验，即需要检验:

$$H_0 : P\{E(Y|X = \cdot) = G(\beta^{\mathrm{T}} \cdot)\} = 1$$

对某个 β 和 $G(\cdot)$ 成立. 令 $G_\beta(v)=E(Y|\beta^{\mathrm{T}}X=v)$, $\beta_0=\mathrm{argmin}_{\beta:\|\beta\|=1}E[Y-G_\beta(\beta^{\mathrm{T}}X)]^2$. 这样 H_0 等价于

$$P\{E[(Y-G_{\beta_0}(\beta_0^{\mathrm{T}}X))|X]=0\}=1.$$

为构建 Cramer-von Mises 检验统计量，进一步引入和上式等价的一个条件：

$$E[(Y-G_{\beta_0}(\beta_0^{\mathrm{T}}X))I(X<x)]\equiv 0. \tag{7.7.1}$$

设有随机样本 $\{(X_i,Y_i):i=1,2,\cdots,n\}$. 令 $\hat{Y}_i$ 为 $E(Y|\beta^{\mathrm{T}}X_i)$ 的估计值，根据式 (7.7.1) 可构建基于经验过程的检验统计量：

$$S_n(x)=\frac{1}{\sqrt{n}}\sum_{i=1}^{n}(Y_i-\hat{Y}_i)I(X_i<x). \tag{7.7.2}$$

下面给出 $\hat{Y}_i$ 的计算方法. 首先根据前面所述的方法估计出 β, 设所得估计为 $\hat{\beta}_n$. 然后用下面方法估计 $E(Y|\beta^{\mathrm{T}}X=v)$:

$$\hat{G}(v)=\frac{\sum_{i=1}^{n}Y_i\omega_{n,h}(X_i^{\mathrm{T}}\hat{\beta}_n-v)}{\sum_{i=1}^{n}\omega_{n,h}(X_i^{\mathrm{T}}\hat{\beta}_n-v)}, \tag{7.7.3}$$

这里

$$\omega_{n,h}(X_i^{\mathrm{T}}\hat{\beta}_n-v)=\frac{1}{n}s_{n,\beta,2}K\left(\frac{X_i^{\mathrm{T}}\hat{\beta}_n-v}{h_n}\right)-\frac{1}{n}s_{n,\beta,1}K\left(\frac{X_i^{\mathrm{T}}\hat{\beta}_n-v}{h_n}\right)\frac{X_i^{\mathrm{T}}\hat{\beta}_n-v}{h_n},$$

$$s_{n,\beta,j}=\frac{1}{n}\sum_{i=1}^{n}\left(\frac{X_i^{\mathrm{T}}\hat{\beta}_n-v}{h_n}\right)^jK\left(\frac{X_i^{\mathrm{T}}\hat{\beta}_n-v}{h_n}\right), j=0,1,2.$$

给出记号：

$$u(x,\beta_0)=E(X|X^{\mathrm{T}}\beta_0=x^{\mathrm{T}}\beta_0),$$

$$l(X,G,\beta_0)=\left[\int\{z-u(z,\beta_0)\}\{z-u(z,\beta_0)\}^{\mathrm{T}}G'(X^{\mathrm{T}}\beta_0)^2f(z)\mathrm{d}z\right]^{-}\{x-u(x,\beta_0)\},$$

$$\begin{aligned}H(x)=&\{I(X<x)-[E\{G'(X^{\mathrm{T}}\beta_0)\}I(X<x)(X-E(X|X^{\mathrm{T}}\beta)l(X,G,\beta_0))]\\&-E[I(X<x)|X^{\mathrm{T}}\beta_0]\varepsilon\}.\end{aligned}$$

下面给出一些证明定理需要的条件：

(A1) $E|\varepsilon|^k<\infty$, $E\parallel\varepsilon\parallel^k<\infty$ 对任意 $k>0$ 成立，$\mathrm{var}(\varepsilon|X=x)=\sigma^2(x)$ 是有界连续函数.

(A2) $X^{\mathrm{T}}\beta_0$ 的密度函数 f_β 有有界的四阶导数，并且小于 0 大于 1.

(A3) $E(Y|X=x)$ 有有界的连续四阶偏导数.

(A4) 带宽正比于 $n^{-1/5}$.

(A5) 核函数 $K(\cdot)$ 是具有紧支撑的对称密度函数.

(A6) 在 H_0 下，$G(\cdot)$ 有有界的连续导数.

对统计量 (7.7.2)，有下面的渐近性质.

定理 7.7.1 在正则性条件 (A1)~(A6)下，如果 H_0 成立，有

$$S_n(x) + B(x) \Rightarrow Q(x), \tag{7.7.4}$$

其中 $\Rightarrow$ 表示弱收敛，$B(x) = n^{1/10}E[G''(X^{\mathrm{T}}\beta)I(X < x)]/2, Q(x)$ 为零均值高斯过程，其协方差为 $E[Q(x_1)Q(x_2)] = E[H(x_1)H(x_2)]$.

上面定理表明标记的经验过程 $S_n(x)$ 加上一个偏差项收敛于一个高斯过程. 如果用 $F_n(x)$ 表示 X 的经验分布函数，那么有 $\int[S_n(x) + B(x)]^2\mathrm{d}F_n(x) \to \int[Q(x)]^2\mathrm{d}F(x)$，这里 $F(x)$ 是 X 的累积分布函数.

下面利用 Bootstrap 方法同时达到消除偏差和近似检验统计量的分布的目的. 首先令

$$Y_i^* = \hat{G}(X^{\mathrm{T}}\hat{\beta}_n) + \varepsilon_i^*,$$

这里 $\varepsilon_i^* = (Y_i - \hat{Y}_i)\eta_i$，其中 $\eta_i, i = 1, 2, \cdots, n$ 相互独立，均值为零，方差为 1. 利用 Bootstrap 样本 $(X_i, Y_i^*)_{i=1}^n$，重新估计回归系数 β 和联系函数 $G(\cdot)$，将所得估计分别记为 $\hat{\beta}^*$ 和联系函数 $\hat{G}^*(\cdot)$. 令 $\tilde{Y}_i = \hat{Y}_i - B_i$, $\tilde{Y}_i^* = \hat{Y}_i^* - B_i$，其中 $B_i = E[\hat{G}^*(X_i^{\mathrm{T}}\hat{\beta}_n) - \hat{G}(X_i^{\mathrm{T}}\hat{\beta}_n)|(X_j, Y_j)_{j=1}^n]$.

这样算得的 $\tilde{Y}_i$ 和 $\tilde{Y}_i^*$ 可以看成是纠偏的 Y_i 和 Y_i^*. 令

$$\tilde{S}_n(x) = \frac{1}{\sqrt{n}}\sum_{i=1}^n (Y_i - \tilde{Y}_i)I(X_i < x), \tag{7.7.5}$$

和

$$\tilde{S}_n^*(x) = \frac{1}{\sqrt{n}}\sum_{i=1}^n (Y_i^* - \tilde{Y}_i^*)I(X_i < x). \tag{7.7.6}$$

对 $\tilde{S}_n(x)$ 和 $\tilde{S}_n^*(x)$，有下面的性质.

定理 7.7.2 在正则性条件 (A1)~(A6) 下，如果 H_0 成立，有

$$\tilde{S}_n(x) \Rightarrow Q(x) \tag{7.7.7}$$

和

$$\tilde{S}_n^*(x) \Rightarrow Q(x). \tag{7.7.8}$$

这里 $Q(x)$ 是定理 7.7.1 中的零均值高斯过程.

因此单指标模型的检验步骤如下:

第 1 步：根据样本估计出回归系数和联系函数，记为：$\hat{\beta}_n$ 和 $\hat{G}_n(\cdot)$.

第 2 步：令 $Y_i^* = \hat{G}(X^{\mathrm{T}}\hat{\beta}_n) + \varepsilon_i^*$, $\varepsilon_i^* = (Y_i - \hat{Y}_i)\eta_i$. 其中 $\eta_i, i = 1, 2, \cdots, n$ 相互独立，均值为零，方差为 1. 这样得到 Bootstrap 样本 $\{(X_i, Y_i^*)_{i=1}^n\}$. 利用其重新估计回归系数 β 和联系函数 $G(\cdot)$, 将所得估计分别记为 $\hat{\beta}_n^*$ 和联系函数 $\hat{G}_n^*(\cdot)$.

第 3 步：计算

$$\int \tilde{S}_n^*(x)\mathrm{d}F_n(x) = \int \left\{ \frac{1}{\sqrt{n}} \sum_{i=1}^n (Y_i^* - \tilde{Y}_i^*) I(X_i < x) \right\}^2 \mathrm{d}F_n(x). \tag{7.7.9}$$

第 4 步：计算

$$\int \tilde{S}_n(x)\mathrm{d}F_n(x) = \int \left\{ \frac{1}{\sqrt{n}} \sum_{i=1}^n (\tilde{Y}_i - \tilde{Y}_i) I(X_i < x) \right\}^2 \mathrm{d}F_n(x). \tag{7.7.10}$$

重复第 2 步和第 3 步 m 次，算得 m 个 $\int \tilde{S}_n^*(x)\mathrm{d}F_n(x)$ 的值，其 $1 - \alpha$ 分位点即为临界值. 若算得的 $\int \tilde{S}_n(x)\mathrm{d}F_n(x)$ 值大于临界值，则拒绝原假设.

第 8 章　Cox 回归模型

8.1　模 型 介 绍

在医学中，对病人治疗效果的考察，一方面要看治疗结局的好坏，另一方面还要看生存时间的长短. 生存时间的长短不仅与治疗措施有关, 还可能与病人的体质、年龄、病情的轻重等多种因素有关. 如何找出其中哪些因素与生存时间有关，哪些与它无关呢？由于失访、试验终止等原因经常造成某些数据，比如生存时间的不完全观测，因此不能用多元线性回归分析. 1972 年英国统计学家 Cox D. R. 提出一种比例危险模型，能处理多个因素对生存时间影响的问题.

比例危险模型既不是完全参数的，也不是完全非参数的，因而是一个半参数模型. 该模型比较合理地反映了协变量与生存时间之间的关系，在分析失效数据时被证实是非常有效的.

设 T 是表示生存时间的变量，C 表示删失时间变量，观察的 q 维协变量 $Z=(Z_1, Z_2,\cdots,Z_q)^{\mathrm{T}}$. 记 $X=\min(Z,C)$, $\delta=I(T\leqslant C)$. 假定给定协变量 Z,T 与 C 独立. 观察到的数据 $(X_i,\delta_i,Z_i)_{i=1}^n$ 是来自 (X,δ,Z) 的一个样本.

注意，条件危险率函数的定义为

$$\lambda(t|Z)=\lim_{h\downarrow 0}h^{-1}P(t\leqslant T<t+h|T\geqslant t,Z). \tag{8.1.1}$$

Cox(1972) 提出了关于条件危险率函数的比例危险模型:

$$\lambda(t|Z)=\lambda_0(t)g(Z), \tag{8.1.2}$$

这里 $\lambda_0(t)$ 是相应于协变量 Z 取为 0 时的条件危险率，一般称为基本危险率，而 $g(Z)$ 为某个已知函数. 为了便于解释，$g(Z)$ 经常取为协变量的线性组合 $\beta_1Z_1+\beta_2Z_2+\cdots+\beta_qZ_q$ 的形式，这里 $\beta=(\beta_1,\beta_2,\cdots,\beta_q)^{\mathrm{T}}$ 是未知的 q 维回归系数. 进一步，条件危险率要求为非负，因此也要求 $g(Z)>0$. 于是取 $g(Z)=\exp(\beta^{\mathrm{T}}Z)$. 从而得到普遍使用的比例危险模型:

$$\lambda(t|Z)=\lambda_0(t)\exp(\beta^{\mathrm{T}}Z). \tag{8.1.3}$$

由于 $S(t|Z)=\exp\{-\int_0^t\lambda(t|Z)\mathrm{d}t\}$, 因此比例危险模型具有另外一种形式:

$$S(t|Z)=\{S_0(t|Z)\}^{\exp(\beta^{\mathrm{T}}Z)},$$

其中 $S_0(t|Z)=\exp\{-\int_0^t\lambda_0(t)\mathrm{d}t\}$ 称为基本的生存函数，为对应于 $\lambda_0(t)$ 的生存函数.

根据条件危险率的定义，对小的 Δt，条件危险率函数 $\lambda(t|Z)$ 满足

$$\lambda(t|Z)\Delta t\approx P(t\leqslant T<t+\Delta t|T\geqslant t,Z).$$

因此条件危险率可以理解为在给定协变量 Z 和生存时间不小于 t 的条件下，在接下来的瞬间区间 $[t,t+\Delta t)$ 内失效的概率.

现在假设有两个个体，其协变量分别为 Z 和 Z^*, 两个个体的条件危险率的比值为

$$\frac{\lambda(t|Z)}{\lambda(t|Z^*)}=\frac{\lambda_0(t)\exp(\sum_{k=1}^q\beta_kZ_k)}{\lambda_0(t)\exp(\sum_{k=1}^q\beta_kZ_k^*)}=\exp\left(\sum_{k=1}^q\beta_k(Z_k-Z_k^*)\right).\tag{8.1.4}$$

显然，这个比值是一个不依赖于时间的常数. 因此，两个个体的危险率是成比例的，这个比值称为它们的相对风险. 这也是将模型 (8.1.3) 称为比例危险模型的原因. 特别地，如果 Z 和 Z^* 分别取值 1 和 0，并且分别表示接受治疗和服用安慰剂. 这时，$\dfrac{\lambda(t|Z)}{\lambda(t|Z^*)}=\exp(\beta)$，表示接受治疗的个体相对于不接受治疗的个体所具有的风险. 对协变量为单元的情况，β 可以理解为协变量 Z 每增加一个单位时其相对危险度的自然对数值. 当 $\beta>0$，说明相应协变量值的增加将增大所研究事件发生的可能性；当 $\beta<0$，相应协变量值的增加将减少所研究事件发生的可能性；当 $\beta=0$，相应协变量与所研究事件的发生无关.

Cox 回归无须对 $\lambda_0(t)$ 的形式作任何限制，因为其不影响各危险因素相对危险度的估计，而相对危险度正是多因素分析时最关注的问题. 因此说，Cox 模型巧妙地将非参数 $\lambda_0(t)$ 部分与参数 (回归系数 β) 的概念结合起来，这种灵活性使得它在生存分析的应用中备受青睐.

8.2 偏似然估计方法和检验

8.2.1 回归系数的估计

对 Cox 回归模型的参数 β 的估计，因为有非参数部分 $\lambda_0(t)$ 的存在，不能像参数模型那样通过极大似然估计方法求得. 估计 β 的基本思想是先建立偏似然函数或对数偏似然函数，然后求偏似然函数或对数偏似然函数达到极大时参数的取值.

设 $X_{(1)}<X_{(2)}<\cdots<X_{(n)}$ 为 $X_i,i=1,2,\cdots,n$ 的顺序统计量，$\delta_{(i)}$ 和 $Z_{(i)}$ 分别是其对应的删失指示变量和协变量. 记 $R(t)$ 为时刻 t 的风险集，即在 t 时刻处于风险的个体的

集合. 根据文献 (Cox，1972)，如果 $X_{(i)}$ 是删失数据，那么在这一点上就没有给出任何关于 β 的信息. 如果 $X_{(i)}$ 表示真正的死亡时间，那么具有协变量 $Z_{(i)}$ 的个体在时刻 $X_{(i)}$ 时死亡的概率为

$$P\,(\text{标号为}(i)\text{的个体在时刻}X_{(i)}\text{死亡}|R(X_{(i)})\text{中某个个体在}X_{(i)}\text{死亡})$$

$$=\frac{P(\text{标号为}(i)\text{的个体在时刻}X_{(i)}\text{死亡}|\text{存活到}X_{(i)})}{P(R(X_{(i)})\text{任意一个个体在时刻}X_{(i)}\text{死亡}|\text{存活到}X_{(i)})}.$$

因为知道所有的真实死亡时间，对每个真实死亡时间算出上述的概率，然后连乘得到下面所谓的偏似然函数：

$$L(\beta)=\Pi_D\frac{\exp(\beta^{\mathrm{T}}Z_i)}{\Sigma_{j\in R(X_{(i)})}\exp(\beta^{\mathrm{T}}Z_j)}=\Pi_{i=1}^{n}\left\{\frac{\exp(\beta^{\mathrm{T}}Z_i)}{\Sigma_{j\in R(X_{(i)})}\exp(\beta^{\mathrm{T}}Z_j)}\right\}^{\delta_i},\tag{8.2.1}$$

这里 Π_D 表示在真实死亡时间点上求乘积.

一般就把 $L(\beta)$ 看成是似然函数. 对 $L(\beta)$ 两边取对数，得到

$$\log L(\beta)=\sum_{i=1}^{n}\delta_i\Big(\beta^{\mathrm{T}}Z_i-\log\Sigma_{j\in R(X_{(i)})}\exp(\beta^{\mathrm{T}}Z_j)\Big).\tag{8.2.2}$$

使得上式达到最大的 β 值，就是 β 的偏极大似然估计.

具体求解过程如下。

先求得分函数，即先对 $\log L(\beta)$ 关于 β 求导，得到得分函数：

$$U_k(\beta)=\sum_{i=1}^{n}\delta_i\Big(Z_{ik}-\frac{\Sigma_{j\in R(X_{(i)})}Z_{jk}\exp(\sum_{k=1}^{q}\beta_kZ_{jk})}{\Sigma_{j\in R(X_{(i)})}\exp(\sum_{k=1}^{q}\beta_kZ_{jk})}\Big),\quad k=1,2,\cdots,q.\tag{8.2.3}$$

通过求解方程组 $U_k(\beta)=0,k=1,2,\cdots,q$ 可以得到 β 的偏极大似然估计. Tsiatis (1981) 证明了上述得到的 β 的偏极大似然估计是渐近正态的.

Efron (1977) 曾经给出 Cox 回归模型的精确似然函数，发现偏似然函数恰好是精确似然函数的一部分，所以偏似然函数又称为部分似然函数.

8.2.2　回归系数的检验

如前所述，β 的值表明协变量对相对风险的影响，并且 β 的分量等于 0、大于 0 还是小于 0，分别表示相应协变量有不同的影响. 因此检验 β 是否等于 0 的问题是有实际的意义的.

我们考虑一个更加广泛的检验问题：$H_0:\beta=\beta_0$. 对这个检验问题，有 Wald 检验、对数似然比检验和得分检验方法三种.

记信息矩阵为 $I(\beta) = [I_{kl}(\beta)]_{q\times q}$ 其中

$$\begin{aligned}I_{kl}(\beta) = &\sum_{i=1}^{n}\delta_i\frac{\Sigma_{j\in R(X_{(i)})}Z_{jk}Z_{jl}\exp(\beta^{\mathrm{T}}Z_j)}{\Sigma_{j\in R(X_{(i)})}\exp(\beta^{\mathrm{T}}Z_j)}\\ &-\sum_{i=1}^{n}\delta_i\frac{\Sigma_{j\in R(X_{(i)})}Z_{jk}\exp(\beta^{\mathrm{T}}Z_j)}{\Sigma_{j\in R(X_{(i)})}\exp(\beta^{\mathrm{T}}Z_j)}\frac{\Sigma_{j\in R(X_{(i)})}Z_{jl}\exp(\beta^{\mathrm{T}}Z_j)}{\Sigma_{j\in R(X_{(i)})}\exp(\beta^{\mathrm{T}}Z_j)}.\end{aligned} \tag{8.2.4}$$

Wald 检验对应的检验统计量为

$$W = (\hat{\beta}_n - \beta_0)^{\mathrm{T}}I(\hat{\beta}_n)(\hat{\beta}_n - \beta_0).$$

这里 $\hat{\beta}_n$ 是上面定义的偏极大似然估计. 在原假设下，W 服从自由度为 q 的卡方分布. 在置信水平 α 下，当 W 大于卡方分布的上 α 分位点 $\chi^2_{p,\alpha}$ 时，则拒绝原假设.

似然比检验统计量定义为

$$S = 2(\log L(\hat{\beta}_n) - \log L(\beta_0)).$$

在原假设下，S 服从自由度为 q 的卡方分布, 在置信水平 α 下，当 S 大于卡方分布的上 α 分位点 $\chi^2_{p,\alpha}$ 时，则拒绝原假设.

令 $U(\beta) = (U_1(\beta), \cdots, U_q(\beta))^{\mathrm{T}}$, 则得分检验统计量定义为

$$U = U(\hat{\beta}_n)^{\mathrm{T}}I^{-1}(\hat{\beta}_n)U(\hat{\beta}_n).$$

和 Wald 检验统计量一样，在原假设下，U 服从自由度为 q 的卡方分布. 当 U 大于卡方分布的上 α 分位点 $\chi^2_{p,\alpha}$ 时，则拒绝原假设.

8.2.3 基准危险率函数的估计

基准危险率函数没有出现在上面的偏似然函数中，因此不能利用偏似然函数构建的方程来估计基准危险率函数. 下面首先介绍与基准危险率函数有关的累积基准危险率函数的估计方法.

记 $N_i(t) = I(X_i \leqslant t, \delta_i = 1)$，$Y_i(t) = I(X_i \geqslant t)$, Breslow(1972,1974) 提出了累积基准危险率函数的一个估计：

$$\hat{\Lambda}_0(t) = \int_0^t \frac{1}{\sum_{i=1}^{n} Y_i(s)\exp(\hat{\beta}_n^{\mathrm{T}}Z_i)}\left\{\sum_{i=1}^{n}\mathrm{d}N_i(t)\right\}.$$

更多关于 Cox 模型的估计的渐近性质以及其他的半参数生存模型的内容可参考文献(王，2007；Fleming，Harrington，2011；Klein，Moeschberger，2003 等).

8.3　Cox 回归模型的检验

设 T 是表示生存时间的变量，C 表示删失时间变量，观察的 q 维协变量 $Z=(Z_1,Z_2,\cdots,Z_q)^{\mathrm{T}}$. 记 $X=\min(Z,C)$, $\delta=I(T\leqslant C)$. 观察到的数据 $(X_i,\delta_i,Z_i)_{i=1}^n$ 是来自 (X,δ,Z) 的一个样本.

正确的统计推断基于正确的模型假定，因此有必要在对 Cox 回归模型进行统计推断之前考虑模型检验程序. Lin，Wei 和 Ying (1993) 对 Cox 模型构建了基于鞅残差的模型检验方法. 下面我们介绍 Lin，Wei 和 Ying (1993) 的 Cox 回归模型的检验方法.

考察下面的检验问题:

$H_0: P\{\lambda(t|Z)=\lambda(t)\exp(\beta^{\mathrm{T}}Z)\}=1$ 对某个 β_0 和 $\lambda_0(t)$ 成立;

H_1 : 对任意 β 和 $\lambda(t), P\{\lambda(t|Z)=\lambda(t)\exp(\beta^{\mathrm{T}}Z)\}<1$.

在零假设模型下，8.2 节基于偏似然估计方法构建的得分函数为

$$U(\beta)=\sum_{i=1}^n\delta_i\{Z_i-\bar{Z}(\beta,X_i)\},$$

其中

$$\bar{Z}(\beta,t)=\frac{\sum_{i=1}^n Y_i(t)\exp(\beta^{\mathrm{T}}Z_i)Z_i}{\sum_{i=1}^n Y_i(t)\exp(\beta^{\mathrm{T}}Z_i)}.$$

下面描述鞅残差. 定义计数过程 $N_i(t)=I[X_i\leqslant t,\delta_i=1]$. 与 $N_i(t)$ 相对应的强度函数为 $Y_i(t)\lambda_0(t)\exp(\beta_0^{\mathrm{T}}Z_i), i=1,2,\cdots,n$. 根据计数过程与相应强度函数积分之间的差可以定义鞅:

$$M_i(t)=N_i(t)-\int_0^t Y_i(u)\exp(\beta_0^{\mathrm{T}}Z_i)\lambda_0(u)\mathrm{d}u,\quad i=1,2,\cdots,n.$$

鞅残差则定义为

$$\hat{M}_i(t)=N_i(t)-\int_0^t Y_i(u)\exp(\hat{\beta}_n^{\mathrm{T}}Z_i)\mathrm{d}\hat{\Lambda}_0(u),\quad i=1,2,\cdots,n.$$

为方便我们定义 $\hat{M}_i(\infty)=\hat{M}_i$.

鞅残差有一些所期望的特性. 比如，对任意 $t\in[0,\infty)$,

$$\begin{aligned}\sum_{i=1}^n\hat{M}_i(t)&=\sum_{i=1}^n N_i(t)-\int_0^t Y_i(s)\exp(\hat{\beta}_n^{\mathrm{T}}Z_i)\mathrm{d}\hat{\Lambda}_0(s)\\&=\sum_{i=1}^n\left[\int_0^t\mathrm{d}N_i(s)-\int_0^t Y_i(s)\exp(\hat{\beta}_n^{\mathrm{T}}Z_i)\frac{\sum_{j=1}n\mathrm{d}N_j(s)}{\sum_{k=1}^n Y_k(s)\exp(\hat{\beta}_n^{\mathrm{T}}Z_k)}\right]=0.\end{aligned}\tag{8.3.1}$$

即鞅残差和是零. 此外，渐近的有 $\mathrm{cov}(\hat{M}_i,\hat{M}_j)=0=E\hat{M}_i, i\neq j$.

注意到记分函数 $U(\beta)$ 能写作 $U(\beta,\infty)$，其中

$$U(\beta,t)=\sum_{i=1}^{n}\int_{0}^{t}\{Z_i-\bar{Z}(\beta,s)\}\mathrm{d}N_i(s).$$

称 $U(\beta,t)$ 为经验记分过程.

累积鞅残差和它们的变换可用于检测原假设模型和对立假设模型的差异，因而可以基于累积鞅残差构建检验统计量.

考虑下面两个一般的累积鞅残差：

$$W_1(t,z)=\sum_{i=1}^{n}f(Z_i)I(Z_i\leqslant z)\hat{M}_i(t) \tag{8.3.2}$$

及

$$W_2(t,r)=\sum_{i=1}^{n}f(Z_i)I(\hat{\beta}^T Z_i\leqslant r)\hat{M}_i(t), \tag{8.3.3}$$

其中 $f(\cdot)$ 是已知光滑函数. 若原假设模型成立，这些过程将绕零随机波动.

根据第 3 章的内容，我们构建的检验统计量在原假设下的精确分布或者渐近分布必须可以求出，或者可以用重抽样方法近似其分布. 因此首先讨论 $W_i(t,z)$ 与 $W_2(t,r)$ 在原假设模型下的分布.

过程 $W_1(t,z)$ 是 $\hat{\beta}_n$ 的光滑函数，由 $W_1(t,z)$ 及 $U(\hat{\beta}_n)$ 在 β_0 的泰勒展开及一些简单的运算，过程 $n^{-1/2}W_1(t,z)$ 与过程 $n^{-1/2}\tilde{W}_1(t,z)$ 有相同的渐近性质，其中

$$\begin{aligned}\tilde{W}_1(t,z)=&\sum_{i=1}^{n}\int_{0}^{t}\{f(Z_i)I(Z_i\leqslant z)-\tilde{g}(\beta_0,u,z)\}\mathrm{d}M_i(u)\\&-\sum_{k=1}^{n}\int_{0}^{t}Y_k(s)\exp(\beta_0^{\mathrm{T}}Z_k)f(Z_k)I(Z_k\leqslant z)\{Z_k-\tilde{Z}(\beta_0,s)\}^{\mathrm{T}}\lambda_0(s)\mathrm{d}s\\&\times\mathcal{G}^{-1}(\beta_0)\sum_{i=1}^{n}\int_{0}^{\infty}\{Z_i-\tilde{Z}(\beta_0,u)\}\mathrm{d}M_i(u),\end{aligned} \tag{8.3.4}$$

其中 $\tilde{Z}(\beta,t)$ 是 $\bar{Z}(\beta,t)$ 的极限，$\tilde{g}(\beta,t,z)$ 是下式的极限

$$g(\beta,t,z)=\frac{\sum_{k=1}^{n}Y_k(t)\exp(\beta^{\mathrm{T}}Z_k)f(Z_k)I(Z_k\leqslant z)}{\sum_{k=1}^{n}Y_k(t)\exp(\beta^{\mathrm{T}}Z_k)}.$$

Lin，Wei 和 Ying(1993) 证明了 $n^{-1/2}\tilde{W}_1(t,z)$ 收敛到零均值 Gauss 过程.

下面讨论如何通过 Monte Carlo 模拟计算其近似分布. 注意 $M_i(u)$ 的分布形式未知，因此无法知道 $\tilde{W}_1(t,z)$ 的分布. 解决这一问题的一个方法是采用 Bootstrap 重抽样方法.

我们用一个近似但分布已知过程 $\tilde{M}_i(u)$ 取代式 (8.3.4) 中的 $M_i(u)$. 注意到 $M_i(u)$ 的方差函数是 $EN_i(u)$，因此，$\tilde{M}_i(u)$ 的一个自然的选择是 $N_i(u)G_i$，其中 $N_i(u)$ 是如前所定义的计数过程，G_i 是标准正态随机变量，$i=1,2,\cdots,n$.

用 $\hat{\beta}_n, \hat{\Lambda}_0(s), \bar{Z}, g$ 及 $N_i(\cdot)G_i$ 分别取代式 (8.3.4) 中的 $\beta_0, \lambda_0(s)\mathrm{d}s, \tilde{Z}, \tilde{g}$ 及 $M_i(\cdot)$，得到

$$\begin{aligned}\tilde{W}_1(t,z) = &\sum_{i=1}^n \{I[X_i \leqslant t, \delta_i=1] f(Z_i) I[Z_i \leqslant z] - g(\hat{\beta}, X_i, z)\} G_i \\ &-\sum_{k=1}^n \int_0^t Y_k(s)\exp(\beta_0^{\mathrm{T}} Z_k) f(Z_k) I[Z_k \leqslant z]\{Z_k - \bar{Z}(\hat{\beta}, s)\}^{\mathrm{T}} \mathrm{d}\hat{\Lambda}_0(s)\mathrm{d}s \\ &\times \mathcal{G}^{-1}(\hat{\beta}_0) \sum_{i=1}^n \delta_i \{Z_i - \bar{Z}(\hat{\beta}_0, X_i)\} G_i, \end{aligned} \tag{8.3.5}$$

尽管 $M_i(u)$ 可能不是 Gauss 的，Lin,Wei 及 Ying (1993) 证明了给定观察数据 X_i, δ_i, Z_i 下，$n^{-1/2}\hat{W}_1(t,z)$ 的条件分布的极限与 $n^{-1/2}\tilde{W}_1(t,z)$ 的无条件分布极限相同.

为获得 $n^{-1/2}\hat{W}_1(t,z)$ 的近似分布，我们在固定观察数据 X_i, δ_i, Z_i 下，通过重复产生随机抽样 G_i，经计算得到一系列 $n^{-1/2}\hat{W}_1(t,z)$，并进而计算得到 $\sup_{t,z}||n^{-1/2}\hat{W}_1(t,z)||$. 基于这一系列计算得到 $\sup_{t,z}||n^{-1/2}\hat{W}_1(t,z)||$ 的值构建的经验分布函数，这个经验分布函数可以近似 $\sup_{t,z}||n^{-1/2}\tilde{W}_1(t,z)||$ 的分布，求得其上 α 分位数. 再通过样本数据计算得到 $\sup_{t,z}||n^{-1/2}W_1(t,z)||$. 如果此值大于上面计算的上 α 分位数，则拒绝零假设. 注意上面的计算过程中 $f(\cdot)=1$.

类似地，Lin，Wei 及 Ying (1993) 也证明了 $W_2(t,r)$ 的分布可用 $\hat{W}_2(t,r)$ 的分布近似，其中 $\hat{W}_2(t,r)$ 是用 $I[\hat{\beta}^{\mathrm{T}} Z_i \leqslant r]$ 取代式 (8.3.4) 中的 $I[Z_i \leqslant z]$ 得到. 于是，如上面所述，通过模拟可计算 $W_2(t,r)$ 的近似分布.

参考文献

Ahmad I A, Li Q. 1997. Testing independence by nonparametric kernel method[J]. Statistics & probability letters, 34(2): 201-210.

Ahmad I A, Li Q. 1997. Testing symmetry of an unknown density function by kernel method[J]. Journal of Nonparametric Statistics, 7(3): 279-293.

Ahn H, Powell J L. 1997. Estimation of censored selection model with a nonparametric model[J]. J. Econometrics, 58: 3-30.

Ai C, Chen X. 2003. Efficient estimation of models with conditional moment restrictions containing unknown functions[J]. Econometrica, 71(6): 1795-1843.

Bellman R. 1957. Dynamic Programming[M]. Princeton University Press, Princeton, NJ.

Blum J R, Susarla V. 1980. Maximal deviation theory of density and failure rate function estimates based on censored data[J]. Multivariate analysis, 5: 213-222.

Bowman A W. 1984. An alternative method of cross-validation for the smoothing of density estimates[J]. Biometrika, 71(2): 353-360.

Cai Z, Fan J, Yao Q. 2000. Functional-coefficient regression models for nonlinear time series[J]. Journal of the American Statistical Association, 95(451): 941-956.

Carlstein E. 1988. Nonparametric change-point estimation[J]. Ann. Statist., 16: 188-197.

Chaubey Y P, Sen P K. 1999. On smooth estimation of mean residual life[J]. Journal of Statistical Planning and Inference, 75(2): 223-236.

Chen K, Lo S H. 1997. On the rate of uniform convergence of the product-limit estimator: strong and weak laws[J]. The Annals of Statistics, 25(3): 1050-1087.

Cleveland W S. 1979. Robust locally weighted regression and smoothing scatterplots[J]. Journal of the American statistical association, 74(368): 829-836.

Cleveland W S, Devlin S J, Grosse E. 1988. Regression by local fitting: methods, properties, and computational algorithms[J]. Journal of econometrics, 37(1): 87-114.

Cleveland W S, Grosse E, Shyu W M. 1991. Local regression models[J]. Statistical Models in S, 309-376.

Cox D R. 1972. Regression models and life-tables[J]. Journal of the Royal Statistical Society, Series B (Methodological), 187-220.

Csörgö M, Zitikis R. 1996. Mean residual life processes[J]. The Annals of Statistics, 24: 1717-1739.

Delgado M A, Manteiga W G. 2001. Significance testing in nonparametric regression based on the bootstrap[J]. Ann. Statist., 1469-1507.

Diehl S, Stute W. 1988. Kernel density and hazard function estimation in the presence of censoring[J]. Journal of Multivariate Analysis, 25(2): 299-310.

Dumbgen L. 1991. The asymptotic behavior of some nonparametric change-point estimators[J]. Ann. Statist., 19: 1471-1495.

Efron B. 1977. The efficiency of Cox's likelihood function for censored data[J]. Journal of the American statistical Association, 72(359): 557-565.

Epanechnikov V A. 1969. Non-parametric estimation of a multivariate probability density[J]. Theory of Probability & Its Applications, 14(1): 153-158.

Escanciano J C. 2006. A consistent diagnostic test for regression models using projections[J]. Econometric Theory, 22(06): 1030-1051.

Fan J, Gijbels I. 1996. Local polynomial modelling and its applications: Monographs on statistics and applied probability 66[M]. CRC Press.

Fan J, Yao Q, Cai Z. 2003. Adaptive varying coefficient linear models[J]. Journal of the Royal Statistical Society, Series B (Statistical Methodology), 65(1): 57-80.

Fan J, Zhang W. 1999. Statistical estimation in varying coefficient models[J]. Annals of Statistics, 1491-1518.

Fan J, Zhang W. 2008. Statistical methods with varying coefficient models[J]. Statistics and Its Interface, 1: 179-195.

Fan Y. 1994. Testing the Goodness of Fit of a Parametric Density Function by Kernel Method[J]. Econometric Theory, 10: 316-356.

Fan Y, Li Q. 1996. Consistent model specification tests: omitted variables and semiparametric functional forms[J]. Econometrica: Journal of the econometric society, 865-890.

Fleming T R, Harrington D P. 2011. Counting processes and survival analysis[M]. John Wiley & Sons.

Földes A, Rejtö L, Winter B. 1980. Strong consistency properties of nonparametric estimators for randomly censored data, I: The product-limit estimator[J]. Periodica Mathematica Hungarica, 11(3): 233-250.

Földes A, Rejtö L, Winter B. 1981. Strong consistency properties of nonparametric estimators for randomly censored data, II: Estimation of density and failure rate[J]. Periodica Mathematica Hungarica, 12(1): 15-29.

Gehan E A. 1969. Estimating survival functions from the life table[J]. Journal of chronic diseases, 21(9): 629-644.

Gertsbakh I B, Kordonsky K B. 1969. Models of Failure (English Translation from the Russian Version)[J].

Gonz á lez-Manteiga W, Cao R, Marron J S. 1996. Bootstrap selection of the smoothing parameter in nonparametric hazard rate estimation[J]. Journal of the American Statistical Association, 91(435): 1130-1140.

Gray R J. 1994. Spline-based tests in survival analysis[J]. Biometrics, 640-652.

Green P J, Silverman B W. 1993. Nonparametric regression and generalized linear models: a roughness penalty approach[M]. CRC Press.

Härdle W, Hall P, Ichimura H. 1993. Optimal smoothing in single-index models[J]. The annals of Statistics, 21(1): 157-178.

Härdle W, Hall P, Marron J S. 1988. How Far are Automatically Chosen Regression Smoothing Parameters from their Optimum[J]? Journal of the American Statistical Association, 83(401): 86-95.

Härdle W, Liang H, Gao J. 2000. Partially Linear Models[M], Physica-Verlag, Heidelberg.

Härdle W, Mammen E. 1993. Comparing nonparametric versus parametric regression fits[J]. The Annals of Statistics, 1926-1947.

Härdle W, Müller M, Sperlich S, et al. 2004. Nonparametric and semiparametric models[M]. Springer Science & Business Media.

Hastie T J, Tibshirani R J. 1990. Generalized additive models[M]. CRC Press.

Hastie T J, Tibshirani R J. 1993. Varying-coefficient models[J]. J.Roy.Statist.Soc.B, 55: 757-796.

Horowitz J L. 1998. Semiparametric methods in econometrics[M]. Springer.

Horowitz J L. 2009. Semiparametric and nonparametric methods in econometrics[M]. New York: Springer.

Hristache M, Juditsky A, Spokoiny V. 2001. Direct estimation of the index coefficient in a single-index model[J]. Annals of Statistics, 595-623.

Ichimura H. 1993. Semiparametric least squares (SLS) and weighted SLS estimation of single-index models[J]. Journal of Econometrics, 58(1): 71-120.

Klein J P, Moeschberger M L. 2003. Survival analysis: techniques for censored and truncated data[M]. Springer Science & Business Media.

Kleinbaum D G, Klein M. 1996. Survival analysis[M]. New York: Springer-Verlag.

Koenker R. 2005. Quantile regression[M]. Cambridge university press.

Koenker R, Bassett Jr G. 1978. Regression Quantiles[J], Econometrica, 33-50.

Lavergne P, Patilea V. 2008. Breaking the curse of dimensionality in nonparametric testing[J]. Journal of Econometrics, 143: 103-122.

Lee J. 1990. U-statistics: Theory and Practice[J]. Marcel Dekker Inc.

Li Q. 1996. Nonparametric testing of closeness between two unknown distribution functions[J]. Econometric Reviews, 15(3): 261-274.

Li Q, Jeffrey S R. 2007. Nonparametric econometrics: theory and practice[M]. Princeton University Press.

Li Q, Maasoumi E, Racine J S. 2009. A nonparametric test for equality of distributions with mixed categorical and continuous data[J]. Journal of Econometrics, 148(2): 186-200.

Li Q, Wang S. 1998. A simple consistent bootstrap test for a parametric regression function[J]. Journal of Econometrics, 87(1): 145-165.

Lin D Y, Wei L J, Ying Z. 1993. Checking the Cox model with cumulative sums of martingale-based residuals[J]. Biometrika, 80(3): 557-572.

Linton O. 1995. Second order approximation in the partially linear regression model[J]. Econometrica: Journal of the Econometric Society, 1079-1112.

Liu R Y C, Van Ryzin J. 1985. A histogram estimator of the hazard rate with censored data[J]. The Annals of Statistics, 592-605.

Lo S H, Mack Y P, Wang J L. 1989. Density and hazard rate estimation for censored data via strong representation of the Kaplan-Meier estimator[J]. Probability theory and related fields, 80(3): 461-473.

Lo S H, Singh K. 1986. The product-limit estimator and the bootstrap: some asymptotic representations[J]. Probability Theory and Related Fields, 71(3): 455-465.

Major P, Rejtö L. 1988. Strong embedding of the estimator of the distribution function under random censorship[J]. The Annals of Statistics, 1113-1132.

Marron J S, Padgett W J. 1987. Asymptotically optimal bandwidth selection for kernel density estimators from randomly right-censored samples[J]. The Annals of Statistics, 1520-1535.

Masry, E. 1996. Multivariate local polynomial regression for time series: uniform strong consistency and rates[J]. Journal of Time Series Analysis, 17(6): 571-599.

Masry, E. 1996. Multivariate regression estimation local polynomial fitting for time series[J]. Stochastic Processes and their Applications, 65(1): 81-101.

McLain A C, Ghosh S K. 2011. Nonparametric estimation of the conditional mean residual life function with censored data[J]. Lifetime data analysis, 17(4): 514-532.

Mielniczuk J. 1986. Some asymptotic properties of kernel estimators of a density function in case of censored data[J]. The Annals of Statistics, 766-773.

Naik P, Tsai C L. 2000. Partial least squares estimator for single index models[J]. Journal of the Royal Statistical Society: Series B (Statistical Methodology), 62(4): 763-771.

Pagan A, Ullah A. 1999. Nonparametric econometrics[M]. Cambridge university press.

Parzen E. 1962. On estimation of a probability density function and mode[J]. The annals of mathematical statistics, 1065-1076.

Patil P N. 1993. On the least squares cross-validation bandwidth in hazard rate estimation[J]. The Annals of Statistics, 1792-1810.

Peterson Jr A V. 1977. Expressing the Kaplan-Meier estimator as a function of empirical subsurvival functions[J]. Journal of the American Statistical Association, 72: 854-858.

Pollard, D. 1984. Convergence of stochastic processes[M]. Springer-Verlag, New York.

Powell J L. 1994. Estimation of semiparametric models[J]. Handbook of econometrics, 4: 2443-2521.

Powell J L, Stock J H, Stoker T M. 1989. Semiparametric estimation of index coefficients[J]. Econometrica: Journal of the Econometric Society, 57: 1403-1430.

Powell J L, Stoker T M. 1996. Optimal bandwidth choice for density-weighted averages[J]. Journal of Econometrics, 75(2): 291-316.

Rao B L S. 1983. Nonparametric Functional Estimation[J]. Academic Press, Orlando.

Ritov Y. 1990. Asymptotic efficient estimation of the change-point with unknown distributions[J]. Ann. Statist., 18: 1829-1839.

Robinson P M. 1988. Root-N-consistent semiparametric regression[J]. Econometrica: Journal of the Econometric Society, 931-954.

Rosenblatt M. 1956. Remarks on some nonparametric estimates of a density function[J]. The Annals of Mathematical Statistics, 27(3): 832-837.

Rudemo M. 1982. Empirical choice of histograms and kernel density estimators[J]. Scandinavian Journal of Statistics, 65-78.

Schmalensee R, Stoker T M. 1999. Household gasoline demand in the United States[J]. Econometrica, 67(3): 645-662.

Speckman P. 1988. Kernel smoothing in partial linear models[J]. Journal of the Royal Statistical Society, Series B (Methodological), 413-436.

Stone C J. 1977. Consistent nonparametric regression[J]. The annals of statistics, 595-620.

Stone C J. 1982. Optimal global rates of convergence for nonparametric regression[J]. The Annals of Statistics, 1040-1053.

Stute W. 1982. A law of the logarithm for kernel density estimators[J]. The Annals of Probability, 10(2): 414-422.

Stute W, González M W, Presedo Q M. 1998. Bootstrap approximations in model checks for regression[J]. Journal of the American Statistical Association, 93: 141-149.

Sun Z, Wang Q, Dai P. 2009. Model checking for partially linear models with missing responses at random[J]. Journal of Multivariate Analysis, 100(4): 636-651.

Tanner M A. 1983. A note on the variable kernel estimator of the hazard function from randomly censored data[J]. The Annals of Statistics, 994-998.

Tanner M A, Wong W H. 1983. The estimation of the hazard function from randomly censored data by the kernel method[J]. The Annals of Statistics, 11(3): 989-993.

Tsiatis A A. 1990. Estimating regression parameters using linear rank tests for censored data[J]. The Annals of Statistics, 354-372.

Van Ryzin J. 1973. A histogram method of density estimation[J]. Communications in Statistics-Theory and Methods, 2(6): 493-506.

Wang J G. 1987. A note on the uniform consistency of the Kaplan-Meier estimator[J]. The Annals of Statistics, 1313-1316.

Wang Q. 1995. Some large sample properties of an estimator of the hazard function from randomly censored data[J]. Chinese Science Bulletin, 40(8): 632-635.

Wang Q, Sun Z. 2007. Estimation in partially linear models with missing responses at random[J]. Journal of Multivariate Analysis, 98(7): 1470-1493.

Wolfowitz J. 1942. Additive Partition Functions and a Class of Statistical Hypotheses[J]. The Annals of Mathematical Statistics 13(3): 247-279.

Xia Y. 2006. Asymptotic distributions for two estimators of the single-index model[J]. Econometric Theory, 22(06): 1112-1137.

Xia Y, Li W K, Tong H, et al. 2004. A goodness-of-fit test for single-index models[J]. Statistica Sinica, 14(1): 1-28.

Xia Y, Tong H, Li W K, et al. 2002. An adaptive estimation of dimension reduction space[J]. Journal of the Royal Statistical Society: Series B (Statistical Methodology), 64(3): 363-410.

Xia Y, Tong H, Li W K, Zhu L. 2002. An Adaptive Estimation of Optimal Regressor Subspace[J]. Journal of the Royal Statistical Society, B, 64: 363-410.

Yang G L. 1978. Estimation of a biometric function[J]. The Annals of Statistics, 112-116.

Zheng J X. 1996. A consistent test of functional form via nonparametric estimation techniques[J]. Journal of Econometrics, 75(2): 263-289.

Zhu L X, Ng K W. 2003. Checking the adequacy of a partial linear model[J]. Statistica Sinica, 13(3): 763-781.

苏良军. 2007. 高等数理统计 [M]. 北京: 北京大学出版社.

王启华. 2007. 生存数据统计分析 [M]. 北京: 科学出版社.

吴喜之. 1996. 非参数统计 [M]. 北京: 中国统计出版社.

薛留根. 2012. 单指标模型的统计推断 [J]. 数理统计与管理, 31(1): 55-78.

薛留根. 2012. 现代统计模型 [M]. 北京: 科学出版社.

薛留根. 2013. 应用非参数统计 [M]. 北京: 科学出版社.

薛留根. 2015. 非参数统计 [M]. 北京: 科学出版社.

叶阿忠. 2003. 非参数计量经济学 [M]. 天津: 南开大学出版社.

郑忠国, 童行伟, 赵慧. 2012. 高等统计学 [M]. 北京: 北京大学出版社.